教育部文科计算机基础教学指导分委员会立项教材
高等院校计算机基础教育应用型系列规划教材

SQL Server 2012 任务化教程

主　编　苏布达　迎　梅　欧艳鹏
副主编　徐　琳　唐美霞

中国铁道出版社
CHINA RAILWAY PUBLISHING HOUSE

内容简介

本教材是教育部文科计算机基础教学指导分委员会立项教材，教材内容紧扣国家高等教育培养高级应用型人才、复合型人才的技能水平和知识结构要求编写，采用“任务驱动”的编写方式，引入案例教学和启发式教学方法，便于激发学生的学习兴趣。

本教材中以知识学习、任务、问题、思考与练习、跟我学上机为线索，贯穿整个学生管理数据库的各种操作，内容包括绪论、创建及维护数据库、创建与管理数据表、数据完整性、查询与统计数据、索引、视图、Transact-SQL 编程、存储过程、触发器、创建与使用游标、处理事务与锁、SQL Server 安全管理、数据库的备份与还原。最后还附了综合练习，可使学生达到深化理解、熟练操作的目的。

本教材编写思路新颖、图文并茂、结构清楚、实用性强，适合作为计算机专业本科生的教材，也可作为成人教育、自学考试和从事计算机应用的工程技术人员的参考用书。

图书在版编目（CIP）数据

SQL Server 2012 任务化教程/苏布达，迎梅，欧艳鹏主编. —北京：中国铁道出版社，2017.2

教育部文科计算机基础教学指导分委员会立项教材

高等院校计算机基础教育应用型系列规划教材

ISBN 978-7-113-19685-1

Ⅰ. ①S… Ⅱ. ①苏… ②迎… ③欧… Ⅲ. ①关系数据库系统－高等学校－教材 Ⅳ. ①TP311.138

中国版本图书馆 CIP 数据核字（2017）第 005134 号

书　　名： SQL Server 2012 任务化教程
作　　者： 苏布达　迎　梅　欧艳鹏　主编

策　　划： 周海燕　　**读者热线：**（010）63550836
责任编辑： 周海燕　包　宁
封面设计： 一克米工作室
封面制作： 白　雪
责任校对： 张玉华
责任印制： 郭向伟

出版发行： 中国铁道出版社（100054，北京市西城区右安门西街 8 号）
网　　址： http:// www.51eds.com
印　　刷： 三河市兴达印务有限公司
版　　次： 2017 年 2 月第 1 版　　2017 年 2 月第 1 次印刷
开　　本： 787mm×1092mm　1/16　**印张：** 15.5　**字数：** 375 千
书　　号： ISBN 978-7-113-19685-1
定　　价： 39.80 元

前言

数据库是数据管理的最新技术。由于数据库具有数据结构化、共享性高、冗余度低、较高的程序与数据独立性、易于扩充、易于编制应用程序等优点，较多的信息管理系统都建立在数据库设计之上。随着数据库系统的推广使用，数据库已深入到商业、金融、行政管理、工农业生产、科学研究和工程技术等各个领域，渗透到社会的每一角落，并改变着人们的工作方式和生活方式。因此，人们越来越认识到，数据库是信息化社会中信息资源管理的基础。而且对于一个国家或地区来说，数据库的建设和使用水平已成为衡量该国家或地区信息化程度的重要标志。

数据库技术是计算机科学与技术的重要分支。为了适应市场的需要，我国高校的许多专业都开设介绍 SQL Server 数据库管理系统的课程。目前 SQL Server 已经是市场上最流行的大中型关系型数据库管理系统软件，本书以 SQL Server 2012 为平台，结合近年来教学与应用开发的实践进行编写。

本书是文科大学计算机教学改革项目“基于应用型人才培养的‘SQL Server 2012 数据库’任务化教程”的成果。应用型人才培养就是真正体现“以应用为本”，“学以致用”的理念，使受教育者具备终身学习的能力，为其进一步的发展打下基础，创造机会和条件。本书不仅可以培养学生的一种数据库操作技能，提高系统编程能力，而且通过应用型人才的培养，为后续课程的学习和开发系统奠定良好的基础。本书还结合“任务驱动法”，将以往以传授知识为主的传统教学理念，转变为以解决问题、完成任务为主的多维互动式的设计理念；将再现式的理论内容转变为探究式学习，使学生处于积极的学习状态，每一位学生都能根据自己对当前问题的理解，运用共有的知识和自己特有的经验提出方案、解决问题。在这个过程中，学生还会不断地获得成就感，可以激发他们的求知欲望，逐步形成一个感知心智活动的良性循环，从而培养出独立探索、勇于开拓进取的自学能力。

全书以“学生管理数据库”为主线进行设计，在内容安排上采用“任务驱动”方式，对 SQL Server 2012 的内容进行了详细介绍。第 0 章绪论，主要介绍了数据库基本理论，内容包括 SQL Server 概述、SQL Server 安装和注册 SQL Server 服务器的方法。第 1 章创建及维护数据库，主要介绍了创建、查看和修改数据库，以及修改或查看数据库选项、重命名数据库、删除数据库、分离数据库和附加数据库的方法和技巧。第 2 章创建与管理数据表，主要介绍了如何创建表、显示表结构、修改数据表结构、删除数据表、向表中添加数据、将表中的数据复制到新表中、更新数据表数据、删除数据表数据的方法。第 3 章数据完整性，主要介绍了如何利用 SQL Server 2012 创建约束、创建默认值、创建规则和创建标识列。第 4 章查询与统计数据，主要介绍了简单查询、使用复合函数查询、使用分组查询、使用子查询、排序查询结果、使用多表连接查询和合并多个查询结果中的数据的操作方法。第 5 章索引，主要介绍了创建索引、重命名索引、删除索引和维护索引的方法。第6章视图，主要介绍了创建视图、修改视图、重命名视图和删除视图的方法。第7章Transact-SQL编程，主要介绍了SQL Server编程、使用系统函数、自定义函数。第8章存储过程，主要介绍了创建和执行不带参数的存储过程、创建和执行带参数的存储过程、修改存储过程、重命名存储过程、删除存储过程、重新编译存储过程的方法。第9章触发器，主要介绍了创建触发器、修改触发器、删除触发器、重命名触发器、禁用触发器、启用触发器和查看触发器的信息的方法。第10章创建与使用游标，主要介绍了创建基本游标、创建使用变量的游标、创建与使用@@FETCH_STATUS的游标。第11章处理事务与锁，主要介绍了定义事务、回滚事务、提交事务、事务嵌套、查看锁。第12章SQL Server安全管理，主要介绍了连接或断开数据库引擎、启动或停止数据库引擎服务和登录名、用户及权限管理。第13章数据库的备份与还原，主要介绍备份数据库、管理备份设备、完整备份、差异备份、事务日志备份、文件和文件组备份以及数据库恢复。除此之外还为读者设计了SQL Server 2012综合练习，以供读者进行同步练习。

本书具有如下特点：

（1）步骤清晰、易学易用。更加符合初学者对SQL Server 2012数据库课程的认知规律，对操作中的每一步骤进行了详细说明，循序渐进，深入浅出，易于读者学习和掌握。

（2）采用“任务驱动”方式。以问题的提出、分析、解决的步骤来介绍数据库的基本内容和基本方法，使学生真正成为学习的主体。

（3）内容相互衔接，成为一个逻辑整体。本书全文以“学生管理数据库”为主线进行分析和设计，各章节内容前呼后应，便于读者对知识点的掌握和归纳。

本书由苏布达、迎梅、欧艳鹏任主编，徐琳、唐美霞任副主编。具体编写分工如下：第0章、第1章和第2章由苏布达编写，第3章、第4章、第5章和第11章由欧艳鹏编写，第6章、第7章、第8章和第10章由迎梅编写，第9章、第12章、第13章由徐琳编写，附录A由姚浩斯拉、丹巴编写，附录B由于鹰、温斯琴编写，全书由斯日古楞、苏布达、斯琴审定。

由于时间仓促，加之编者水平有限，书中疏漏和不妥之处在所难免，敬请广大读者批评指正。

编　者

2016年12月

目录

第0章 绪 论

知识目标

- 了解数据库的基本概念；
- 了解数据管理技术的发展；
- 了解 SQL Server 2012 的新特性、版本、体系结构。

技能目标

- 掌握 SQL Server 2012 的安装及配置方法；
- 掌握服务器选项的类型和配置方法。

知识学习

1. 数据库

信息（Information）是现实世界事物的存在方式或运动状态的反映，其内容描述的是事物之间的相互联系和相互作用。

数据（Data）是描述事物的符号记录。数据包括文字、图形、图像、声音等。数据包括两个方面，即型和值。型是指数据的类型，是数值类、字符类还是日期类等；值是指数据在给定类型下的值，比如数值类的值可以是 12、字符类的值可以是“中国”、日期类的值可以是“2016-3-22”等。

数据和信息之间存在着联系，信息通过数据表示，而信息是数据的含义。

数据库（Database，DB）是一个长期存储在计算机内的、有组织的、能共享的、统一管理的数据集合。数据库中的数据是按照一定的数据模型组织、描述和存储的，有较小的冗余度、较高的数据独立性和易扩展性。

数据库相当于一个容器，其内装有表、视图、存储过程、触发器等数据库对象。表是数据库的基本单位，用来存放数据；表结构给出表由哪些列组成以及每列的数据类型和存储数据的长度；行用于存储实体的实例，每一行就是一个实例。

2. 数据库管理系统

数据库管理系统（Database Management System，DBMS）是使用和管理数据库的系统软件，位于用户与操作系统之间，负责对数据库进行统一的管理和控制。所有对数据库的操作都交由数据库管理系统完成，这使得数据库的安全性和完整性得以保证。

数据库管理系统主要具备 6 个功能：数据定义，数据的组织、存储和管理，数据操纵，数据库的运行管理和安全保护，数据库的维护，通信和互操作。

数据定义功能用于建立和修改数据库的库结构，数据库管理系统提供数据定义语言（Data Definition Language，DDL）来完成数据定义功能。

数据的组织、存储和管理功能的目标是提高存储空间利用率，选择合适的存取方法提高存取效率。数据的组织、存储与管理功能主要包括 DBMS 如何分类组织、存储和管理各种数据，包括数据字典、用户数据、存取路径等，需确定以何种文件结构和存取方式在存储级上组织这些数据，如何实现数据之间的联系。

数据操纵功能用于用户对数据库进行插入、更新、删除和查询操作，数据库管理系统提供数据操纵语言（Data Manipulation Language，DML）完成数据操纵功能。

数据库的运行管理和安全保护功能确保数据库系统的正常运行，内容包括多用户环境下的并发控制、安全性检查、存取限制控制、完整性检查、日志的管理、事务的管理和发生故障后数据库的恢复。数据库管理系统提供数据控制语言（Data Control Language，DCL）完成数据库的运行管理和安全保护功能。

数据库的维护功能包括数据库的数据输入、转换、转储，数据库的重组织，数据库性能监视和分析等功能，这些功能是由若干实用程序和管理工具完成的。

通信和互操作功能是指数据库管理系统与其他系统的通信和不同数据库之间的互操作。

3. 数据库系统

数据库系统（Database Systems，DBS）是指在计算机系统中引入了数据库系统，专门用于完成特定的业务信息处理。数据库系统包括硬件、软件和用户。其中，软件包括数据库、数据库管理系统、操作系统、应用开发工具和数据库应用程序。用户包括系统分析员、数据库设计人员、程序开发人员、数据库管理员和最终用户。数据库系统的核心是数据库管理系统。

数据库管理员（Database Administrator，DBA）是专门负责管理和维护数据库系统的人。通常，数据库管理员的工作职责包括参与或负责数据库设计，根据应用来创建和修改数据库，设计系统存储方案并制定未来的存储需求计划，维护数据库的数据安全性、完整性、并发控制，安装和升级数据库服务器以及应用程序工具，管理和监控数据库的用户，监控和优化数据库的性能，制订数据库备份计划，定期进行数据库备份，在灾难出现时对数据库信息进行恢复，等等。在实际工作中，一个数据库系统可能有一个或多个数据库管理员，也可能数据库管理员同时也负责系统中的其他工作。

数据库应用系统（Database Application Systems，DBAS）是指由数据库、数据库管理系统、数据库应用程序组成的软件系统。

4. 数据管理技术的发展

数据管理技术是指对数据进行分类、组织、编码、存储、检索和维护的技术。数据管理技术的发展大致划分为 3 个阶段，即人工管理阶段、文件系统阶段和数据库系统阶段。

（1）人工管理阶段

20 世纪 50 年代中期之前，计算机刚刚出现，主要用于科学计算。硬件存储设备只有磁带、卡片和纸带；软件方面还没有操作系统，没有专门管理数据的软件。因此，程序员在程序中不仅要规定数据的逻辑结构，还要设计其物理结构，包括存储结构、存取方法、输入/输出方式等。数据的组织面向应用，不同的计算程序之间不能共享数据，使得不同的应用之间存在大量的重复数据，数据与程序不独立。数据通过批处理方式进行处理，处理结果不保存，难以重复使用。

（2）文件系统阶段

20世纪50年代中期到60年代中期，随着计算机大容量存储设备（如硬盘）和操作系统的出现，数据管理进入文件系统阶段。在文件系统阶段，数据以文件为单位存储在外存，且由操作系统统一管理。用户通过操作系统的界面管理数据文件。文件的逻辑结构与物理结构相独立，程序和数据分离。用户的程序与数据可分别存放在外存储器上，各个应用程序可以共享一组数据，通过文件进行数据共享。但是，数据在文件中的组织方式仍然由程序决定，因此必然存在相当的数据冗余。数据的逻辑结构和应用程序相关联，一方修改，必然导致另一方也要随之修改。此外，简单的数据文件不能体现现实世界中数据之间的联系，只能交由应用程序进行处理，缺乏独立性。

（3）数据库系统阶段

20世纪60年代后，随着计算机在数据管理领域的普遍应用，数据管理开始运用数据库技术，进入数据库系统阶段。数据库技术以数据为中心组织数据，采用一定的数据模型，数据模型不仅体现数据本身的特征，而且体现数据之间的联系，数据集成性高。根据数据模型建成的数据库数据冗余小，易修改、易扩充，便于共享，程序和数据有较高的独立性。数据库管理系统统一管理与控制数据库，保证了数据的安全性和完整性，可以有效地控制并发管理。

20世纪80年代中期以来，数据库技术与其他新技术相结合，陆续产生了多种类型的数据库，如面向对象数据库、分布式数据库、并行数据库、多媒体数据库、模糊数据库、时态数据库、实时数据库、知识数据库、统计数据库等。随着大数据时代的到来，各行各业不仅越来越多地面对海量数据，更迫切需求信息的挖掘和决策的制定，从而推动数据管理技术的进一步发展。

5. SQL Server 2012的特点

SQL Server最初是由Microsoft、Sybase和Ashton-Tate三家公司共同开发的，并于1988年推出了第一个OS/2版本。1992年，Microsoft公司开发了SQL Server的Windows NT版本；1993年，Microsoft公司发布了运行在Windows NT 3.1上的SQL Server 4.2；1995年，Microsoft公司公布了SQL Server 6.0，该版本提供了集中的管理方式，并内嵌了复制的功能；1996年，Microsoft推出了SQL Server 6.5版本；1997年推出了SQL Server 6.5企业版，该版本包含了4GB的RAM支持，8位处理器以及对群集计算机的支持。

SQL Server 2012是Microsoft公司继SQL Server 2008发布后，于2011年推出的版本。

SQL Server 2012作为已经为云技术做好准备的信息平台，能够快速构建相应的快速解决方案实现本地和公有云之间的数据扩展。

SQL Server 2012可以进一步帮助企业保护其基础架构——专门针对关键任务的工作负载，以合适的价格实现最高级别的可用性及性能。微软不仅能为用户提供一个值得信赖的信息平台，它还是可靠的业务合作伙伴，企业可以通过它获得大批有经验的供应商的技术支持。SQL Server 2012 的特性包括以下几个方面。

（1）安全性和高可用性

全新的 SQL Server AlwaysOn 将灾难恢复解决方案和高可用性结合起来，可以在数据中心内部、也可以跨数据中心提供冗余，从而有助于在计划性停机及非计划性停机的情况下快速地完成应用程序的故障转移。AlwaysOn 提供了如下一系列新功能。

① AlwaysOn Availability Groups 是一个全新的功能，可以大幅度提高数据库镜像的性能并帮助确保应用程序数据库的高可用性。

② AlwaysOn Failover Cluster Instances 不仅可以增强 SQL Server Failover Clustering 的性能，并且由于支持跨子网的多站点群集，它还能够帮助实现 SQL Server 实例跨数据中心的故障转移。

③ AlwaysOn Active Secondries 使备结点实例能够在运行报表查询及执行备份操作时得到充分利用，这有助于消除硬件闲置并提高资源利用率。

④ 对于运行在可读备结点实例上的查询，SQL Server AlwaysOn AutoStat 会自动创建并更新其所需的临时统计数据。

（2）超快的性能

① 内存中的列存储。通过在数据库引擎中引入列存储技术，SQL Server 成为第一个能够真正实现列存储的万能主流数据库系统。列存储索引可以将在 SQL Server 分析服务（SSAS，PowerPivot 的重要基础）中开发的 VertiPaq 技术和一种称作批处理的新型查询执行范例结合起来，为常见的数据仓库查询提速，效果十分惊人。在测试场景下，星形连接查询及类似查询使客户体验到了近 100 倍的性能提升。

② 全面改进全文搜索功能。SQL Server 2012 中的全文搜索功能（FTS）拥有性能显著提高的查询执行机制及并发索引更新机制，从而使 SQL Server 的可伸缩性得到极大增强。全文搜索功能现在可以实现基于属性的搜索，而不需要开发者在数据库中分别对文件的各种属性（如作者姓名、标题等）进行维护，经过改进的 NEAR 运算符还允许开发者对两个属性之间的距离及单词顺序作相应的规定。除了这些奇妙的变化之外，全文搜索功能还重新修订了所有语言中存在的断字，在最新的 Microsoft 版本中进行了相应的更新，并新增了对捷克语和希腊语的支持。

③ 表格分区可多达 15 000 个。目前表格分区可扩展至 15 000 个，从而能够支持规模不断扩大的数据仓库。这种新的扩展支持有助于实现大型滑动窗口应用场景，这对于需要根据数据仓库的需求来实现数据切换的大文件组而言，能够使其中针对大量数据进行的维护工作得到一定程度的优化。

④ 扩展事件增强。扩展事件功能中新的探查信息和用户界面使其在功能及性能方面的故障排除更加合理化。其中的事件选择、日志、过滤等功能得到增强，从而使其灵活性也得到相应提升。

⑤ Distributed Replay 6。全新的 Distributed Replay 功能可以简化应用程序的测试工作，并使应用程序变更、配置变更以及升级过程中可能出现的错误最小化。这个多线程的重放工具还能够模拟生产环境在升级或配置更改过程中的工作负载，从而可以确保变更过程中的性能不会受到负面影响。

（3）企业安全性及合规管理

审核增强。SQL Server 在审核功能方面的改进使其灵活性和可用性得到一定程度的增强，这能够帮助企业更加自如地应对合规管理所带来的问题。

针对 Windows 组提供默认架构。数据库架构现在可以和 Windows 组而非独立用户相关联，从而能够提高数据库的合规性。

用户定义的服务器角色。用户定义的服务器角色使 SQL Server 的灵活性、可管理性得到增强，同时也有助于使职责划分更加规范化。

包含数据库身份验证。使用户无须使用用户名就可以直接通过用户数据库的身份验证，从而使合规性得到增强。

（4）具有突破性的业务洞察力

快速的数据发现。报表服务项目 PowerView 向各级用户提供基于网络的高交互式数据探索、数据可视化及数据显示体验，这使得自助式报表服务成为现实。

PowerPivot 增强。微软能够帮助企业释放突破性的业务洞察力。

全文统计语义搜索。对于存储在 SQL Server 数据库中的非结构化的数据文件，全文统计语义搜索功能可以将从前无法发现的文件之间的关系挖掘出来，从而能够使 T-SQL 开发者为企业带来深刻的业务洞察力。

（5）可扩展的托管式自助商业智能服务

SQL Server Denali 在分析服务中引入了商业智能语义模型。

（6）可靠、一致的数据

主数据服务（MDS）可以进一步简化用于数据集成操作的主数据结构（对象映射、参考数据、维度、层次结构）的管理，而且提供了故障转移集群和数据库镜像技术，使可用性更高。对于不同规模的企业，SQL Server 集成服务（SSIS）均可以通过所提供的各种功能来提高它们在信息管理方面的工作效率。

（7）定制个性化云

SQL Server 2012 能够解决从服务器到私有云或从服务器到通过常用工具链接在一起的公有云的各种难题，并为新的商业机会创造条件。

SQL Server 2012 是 SQL Server 系列中一个重要的产品版本，可以进一步帮助用户构建关键任务环境，并从一开始就提供了相应的强大而且高效的支持。其中，新增加的功能以及对原有功能的增强能够帮助各种级别的企业释放突破性的洞察力；云就绪技术能够跨服务器、私有云和公有云实现应用程序均衡，从而帮助客户在未来的使用过程中保持自身的敏捷性。

6. SQL Server 2012 的版本

SQL Server 2012 提供了 6 个版本，服务组件主要有 SQL Server 数据库引擎、Analysis Services、Reporting Services、Notification Services、Integration Services 等。

SQL Server 2012 的大部分版本都提供了服务器端和工作站的安装，同时包括客户端组件、工具和文档。在保证标准版的价格竞争力的同时，微软将大部分新的高可用性引入企业版。此外，微软还设计了低端的工作组版本数据库，并将该版本升级到工作版、标准版，并最终可以升级至企业版。下面对 SQL Server 2012 数据库各版本的情况进行说明。

SQL Server 2012 的主要版本介绍如表 0-1 所示。

表 0-1　SQL Server 2012 的主要版本

SQL Server 版本	说　　明
Enterprise（64 位和 32 位）	作为高级版本，SQL Server 2012 Enterprise（企业版）提供了全面的高端数据中心功能，性能极为快捷、虚拟化不受限制，还具有端到端的商业智能，可为关键任务工作负荷提供较高服务级别，支持最终用户访问深层数据
Business Intelligence（64 位和 32 位）	SQL Server 2012 Business Intelligence（商业智能版）提供了综合性平台，可支持组织构建和部署安全、可扩展且易于管理的 BI 解决方案；提供了基于浏览器的数据浏览与可见性等卓越功能、功能强大的数据集成功能以及增强的集成管理
Standard（64 位和 32 位）	SQL Server 2012 Standard（标准版）提供了基本数据管理和商业智能数据库，使部门和小型组织能够顺利运行其应用程序并支持将常用开发工具用于内部部署和云部署，有助于以最少的 IT 资源获得高效的数据库管理

（1）SQL Server 2012 的专业版本

专业化版本的 SQL Server 可以面向不同的业务工作负荷。SQL Server 的专业化版本介绍如表 0-2 所示。

表 0-2　SQL Server 2012 的专业版本

SQL Server 版本	说　　明
Web（64 位和 32 位）	对于为从小规模至大规模的 Web 资源提供可伸缩性、经济性和可管理性功能的 Web 宿主和 Web 特许经销商来说，SQL Server 2012 Web 版本是一项总拥有成本较低的选择

（2）SQL Server 2012 的延伸版本

SQL Server 延伸版是针对特定的用户应用而设计的，可免费获取或只需支付极少的费用。SQL Server 2012 的延伸版本介绍如表 0-3 所示。

表 0-3　SQL Server 2012 的延伸版本

SQL Server 版本	说　　明
Developer（64 位和 32 位）	SQL Server 2012 Developer（开发者）版支持开发人员基于 SQL Server 构建任意类型的应用程序。它包括 Enterprise 版的所有功能，但有许可限制，只能用作开发和测试系统，而不能用作生产服务器。SQL Server Developer 是构建和测试应用程序的人员的理想之选
Express（64 位和 32 位）	SQL Server 2012 Express（速成）版是入门级的免费数据库，是学习和构建桌面及小型服务器数据驱动应用程序的理想选择。它是独立软件供应商、开发人员和热衷于构建客户端应用程序的人员的最佳选择。如果需要使用更高级的数据库功能，则可以将 SQL Server Express 无缝升级到其他更高端的 SQL Server 版本。SQL Server 2012 中新增了 SQL Server Express LocalDB，这是 Express 的一种轻型版本，该版本具备所有可编程性功能，但在用户模式下运行，并且具有快速的零配置安装和必备组件要求较少的特点

7. SQL Server 2012 的体系结构

SQL Server 的体系结构是指对 SQL Server 的组成部分和这些组成部分之间关系的描述。下面分别介绍主要的组件。

（1）核心组件

SQL Server 2012 系统由 4 个核心部分组成，每个部分对应一个服务，分别是数据库引擎、分析服务、集成服务和报表服务，如图 0-1 所示。

① 数据库引擎（Data Engine）：数据库引擎是用于存储、处理和保护数据的核心服务。利用数据库引擎，可以控制访问权限并快速处理事务，满足企业中最需要占用数据的应用程序的要求。数据库引擎还为维护高可用性提供了大量的支持。

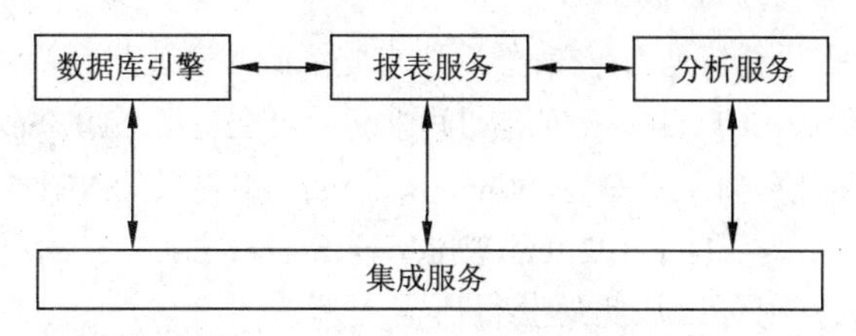

图 0-1 SQL Server 的体系结构

② 分析服务（Analysis Services）：分析服务为商业智能应用程序提供了联机分析处理（OLAP）和数据挖掘功能，允许用户设计、创建以及管理。分析服务包含从其他数据源聚合而来的数据的多维结构，从而提供 OLAP 支持。分析服务允许使用多种行业标准的数据挖掘方法来设计、创建和可视化从其他数据源构造的数据挖掘模型。

③ 集成服务(Integration Services)：集成服务是一种企业数据转换、数据集成解决方案，用户可以使用它从不同的数据源提取、转换以及合并数据，并将其移至单个或多个目标。

④ 报表服务（Reporting Services）：报表服务是一种基于服务器的新型报表平台，可用于创建和管理包含来自关系数据源和多维数据源的数据的表报表、矩阵报表、图形报表和自由格式报表。可以通过基于 Web 的连接来查看和管理用户创建的报表。

（2）其他组件

① 复制（Replication）：复制是在数据库之间，对数据和数据库对象进行复制、分发和同步以保持一致性的一组技术。使用复制可以将数据通过局域网、广域网、无线连接等分发到不同位置，以及分发给远程用户或移动用户。

② 通知服务（Notification Services）：通知服务用于开发和部署，可生成并发送通知的应用程序。通知服务可以生成并向大量订阅方发送个性化的消息，还可以向各种各样的设备传递消息。

③ 服务代理（Service Broker）：Service Broker 是一种用于生成可靠、可伸缩且安全的数据库应用程序的技术。Service Broker 是数据库引擎中的一种技术，它对队列提供了本机支持。Service Broker 还提供了一个基于消息的通信平台，可用于将不同的应用程序组件连接成一个操作整体；提供了许多生成分布式应用程序所必需的基础结构，可显著减少应用程序的开发时间。Service Broker 还可以帮助用户轻松自如地缩放应用程序，以适应应用程序所要处理的流量。

④ 全文搜索（Full Text Search）：SQL Server 包含对 SQL Server 表中基于纯字符的数据进行全文查询所需的功能。全文查询可以包括单词和短语、一个单词或者短语等多种形式。

8. SQL Server 2012 安装环境的配置

安装 SQL Server 2012 数据库软件之前，除了要确保计算机满足最低硬件要求外，还要适当地考虑数据库未来发展的需要。SQL Server 2012 数据库的安装程序，在不满足安装所要求的最低硬件配置时，将会给出提示。

（1）硬件和软件需求

对于 SQL Server 2012 的 32 位和 64 位版本，应注意以下事项：

① 建议在使用 NTFS 文件格式的计算机上运行 SQL Server 2012。支持但建议不要在具有 FAT32 文件系统的计算机上安装 SQL Server 2012，因为它没有 NTFS 文件系统安全。

② SQL Server 安装程序将阻止在只读驱动器、映射的驱动器或压缩驱动器上进行安装。

③ 为了确保 Visual Studio 组件可以正确安装，SQL Server 要求安装更新。SQL

Server 安装程序会检查此更新是否存在，然后要求先下载并安装此更新，接下来才能继续 SQL Server 安装。若要避免在 SQL Server 安装期间中断，可在运行 SQL Server 安装程序之前先按下面所述下载并安装此更新（或安装 Windows Update 上提供的.NET 3.5 SP1 的所有更新）：

如果在使用 Windows Vista SP2 或 Windows Server 2008 SP2 操作系统的计算机上安装 SQL Server 2012，则可以从此处获得所需更新。

- 如果在使用 Windows 7 SP1、Windows Server 2008 R2 SP1、Windows Server 2012 或 Windows 8 操作系统的计算机上安装 SQL Server 2012，则已包含此更新。
- SQL Server 2012 的组件要求如表 0-4 所示，这些要求适用于 SQL Server 2012 所有版本的安装。

表 0-4 SQL Server 2012 的组件

组 件	要 求
.NET Framework	在选择数据库引擎、Reporting Services、Master Data Services、Data Quality Services、SQL Server Management Studio 时，.NET 3.5 SP1 是 SQL Server 2012 所必需的，但不再由 SQL Server 安装程序安装。 .NET 4.0 是 SQL Server 2012 所必需的。SQL Server 在功能安装步骤中安装 .NET 4.0
Windows PowerShell	SQL Server 2012 不安装或启用 Windows PowerShell 2.0；但对于数据库引擎组件和 SQL Server Management Studio 而言，Windows PowerShell 2.0 是一个安装必备组件。如果安装程序报告缺少 Windows PowerShell 2.0，则必须安装或启用它
网络软件	SQL Server 2012 支持的操作系统具有内置网络软件。独立安装的命名实例和默认实例支持的网络协议有：共享内存、命名管道、TCP/IP 和 VIA
Internet 软件	Microsoft 管理控制台（MMC）、SQL Server Data Tools（SSDT）、Reporting Services 的报表设计器组件和 HTML 帮助都需要 Internet Explorer 7 或更高版本
硬盘	SQL Server 2012 要求最少 6 GB 的可用硬盘空间。 磁盘空间的要求将随所安装的 SQL Server 2012 组件的不同而发生变化
驱动器	从磁盘进行安装时需要相应的 DVD 驱动器
显示器	SQL Server 2012 要求有 Super-VGA（800×600）或更高分辨率的显示器
Internet	使用 Internet 功能需要连接互联网

（2）处理器、内存和操作系统的要求

表 0-5 所列出的内存和处理器要求适用于 SQL Server 2012 的所有版本。

表 0-5 SQL Server 2012 对内存和处理器的要求

组 件	要 求
内存	最小值： Express 版本为 512 MB； 所有其他版本为 1 GB。 建议： Express 版本为 1 GB； 所有其他版本至少为 4 GB 并且应该随着数据库大小的增加而增加，以便确保最佳的性能
处理器速度	最小值： x86 处理器为 1.0 GHz； x64 处理器为 1.4 GHz。 建议：2.0 GHz 或更快
处理器类型	x64 处理器：AMD Opteron、AMD Athlon 64、支持 Intel EM64T 的 Intel Xeon、支持 EM64T 的 Intel Pentium 4； x86 处理器：Pentium Ⅲ 兼容处理器或更快

安装 SQL Server 2012 数据库之前，要求对操作系统进行检测，只有在满足其最低的版本要求后才能进行安装；否则，可能会造成组件安装不全或者系统安装失败。表 0-6 列出了针对 SQL Server 2012 的主要版本的操作系统要求。

表 0-6　SQL Server 2012 的主要版本的操作系统要求

SQL Server 版本	32 位	64 位
SQL Server Enterprise	Windows Server 2008 SP2 Datacenter （数据中心版） Windows Server 2008 SP2 Enterprise（企业版） Windows Server 2008 SP2 Standard（标准版） Windows Server 2008 SP2 Web（网页版）	Windows Server 2012 R2 Windows Server 2008 R2 SP1
SQL Server Business Intelligence	Windows Server 2008 SP2 Datacenter Windows Server 2008 SP2 Enterprise Windows Server 2008 SP2 Standard Windows Server 2008 SP2 Web	Windows Server 2012 R2 Windows Server 2008 R2 SP1
SQL Server Standard	Windows 8.1 Windows 8.1 Professional Windows 8.1 Enterprise Windows 8 Windows 8 Professional Windows 8 Enterprise Windows 7 SP1 Enterprise Windows 7 SP1 Professional Windows Server 2008 SP2 Enterprise Windows Server 2008 SP2 Standard Windows Vista SP2 Enterprise Windows Vista SP2 Business	Windows Server 2012 R2 Windows Server 2008 R2 SP1 Windows 8.1 Windows 8 Windows 7 SP1 Professional Windows Server 2008 SP2 Windows Vista SP2 Enterprise Windows Vista SP2 Business

任务 0.1　SQL Server 2012 的安装

安装 SQL Server 2012 数据库时不仅要根据实际的业务需求，选择正确的数据库版本；还要检测计算机软件、硬件是否满足该版本的最低配置，以确保安装的有效性和可用性。

微软公司提供了使用安装向导和命令提示符两种安装 SQL Server 2012 数据库的方式。安装向导提供图形用户界面，引导用户对每个安装选项做相应的决定。安装向导提供初次安装 SQL Server 2012 指南，包括功能选择、实例命名规则、服务账户配置、强密码指南以及设置排序规则的方案。

命令提示符安装适用于高级方案；用户可以从命令提示符直接运行，也可以引用安装文件，指定安装选项，按命令提示符语法运行安装。

【问题 0-1】使用安装向导安装 SQL Server 2012 数据库。

具体操作步骤如下：

step 01 安装预备软件。将安装光盘插入光盘驱动器，如果操作系统启用了自动运行功能，安装程序将自动运行。

启动后会出现如图 0-2 所示的启动界面，进入 SQL Server 2012 安装中心。

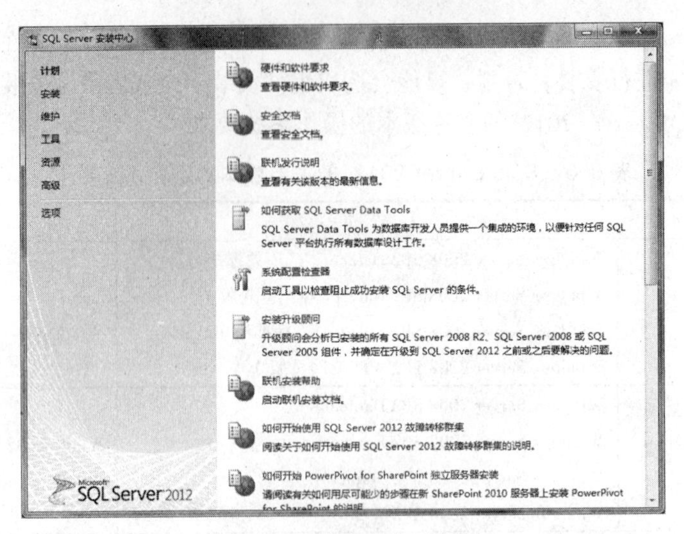

图 0-2　安装中心启动界面

step 02 选择“全新 SQL Server 独立安装或向现有安装添加功能”选项。在安装中心启动界面上，单击左侧“安装”选项，打开图 0-3 所示的界面，选择“全新 SQL Server 独立安装或向现有安装添加功能”选项。系统将首先进行安装程序支持规则的检查与安装，如图 0-4 所示。

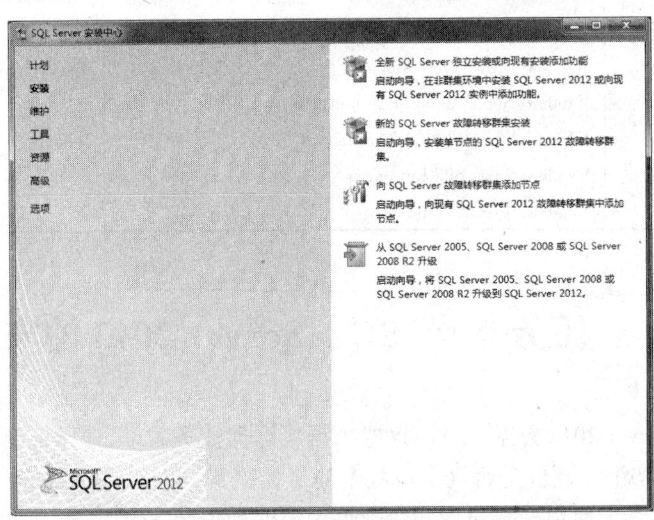

图 0-3　安装界面

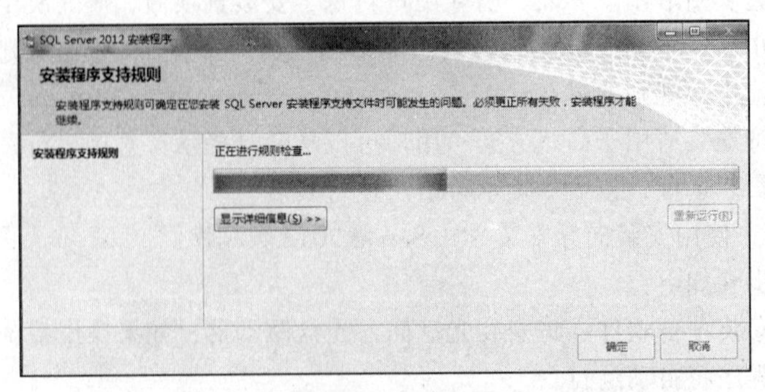

图 0-4　“安装程序支持规则”界面

step 03 输入产品密钥。完成安装程序支持规则的检查与安装完成后，弹出图 0-5 所示的界面，用户需输入产品密钥。

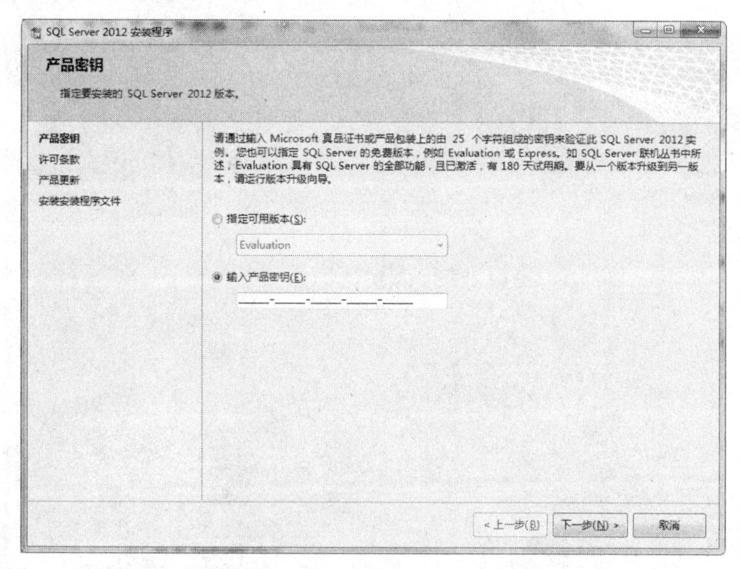

图 0-5 “产品密钥”输入界面

step 04 接受产品许可条款。正确输入产品密钥后，系统弹出产品许可条款界面，如图 0-6 所示。用户需选中“我接受许可条款”复选框方可进入下一步安装。

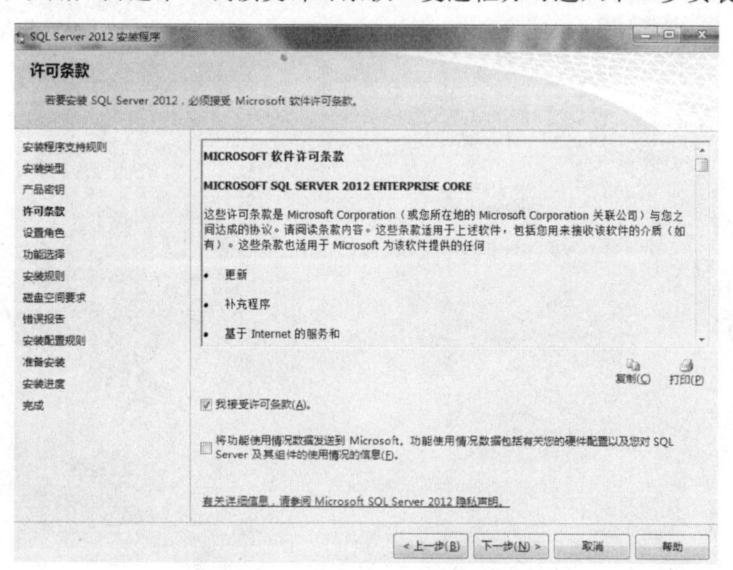

图 0-6 “许可条款”接受界面

step 05 进行产品更新。在接受产品许可条款后，单击“下一步”按钮，进入“产品更新”界面，如图 0-7 所示，这样可保证安装最新的产品及服务。

step 06 安装安装程序文件。完成产品更新之后，单击“下一步”按钮，弹出“安装安装程序文件”界面，如图 0-8 所示。此时系统将对所需要的组件等进行安装，以保证安装的顺利完成。

step 07 安装程序支持规则。安装程序安装完成后，单击“下一步”按钮，弹出

图 0-9 所示的“安装程序支持规则”界面，对安装所需的操作系统及相关规则进行安装检查。

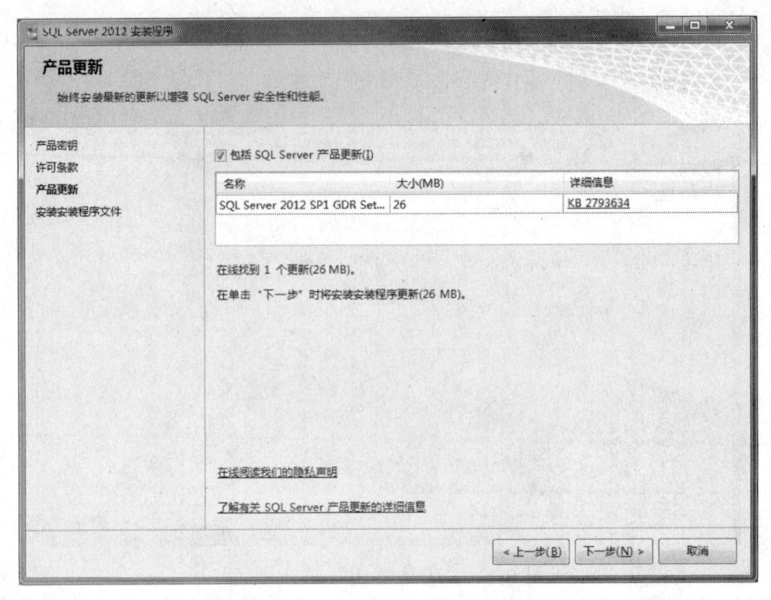

图 0-7 “产品更新”界面

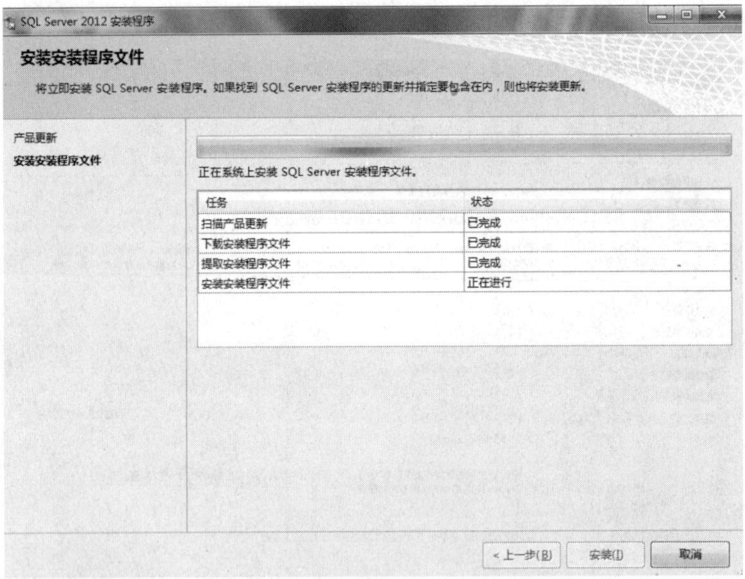

图 0-8 “安装安装程序文件”界面

step 08 设置角色。完成安装程序支持规则的安装检查之后，单击“下一步”按钮，弹出图 0-10 所示的“设置角色”界面。在这里选择 SQL Server 功能安装，其中包括数据库引擎、Analysis Services（分析服务）、Integration Services（集成服务）、Reporting Services（报表服务）和其他功能。

step 09 功能选择。完成角色设置后，单击“下一步”按钮，进入“功能选择”界面，如图 0-11 所示。单击“全选”按钮，选择 SQL Server 的全部功能，同时还要设置一个共享目录的路径。

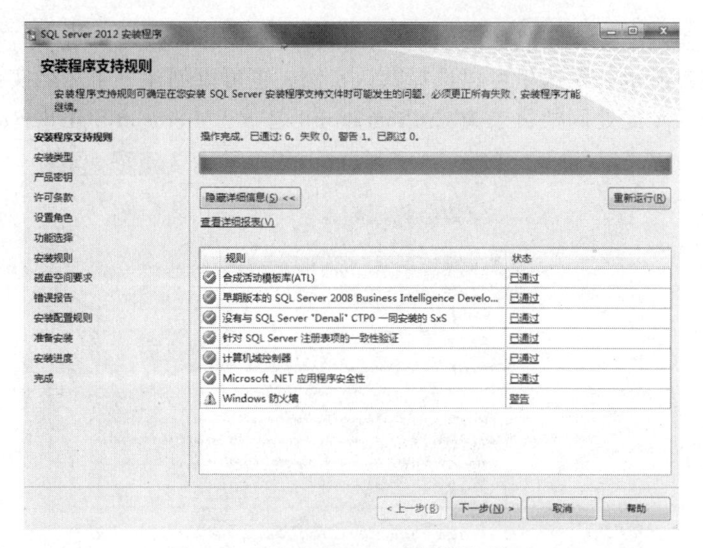

图 0-9 “安装程序支持规则”界面

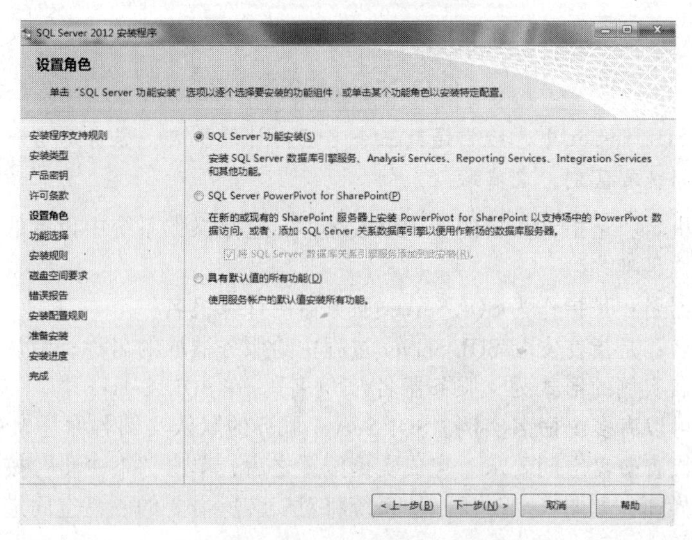

图 0-10 “设置角色”界面

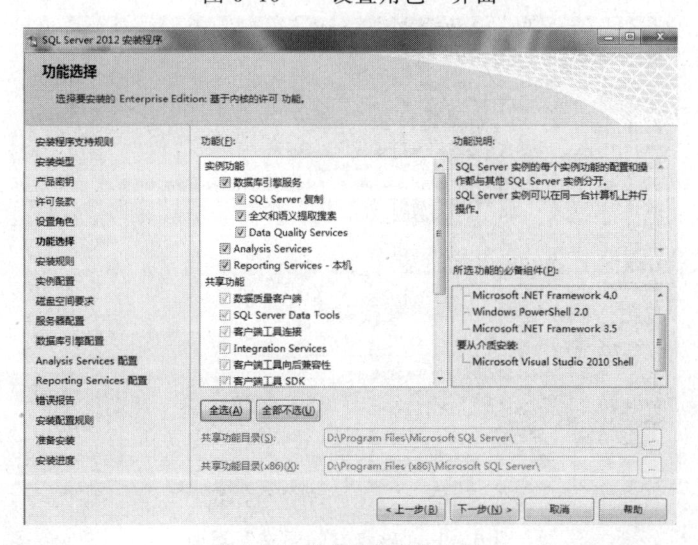

图 0-11 “功能选择”界面

step 10 实例配置。完成功能选择后，单击“下一步”按钮，进入“实例配置”界面，如图 0-12 所示。在这里可以选择默认实例，也可以创建一个命名实例，并且要设置一个例根目录（此处例根目录为 C:\Program Files(x86)\Microsoft SQL Server\）。

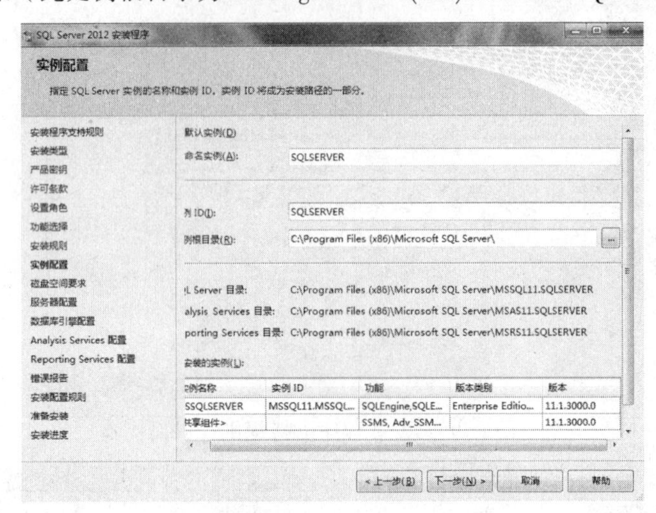

图 0-12 “实例配置”界面

说明： 在 SQL Server 中，经常遇到三个名词，计算机名、服务器名和实例名，这三个名词之间既有区别，又有联系。

（1）计算机名：是指计算机的 NetBIOS 名称，它是操作系统中设置的，一台计算机只能有一个名称且唯一。

（2）服务器名：是指作为 SQL Server 服务器的计算机名称。

（3）实例名：是指在安装 SQL Server 过程中给服务器取的名称，默认实例与服务器名称相同，命名实例的形式为“服务器名\实例名”。在 SQL Server 中，一般只能有一个默认实例，但可以有多个命名实例。SQL Server 服务的默认实例名称是 MSSQLSERVER。

step 11 检查磁盘空间要求。完成实例配置之后，单击“下一步”按钮，进入“磁盘空间要求”界面，如图 0-13 所示。系统将对安装所需要的磁盘空间进行检查，以确保安装顺利进行。

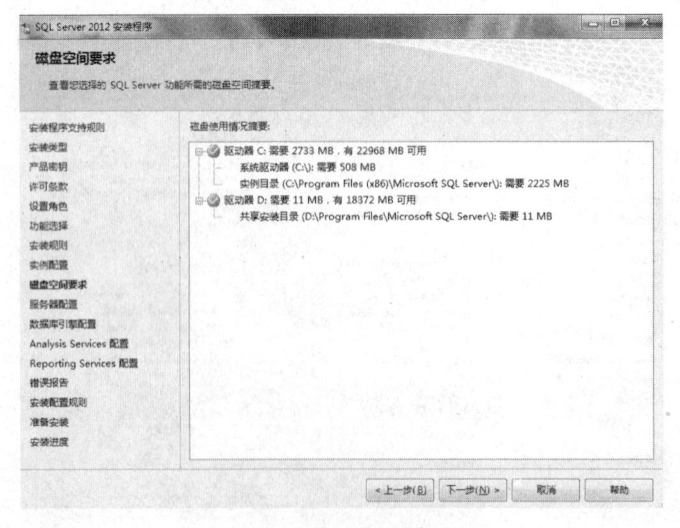

图 0-13 “磁盘空间要求”界面

step 12 服务器配置。磁盘空间如果满足安装要求，可以单击“下一步”按钮，进入“服务器配置”界面，如图 0-14 所示。这里一般选择默认配置，不需要进行修改。

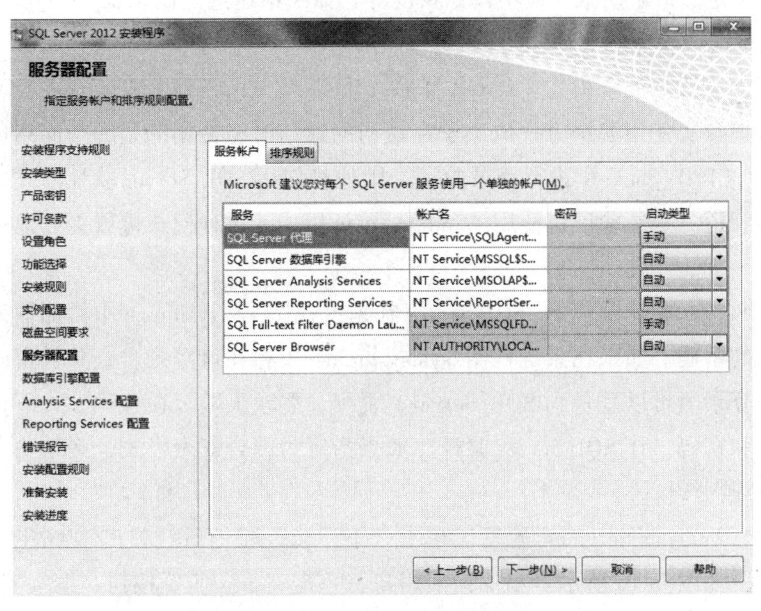

图 0-14 “服务器配置”界面

step 13 数据库引擎配置。单击“下一步”按钮，弹出“数据库引擎配置”界面，如图 0-15 所示。在“数据库引擎配置”界面中，设置身份验证模式为混合模式，输入数据库管理员的密码，即 sa 用户的密码，并添加当前用户，单击“下一步”按钮继续安装。

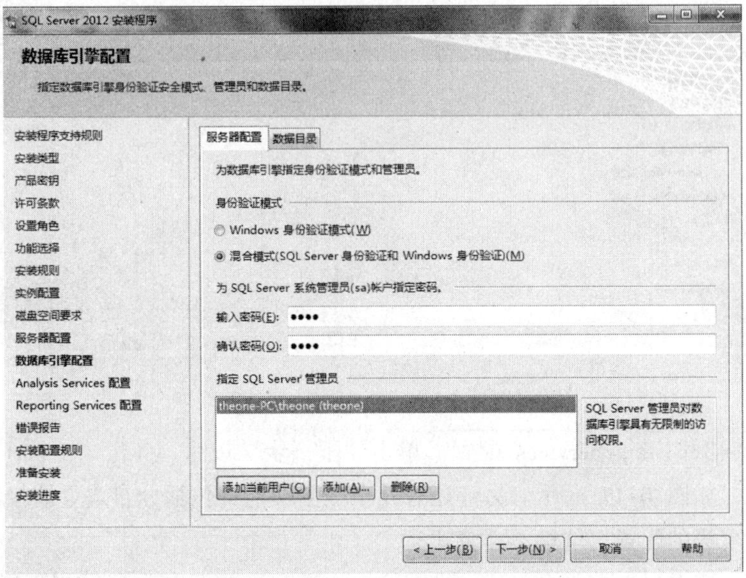

图 0-15 “数据库引擎配置”界面

身份验证模式有 Windwos 身份验证模式和混合模式两种。

（1）Windows 身份验证模式。Windows 身份验证模式有两个主要优点。首先，数据库管理员的主要工作是管理数据库，而不是管理用户账户。使用 Windows 验证模式，对用户账户的管理可以交给 Windows 处理。其次，Windows 有更强的工具用来管理用户账户，如账户锁定、口令期限、最小口令长度等。如果不通过定制来扩展 SQL Server，SQL Server 是没有这些功能的。

（2）混合模式。混合模式（Mixed Mode）允许以 SQL Server 验证方式或 Windows 验证方式进行连接，使用哪个方式取决于在最初的通信时，使用的是哪个网络库。例如，若用户使用 TCP/IP Sockets 进行登录验证，则他将使用 SQL Server 验证模式。但是，如果使用命名管道，登录验证将使用 Windows 验证模式，这种模式可以更好地适应用户的各种环境。

在 SQL Server 验证模式下，SQL Server 在系统视图 sys.syslogins 中检测输入的登录名和验证输入的密码。如果在系统视图 sys.syslogins 中存在该登录名，并且密码也是匹配的，那么该登录名可以登录到 SQL Server；否则，登录失败。在这种方式下，用户必须提供登录名和密码，让 SQL Server 验证。如果指定为混合安全模式，必须输入并确认用于 sa 登录的强密码。

step 14 Analysis Services 配置。单击“下一步”按钮后，弹出“Analysis Services 配置”界面，如图 0-16 所示。添加当前用户，单击“下一步”按钮，继续安装。

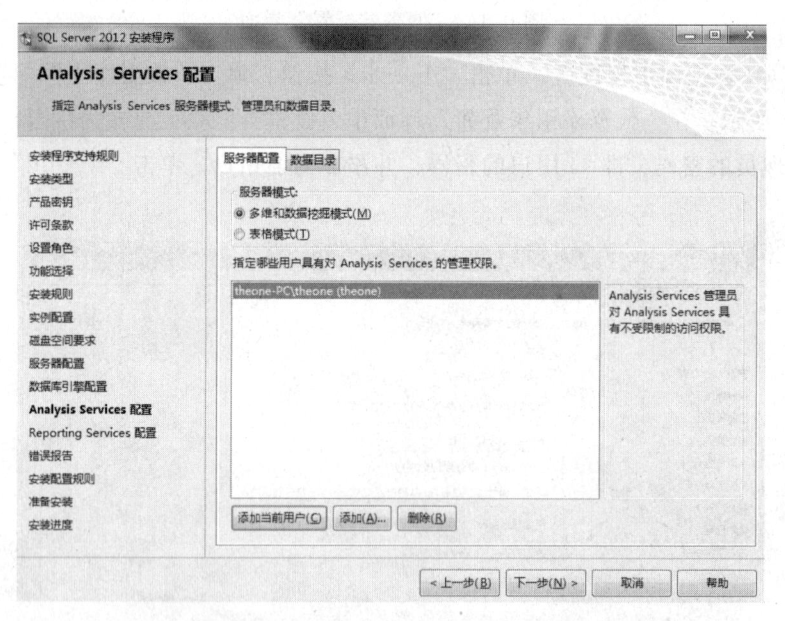

图 0-16 “Analysis Services 配置”界面

step 15 Reporting Services 配置。单击“下一步”按钮，弹出“Reporting Services 配置”界面，如图 0-17 所示。另外还有几个服务功能，包括分布式重播控制器、分布式重播客户端等的配置，这里不再赘述。

step 16 错误报告。单击“下一步”按钮，弹出错误报告界面，如图 0-18 所示。这个模块的目的是帮助微软改进 SQL Server 的功能和服务。这里也可以取消选中复选框以禁用错误报告。

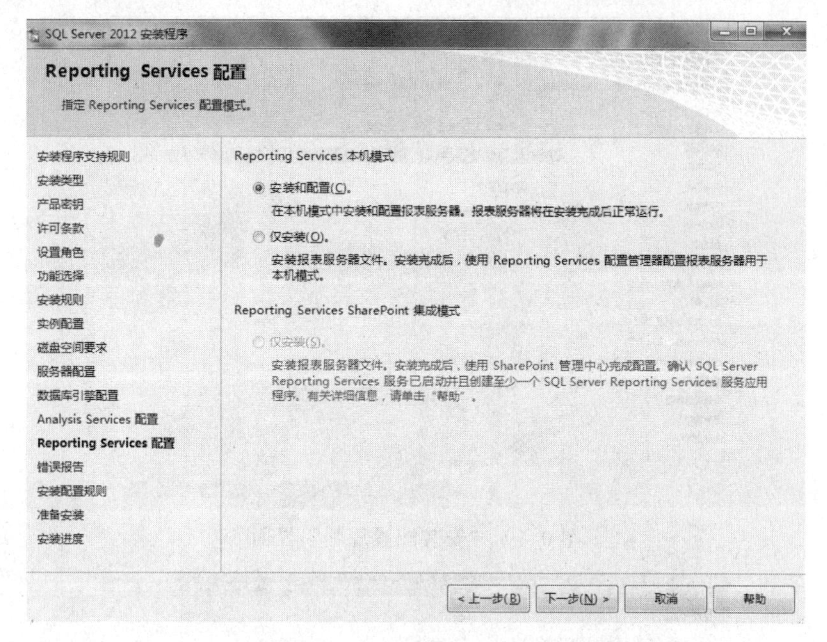

图 0–17 “Reporting Services 配置”界面

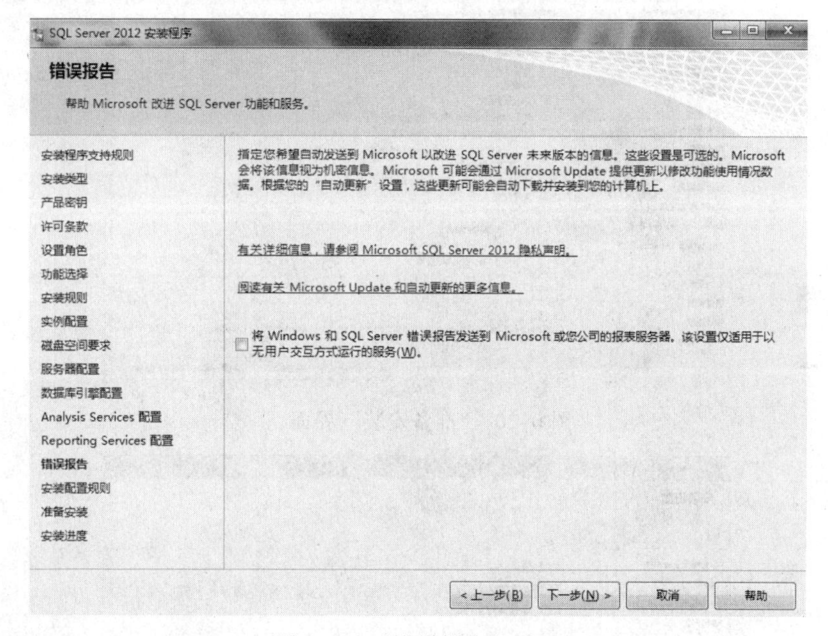

图 0–18 “错误报告”界面

step 17 安装配置规则。单击“下一步”按钮，弹出“安装配置规则”界面，如图 0–19 所示，进行安装配置规则的安装与检查。

step 18 进行安装。所有各项均正常通过后，单击“下一步”按钮，弹出“准备安装”界面，如图 0–20 所示，开始进行安装，如图 0–21 所示。

step 19 完成安装。开始安装后，需要一段时间的耐心等待，才能最后完成安装，如图 0–22 所示。如果得到重新启动计算机的指示，请立即进行重启操作。安装完成后，阅读来自安装程序的消息是很重要的。如果未能重新启动计算机，可能会导致以后运行安装程序失败。

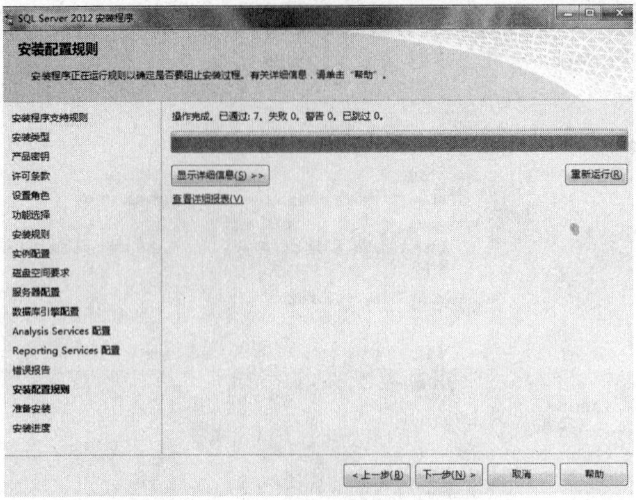

图 0-19 “安装配置规则”界面

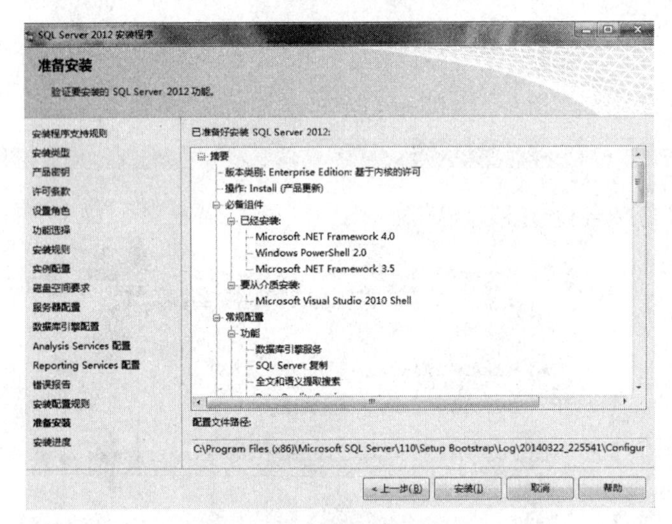

图 0-20 “准备安装”界面

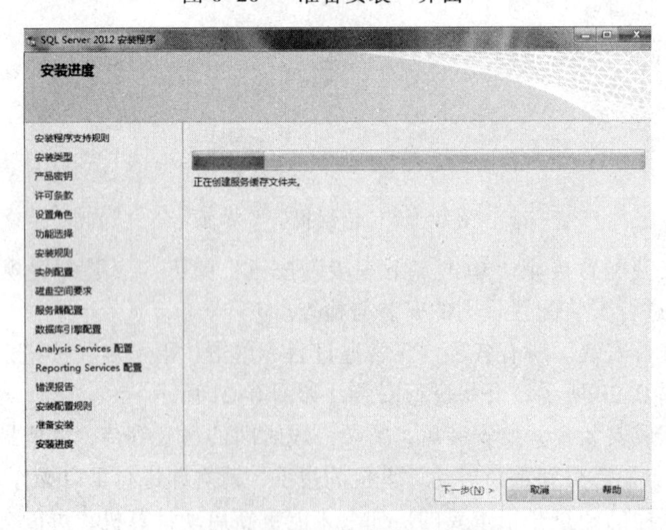

图 0-21 “安装进度”界面

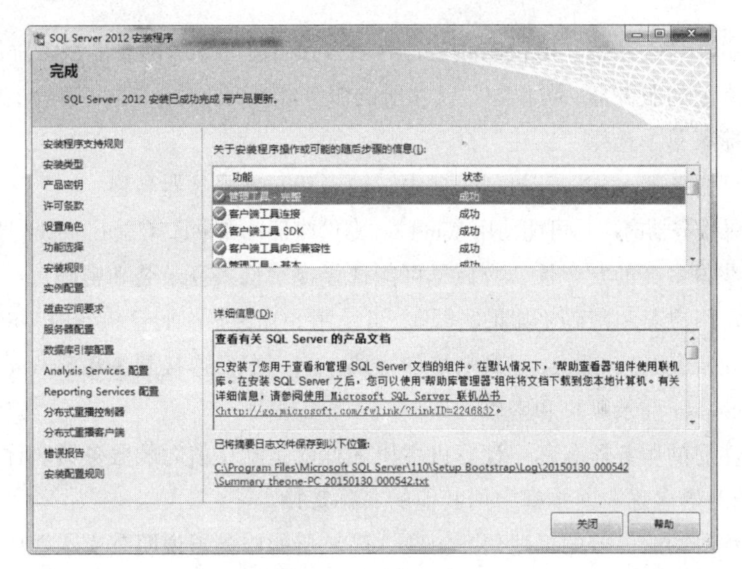

图 0-22 “完成”界面

任务 0.2　注册服务器

安装 SQL Server Management Studio 之后首次启动它时，将自动注册 SQL Server 的本地实例，也可以使用 SQL Server Management Studio 注册服务器。

【问题 0-2】使用 SQL Server Management Studio 注册服务器。

step 01 在 SQL Server Management Studio 的工具栏中单击“已注册的服务器”按钮，在窗体左侧出现“已注册的服务器”窗格，右击“数据库引擎”。

step 02 在弹出的快捷菜单中选择“新建服务器注册”命令，如图 0-23 所示。弹出图 0-24 所示的“新建服务器注册”对话框。

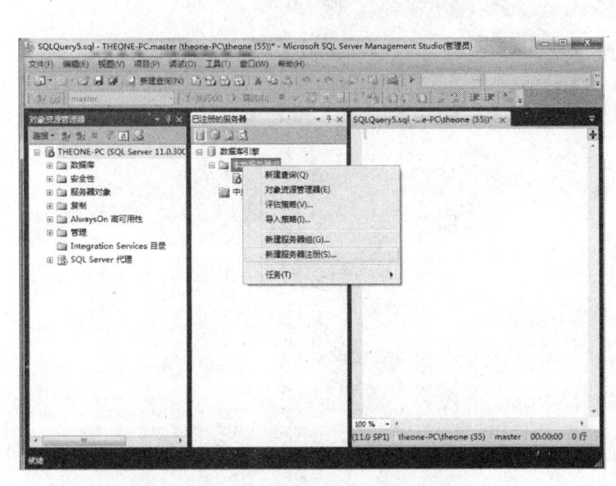

图 0-23　选择“新建服务器注册”命令

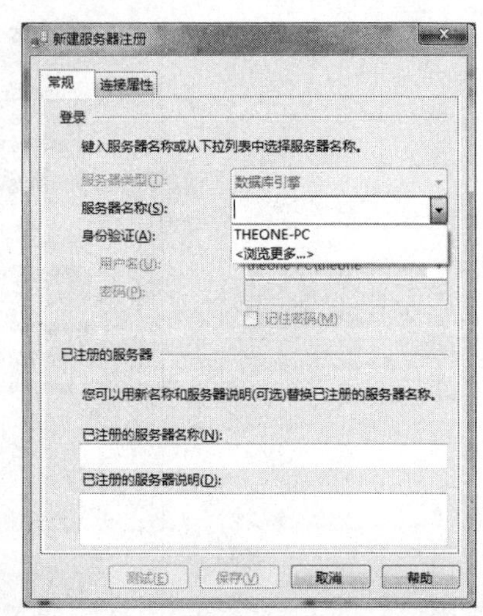

图 0-24 “新建服务器注册”对话框

在注册服务器时必须指定下列选项：

（1）服务器类型。在 Microsoft SQL Server 2012 中，可以注册的服务器类型有：数据库引擎、Analysis Services、Reporting Services、Integration Services 和 SQL Server Mobile。要注册相应类型的服务器，可以在“已注册的服务器”窗格中，选择指定的类型并右击，在弹出的快捷菜单中选择“新建”命令。

（2）在“服务器名称”下拉列表框中，输入新建的服务器名称。

（3）登录服务器时应尽可能使用 Windows 身份验证；如果选择 SQL Server 身份验证，为了在使用时获得最高的安全性，应该尽可能选择提示输入登录名和密码。

（4）指定用户名和密码（如果需要）。当使用 SQL Server 验证机制时，SQL Server 系统管理员必须定义 SQL Server 登录账户和密码，当用户要连接到 SQL Server 实例时，必须提供 SQL Server 登录账户和密码。

（5）已注册的服务器名称。计算机主机名称就是默认值时的服务器名称，但可以在“已注册的服务器名称”文本框中用其他的名称替换。

（6）已注册的服务器的描述信息。在“已注册的服务器说明”文本框中，输入服务器组的描述信息（可选）。

step 03 可以为正在注册的服务器选择连接属性。如图 0-25 所示在“连接属性”选项卡中，可以指定下列连接选项：

（1）服务器默认情况下连接到数据库。

（2）连接到服务器时所使用的网络协议。

（3）要使用的默认网络数据包大小。

（4）连接超时值设置。

（5）执行超时值设置。

（6）加密连接信息。

在 SQL Server Management Studio 中注册服务器之后，还可以取消该服务器的注册。方法为在 SQL Server Management Studio 中右击某个服务器名，在弹出的快捷菜单中选择“删除”命令。

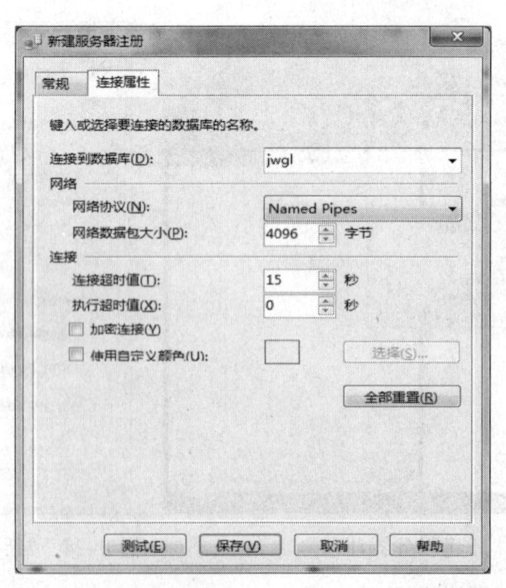

图 0-25 “新建服务器注册”对话框的“连接属性”选项卡

任务 0.3　启动 SQL Server Management Studio

SQL Server Management Studio 是面向数据库管理员和开发人员的设计和管理工具。利用 SQL Server Management Studio 可以编写和执行查询、管理数据库对象、监视系统活动等。同时，它还可以帮助数据库管理员完成日常维护和操作任务，提高数据库管理人员的工作效率。

【问题 0-3】启动 SQL Server Management Studio。

启动 SQL Server Management Studio 的操作步骤如下：

step 01 在 Windows 系统下单击“开始”按钮，选择“所有程序”→Microsoft SQL Server→SQL Server Management Studio 命令，弹出图 0-26 所示的“连接到服务器”对话框。

图 0-26　“连接到服务器”对话框

step 02 在“服务器类型”下拉列表中选择“数据库引擎”选项，在“服务器名称”组合框中输入或者从下拉列表中选择已经安装的数据库服务器引擎。服务器名称的格式之一为“计算机\实例名”。读者应根据自己计算机的环境输入正确的服务器名称。

step 03 在“身份验证”下拉列表中选择“Windows 身份验证”或“SQL Server 身份验证模式”之一。

SQL Server 支持两种身份验证模式，即 Windows 身份验证模式和混合模式。Windows 身份验证是默认模式（通常称为集成安全），因为此 SQL Server 安全模型与 Windows 紧密集成。信任特定 Windows 用户和组账户登录 SQL Server。已经过身份验证的 Windows 用户不必提供附加的凭据。混合模式支持由 Windows 和 SQL Server 进行身份验证。用户名和密码保留在 SQL Server 内。Windows 身份验证，不验证 sa 密码，如果 Windows 登录密码不正确，无法访问 SQL，混合模式既可以使用 Windows 身份验证登录，也可以在远程使用 sa 密码登录。准确来说，混合身份验证模式基于 Windows 身份验证和 SQL Server 身份混合验证。在这个模式中，系统会判断账号在 Windows 操作系统下是否可信，对于可信连接，系统直接采用 Windows 身份验证机制，而非可信连接，这个连接不仅包括远程用户还包括本地用户，SQL Server 会自动通过账户的存在性和密码的匹配性进行验证。比如当 SQL Server 实例在 Windows 98 上运行时，必须使用混合模式，因为在 Windows 98 上不支持 Windows 身份验证模式。

step 04 此时打开 SQL Server Management Studio 窗口，如图 0-27 所示，在默认情况下屏幕左边为“对象资源管理器窗口”。

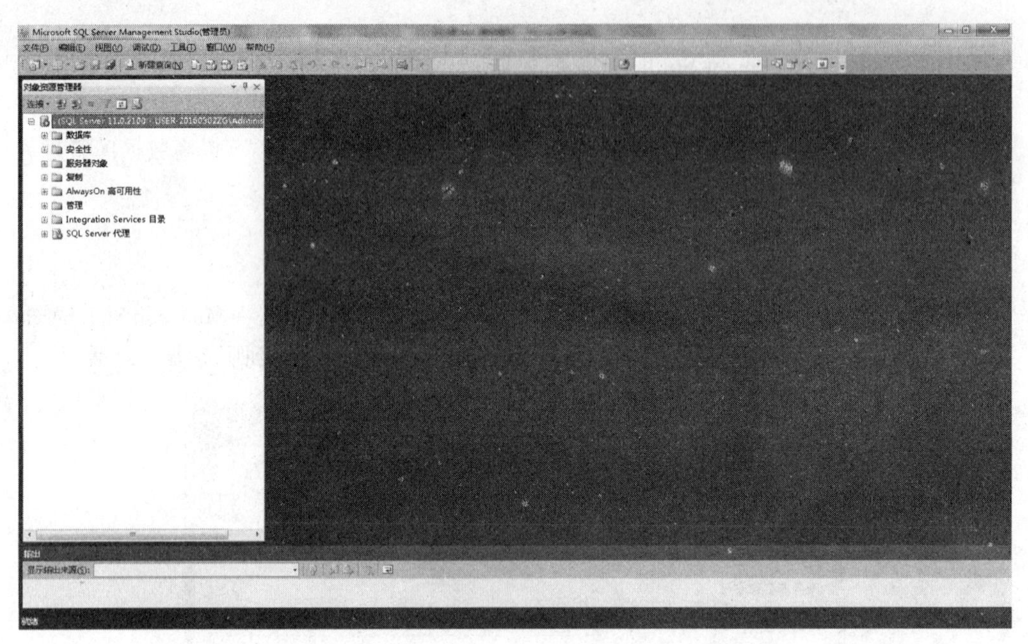

图 0-27　SQL Server Management Studio 窗口

思考与练习

1. SQL Server 2012 提供了哪些安装版本？
2. SQL Server 2012 中的默认实例和命名实例有何区别？
3. SQL Server 2012 支持哪两种登录验证模式？
4. 如何启动和停止 SQL Server 服务？
5. 如何使用 SQL Server Management Studio 注册服务器？

跟我学上机

1. 安装 SQL Server 2012。
2. 配置 SQL Server 2012 工作环境。

第1章 创建及维护数据库

知识目标

- 了解数据库组成；
- 了解系统数据库的作用；
- 理解数据库文件、文件组的种类与作用；
- 理解数据库的配置选项。

技能目标

- 会创建数据库；
- 会管理数据库；
- 会分离和附加数据库。

知识学习

1. 数据库组成

数据库的存储结构分为逻辑存储结构和物理存储结构。逻辑存储结构用于说明数据库是由哪些性质的信息所组成，SQL Server 的数据库不仅仅只存储数据，所有与数据处理操作相关的信息都存储在数据库中。数据库的物理存储结构则是讨论数据库文件在磁盘中是如何存储的，数据库在磁盘上是以文件为单位存储的，由数据库文件和事务日志文件组成，一个数据库至少应该包含一个数据库文件和一个事务日志文件。

SQL Server 数据库管理系统中数据库文件是由数据文件和日志文件组成的，数据文件以盘区为单位存储在存储器中。

2. 数据库文件

数据库文件是指数据库中用来存放数据库数据和数据库对象的文件，一个数据库可以有一个或多个数据文件，一个数据文件只能属于一个数据库。当有多个数据文件时，有一个文件被定为主数据文件，它用来存储数据库的启动信息和部分或者全部数据，一个数据库只能有一个主数据文件。数据文件则划分为不同的页面和区域，页是 SQL Server 存储数据的基本单位。

主数据文件是数据库的起点，指向数据库文件的其他部分，每个数据库都有一个主要数据文件，其扩展名为.mdf。

次数据文件包含除主数据库文件外的所有数据文件，一个数据库可以没有次数据文件，也可能有多个次数据文件，扩展名为.ndf。

3. 日志文件

SQL Server 的日志文件是由一系列日志记录组成的，日志文件中记录了存储数据库的更新情况等事务日志信息，用户对数据库进行的插入、删除和更新等操作也都会记录在日志文件中。当数据库发生损坏时，可以根据日志文件来分析出错的原因，或者数据丢失时，还可以使用事务日志恢复数据库。每个数据库至少必须拥有一个事务日志文件，而且允许拥有多个日志文件。

SQL Server 2012 不强制使用.mdf、.ndf 或.ldf 作为文件的扩展名，但建议使用这些扩展名来帮助标识文件。SQL Server 2012 中某个数据库中的所有文件的位置都记录在 master 数据库和该数据库的主文件中。

4. 文件组

文件组（Filegroup）是文件的逻辑集合，用来存储数据文件和数据库对象，SQL Server 自动创建一个名称为 PRIMARY 的主文件组，主文件组上存有系统表。SQL Server 默认将数据文件、数据库对象（如表、索引等）存放在主文件组上。为了提高数据库的性能，如果希望将次数据文件、所创建的数据库对象存放在与主数据文件不同的存储设备上，就需要创建用户定义的文件组，然后通过数据库扩充容量增加次数据文件，创建数据库对象时将它们存放在用户定义的文件组上。

一个文件或者文件组只能用于一个数据库，不能用于多个数据库。次数据文件或数据库对象（如表、索引等）只能存放在一个文件组中，不可以存放在其他文件组中。文件组不适用于事务日志。

不能在 READONLY（只读）的文件组上创建新数据库对象。读者可以将不允许修改的表存放在用户定义的文件组上，然后将文件组标记为 READONLY。

5. 系统数据库

SQL Server 服务器安装完成之后，打开 SSMS 工具，在“对象资源管理器”面板中的“数据库”→“系统数据库”结点下可以看到几个已经存在的数据库，这些数据库在 SQL Server 安装到系统时就创建好了，下面分别介绍这几个系统数据库的作用。

（1）master 数据库

master 是 SQL Server 2012 中最重要的数据库，是整个数据库服务器的核心。用户不能直接修改该数据库，如果损坏了 master 数据库，那么整个 SQL Server 服务器将不能工作。该数据库中包含以下内容：所有用户的登录信息、用户所在的组、所有系统的配置选项、服务器中本地数据库的名称和信息、SQL Server 的初始化方式等。作为一个数据库管理员，应该定期备份 master 数据库。

（2）model 数据库

model 数据库是 SQL Server 2012 中创建数据库的模板，如果用户希望创建的数据库有相同的初始化文件大小，则可以在 model 数据库中保存文件大小的信息；希望所有的数据库中都有一个相同的数据表，同样也可以将该数据表保存在 model 数据库中。因为将来创建的数据库以 model 数据库中的数据为模板，因此在修改 model 数据库之前要考虑到，任何对 model 数据库中数据的修改都将影响所有使用模板创建的数据库。

（3）msdb 数据库

msdb 数据库提供运行 SQL Server Agent 工作的信息。SQL Server Agent 是 SQL Server 中的一个 Windows 服务，该服务用来运行制定的计划任务。计划任务是在 SQL Server 中定义的一个程序，该程序不需要干预即可自动开始执行。与 tempdb 和 model 数据库一样，在使用 SQL Server 时也不要直接修改 msdb 数据库，SQL Server 中的其他一些程序会自动运行该数据库。例如，当用户对数据进行存储或者备份的时候，msdb 数据库会记录与执行这些任务相关的一些信息。

（4）tempdb 数据库

tempdb 是 SQL Server 中的一个临时数据库，用于存放临时对象或中间结果，SQL Server 关闭后，该数据库中的内容被清空，每次重新启动服务器之后，tempdb 数据库将被重建。

任务 1.1 设计数据库

1. 信息化现实世界

【问题 1-1】将现实世界的学生、课程抽象为信息世界的实体和属性。

实体、属性、属性值、实例、实体标识符、联系及联系类型的概念如下：

实体：现实世界中客观存在的并可相互区别的事务或概念。实体可以是具体的人、事、物，也可以是抽象的概念或联系。实体表示的是一类事务，其中一个具体事务称为实例。

属性：实体所具有的某种特性。一个实体可以使用多个属性进行描述。属性的具体取值称为属性值。

经分析，学生、课程都是实体。学生实体可以用学号、姓名、班级及选课密码属性来描述；课程实体可以用课程编号、课程名称、课程类别、学分、教师、系部编号、上课时间等属性描述。

实体标识符：唯一标识实体中的每一行的属性或属性的组合。当学生的学号唯一时，学号是学生的实体标识符。当课程的课程编号值唯一时，课程编号是课程的实体标识符。

联系及联系类型：实体不是孤立存在的，实体间有着相互联系。实体间的联系分为 1 对 1（表示为 1∶1）、1 对多（1∶n）和多对多（m∶n）联系类型。

经分析，每名学生可以选多门课程，每门课程可以有多名学生选读，所以课程和学生间的联系是多对多，可用 m:n 表示。用学生-选课作为课程和学生间的联系名，具有学号、姓名、课程名称、选课状态属性。学号、课程名称是学生-选课的标识符。

2. 画出实体联系图

【问题 1-2】画出学生-选课实体联系图。

实体联系图（E-R 图）：通常使用 E-R 图（又称 E-R 模型）描述现实世界的信息结构。E-R 图有以下几个要素。

（1）矩形：表示实体。矩形内标出实体名。

（2）椭圆：表示实体和联系所具有的属性。椭圆内标出属性名。如果属性较多，为使图形更加简明，也可用表格表示实体及属性。

（3）菱形：表示实体之间的联系。菱形内标出联系名。

（4）连线：用来连接实体与实体所具有的属性、联系与联系所具有的属性之间的联系。

在问题 1-1 中已分析出学生、课程、学生选课所具有的属性和联系类型。学生-选课 E-R 图如图 1-1 所示。

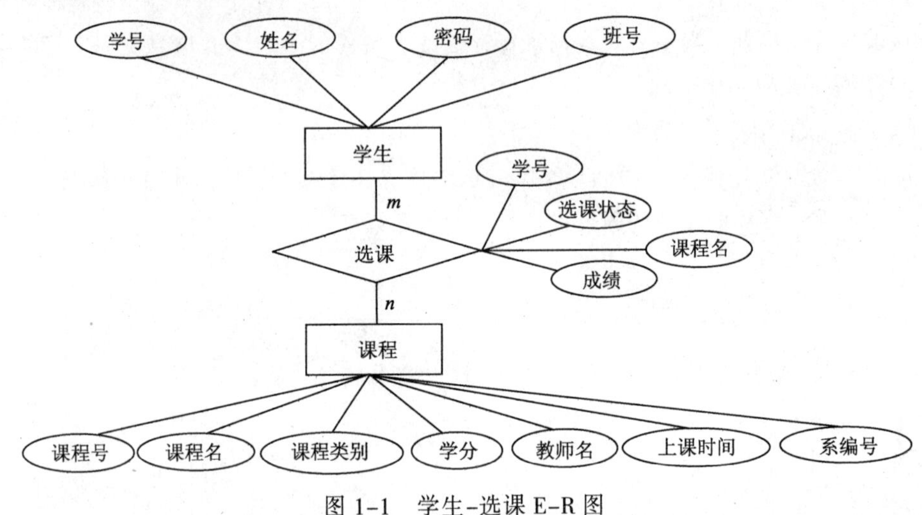

图 1-1　学生-选课 E-R 图

3. 将 E-R 图转换为关系数据模型

【问题 1-3】将图 1-1 所示的学生-选课 E-R 图转换为关系数据模型。

关系数据模型：目前数据库应用系统普遍采用的是关系数据模型，也是应用最广泛的数据模型。关系数据模型用二维表来表示实体及实体之间的联系。只有具有以下特点的二维表才是关系数据模型。

（1）表中的每列都是不可再分的基本数据项。

（2）每列的名称不同，数据类型相同或兼容。

（3）行的顺序无关紧要。

（4）列的顺序无关紧要。

（5）关系中不能存在完全相同的两行。

很多时候又将关系数据模型简称为关系模型、关系或表（本书后续称为表）。表由表结构、行（又称元组或记录）和列（又称属性或字段）所组成，其表结构如表 1-1 所示。

表 1-1　学生表（1）

学　号	姓　名	班　级	选课密码
20140001	巴图	123456	20140102
20140002	蒙和	123456	20140102
…	…	…	…

从表 1-1 可以看出，学生表（1）的结构由四列（学号、姓名、班级、选课密码）组成。每行表示一名学生的基本信息，有多少行数据行就表明有多少名学生。

将 E-R 图转换为关系数据模型：将一个实体或实体间的联系转换为表，将实体的属性或联系的属性转换为表的列。实体或联系的标识符就是主关键字，它能唯一标识表中的每一行。

下面将图 1–1 所示的学生–选课 E–R 图转换为关系数据模型。将课程实体转换为表 1–2 所示的课程表（1），将课程实体中的属性转换为表 1–2 课程表（1）的列，课程编号为主关键字。

表 1–2　课程表（1）

课程编号	课程名称	课程类别	学分	教师	系部编号	系部名称	上课时间
001	数据库系统原理	信息系统	4.0	欧艳鹏	01	计算机系	周一 3–4 节
002	SQL Server	信息系统	4.0	白迎霞	01	计算机系	周五 1–2 节
003	可视化编程技术	软件	4.0	李娟	01	计算机系	周二 3.4 节
…	…	…	…	…		…	…

将实体转换为表 1–3 所示学生表（2），将学生实体中的属性转换为表 1–3 学生表（2）的列，学号为主关键字。

表 1–3　学生表（2）

学　号	姓　名	班　级	选 课 密 码
20140001	巴图	20140102	123456
20140002	蒙和	20140102	123456
20140003	朝鲁	20140103	123456

将课程与学生两个实体间的联系学生–选课转换为表 1–4 所示的学生选课表（1），将联系的属性转换为表 1–4 学生选课表（1）的列，学号、课程名称为学生选课表的主关键字。

表 1–4　学生选课表（1）

学　号	姓　名	课 程 名 称	选 课 状 态	成　绩
20140001	巴图	数据库系统原理	报名	70
20140002	蒙和	SQL Server	报名	87
20140003	朝鲁	可视化编程技术	报名	93
…	…	…	…	…

注意：联系转换为表后，表中只有具有列名的表结构，并没有数据行，这里为了使读者方便理解本章的内容，输入了一些数据行。

4. 规范化关系数据模型

【问题 1–4】规范化表 1–2 所示的课程表（1）、表 1–3 所示的学生表（2）、表 1–4 所示的学生选课表（1），并将其规范到Ⅲ范式的程度。

关系模型规范化：为消除存储异常，减少数据冗余（即重复），保证数据完整性（数据的正确性、一致性）和存储效率，一般将关系模型规范到Ⅲ范式。表 1–2 课程表（1）、表 1–3 学生表（2）、表 1–4 学生选课表（3）存在如下问题。

（1）数据冗余：课程名称、姓名均在两个表中重复出现，存在数据冗余。

（2）数据不一致：课程名称、姓名在两个表中重复出现，可能会出现数据不一致的情况，例如，同一门课程可能存在不同名；在修改数据时，也可能出现修改遗漏，从而造成数据不一致。

（3）数据维护难：数据在多个表中重复出现，造成数据库难维护。例如，修改学生姓名时，需要修改学生表和学生选课表，维护量大。

正因为存在以上问题，要将关系数据模型进行规范。对于不同的规范化程度，可使用范式进行衡量，记作 NF 。满足最低要求的为Ⅰ范式，简称 1NF。在Ⅰ范式的基础上，进一步满足一些要求的Ⅱ范式，简称 2NF，同理，还可进一步规范为Ⅲ范式。

Ⅰ范式：一个关系的每个属性都是不可再分的基本数据项，则该关系是Ⅰ范式。经分析表 1–2 课程表（1）、表 1–3 学生表（2）、表 1–4 学生选课表（1）均满足Ⅰ范式的条件，所以都是Ⅰ范式。为理解Ⅱ范式和Ⅲ范式，先给出函数依赖和函数传递依赖的概念。

函数依赖：表中某属性 *B* 的值完全能由另一个属性值 *A*（主关键字）的值所决定，则称属性 *B* 函数依赖与属性 *A*，或称属性 *A* 决定了属性 *B*，记作 *A*→属性 *B*。经分析，表 1–2 课程表（1）中的课程名称、课程类别、学分等都函数依赖于主关键字课程编号。表 1–3 学生表（2）中的姓名、班级选课密码都函数依赖于主关键字学号。

部分函数依赖：表中某属性 *B* 只函数依赖于主关键字中的部分属性。例如，在表 1–4 学生选课表（1）中，选课状态依赖于主关键字中的学号，也依赖于主关键字中的课程名称，它完全函数依赖主关键字（学号、课程名称）。而姓名属性只函数依赖于主关键字（学号、课程名称）中的学号，与主关键字中的课程名称无关。姓名属性只函数依赖于主关键字（学号、课程名称）的一部分。

函数传递依赖：属性之间存在传递的函数依赖关系。在表 1–2 课程表（1）中，课程编号决定了系部编号，系部编号决定系部名称，系部名称是通过系部编号的传递而依赖关键字课程编号的，则课程编号和系部名称之间存在函数传递依赖关系。

Ⅱ范式：Ⅱ范式首先是Ⅰ范式，而且关系中的每个非主属性完全函数依赖于主关键字，则该关系是Ⅱ范式。经分析，表 1–2 课程表（1）、表 1–3 学生表（2）均是Ⅱ范式。因表 1–4 学生选课表（1）中存在部分函数依赖关系，所以表 1–4 学生选课表（1）不是Ⅱ范式。

将非Ⅱ范式规范为Ⅱ范式的方法：将部分依赖关系中的主属性（决定方）和非主属性从关系中提取出来，单独构成一个关系；将关系中余下的其他属性加上主关键字，构成关系。

将表 1–4 学生选课表（1）中的学号、姓名属性分离出来，单独组成一个关系，剩余的选课状态、成绩属性加上主关键字（学号、课程名称）构成表 1–5 所示的关系，它是Ⅱ范式。因分离出来的学号、姓名属性在表 1–3 中已经包含，所以废弃这个刚分离出来的关系。

表 1–5　学生选课表（2）

学　号	课程名称	选课状态	成　绩
20140001	数据库系统原理	报名	70
20140002	SQL Server	报名	87
20140003	可视化编程技术	报名	93
…	…	…	…

Ⅱ范式仍然存在数据冗余、数据不一致的问题，需要进一步将其规范为Ⅲ范式。

Ⅲ范式：Ⅲ范式首先是Ⅱ范式，且关系中的任何一个非主属性都不函数传递依赖于主关键字。

经分析，表 1–2 课程表（1）、表 1–3 学生表（2）、表 1–5 学生选课表（2）是Ⅲ范式。而表 1–2 课程表（1）因存在函数传递依赖关系，所以不是Ⅲ范式。

消除函数传递依赖关系：将系部编号、系部名称属性分离出来并组成一个关系，删除重复的行后构成表 1–6 所示系部表。该表的主关键字为系部编号，它是Ⅲ范式。表 1–2

课程表（1）删除系部名称属性后组成如表 1-7 所示的课程表（2），它是Ⅲ范式。

学生选课规范为Ⅲ范式的结果：表 1-3 学生表（2）、表 1-5 学生选课表（2）、表 1-6 系部表、表 1-7 课程表（2）。

表 1-6　系　部　表

系部编号	系部名称
01	计算机系
02	外语系
03	数学系

表 1-7　课程表（2）

课程编号	课程名称	课程类别	学分	教师	系部编号	上课时间
001	数据库系统原理	信息系统	4.0	欧艳鹏	01	周一 3-4 节
002	SQL Server	信息系统	4.0	白迎霞	01	周五 1-2 节
003	可视化编程技术	软件	4.0	李娟	01	周二 3.4 节
…	…	…	…	…	…	…

在表 1-3 学生表（2）中，更新班级属性值时有可能会出现数据不一致的情况，所以需要将班级属性分离出来并构成表 1-8 所示的班级表，该表的主关键字为班级编号。再将表 1-3 中的班级属性修改为班级编号后，将表 1-3 规范为表 1-9 所示的学生表（3）。对表 1-9 学生表（3）中的每一个班级编号都能在表 1-8 中找到与给定的班级编号所对应的班级名称，称班级编号为表 1-8 班级表和表 1-9 学生表（3）的公共关键字。

表 1-8　班级表

班级编号	班级名称	系部编号
20140101	计算机科学与技术班	01
20140102	软件工程班	01
20140103	信息管理与信息管理班	01
…	…	…

表 1-9　学生表（3）

学号	姓名	班级编号	选课密码
20140001	巴图	20140102	123456
20140002	蒙和	20140102	123456
20140003	朝鲁	20140103	123456

同样因为表 1-5 学生选课表（2）中的课程名称容易出现数据不一致的情况，所以将表 1-5 中的课程名称属性修改为课程编号属性，修改后如表 1-10 所示。

表 1-10　学生选课表

学号	课程编号	选课状态	成绩
20140001	001	报名	70
20140002	002	报名	87
20140003	003	报名	93

该问题规范为Ⅲ范式的最终结果为表 1-6 系部表、表 1-7 课程表（2）、表 1-8 班级

表、表 1-9 学生表（3）、表 1-10 学生选课表。

任务 1.2 创建数据库

数据库的创建过程实际上就是数据库的逻辑设计到物理实现过程。在 SQL Server 中创建数据库时有两种方法：在 SQL Server 管理器（SSMS）中使用对象资源管理器创建和使用 Transact-SQL 代码创建。这两种方法在创建数据库的时候，有各优缺点，可以根据自己的喜好，灵活选择使用不同的方法，对于不熟悉 Transact-SQL 语句命令的用户来说，可以使用 SQL Server 管理器提供的生成向导来创建。下面介绍这两种方法的创建过程。

1. 使用对象资源管理器创建数据库

【问题 1-5】创建逻辑名称为 Student 的学生管理数据库，将物理文件保存在 C 盘，主数据文件名为 Student.mdf，文件大小为 10 MB，最大可以增长到 20 MB，文件增量为 2 MB，事务日志文件名为 Student_log.ldf，大小为 15 MB，文件可以增长到 30 MB，文件增量为 2 MB。

在使用对象资源管理器创建数据库之前，首先要启动 SSMS，然后使用账户登录到数据库服务器。SQL Server 安装成功之后，默认情况下数据库服务器会随着系统自动启动；如果没有启动，则用户在连接时，服务器也会自动启动。

数据库连接成功之后，在左侧的“对象资源管理器”面板中打开“数据库”结点，可以看到服务器中的“系统数据库”结点，如图 1-2 所示。

在创建数据库时，用户要提供与数据库有关的信息：数据库名称、数据存储方式、数据库大小、数据库的存储路径和包含数据库存储信息的文件名称。下面介绍创建过程。

step 01 右击“数据库”结点，在弹出的快捷菜单中选择“新建数据库”命令，如图 1-3 所示。

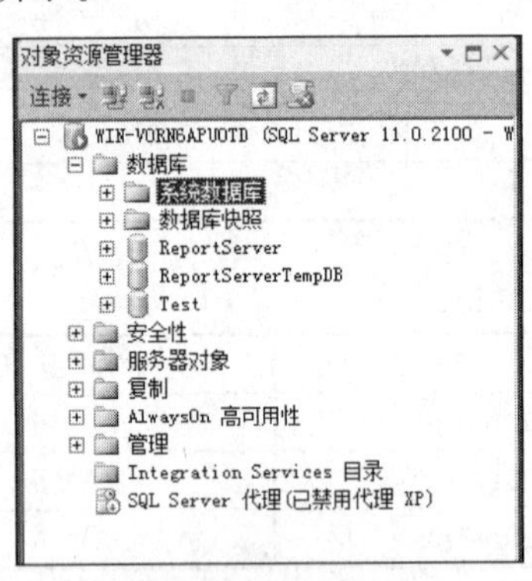

图 1-2 “数据库”结点

图 1-3 选择“新建数据库”命令

step 02 打开“新建数据库”窗口，在左侧的“选择页”列表中有 3 个选项，默认选择的是“常规”选项，右侧列出了“常规”选择页中创建数据库的参数，可以输入数据库的名称和初始大小等参数，如图 1-4 所示。

（1）“数据库名称”文本框：Student 为输入的数据库名称。

（2）“所有者”文本框：此处可指定任何一个拥有创建数据库权限的账户。此处为默认账户（default），即当前登录到 SQL Server 的账户。用户也可以修改此处的值，如果使用 Windows 系统身份验证登录，这里的值将会是系统用户 ID，如果使用 SQL Server 身份验证登录，这里的值将会是连接到服务器的 ID。

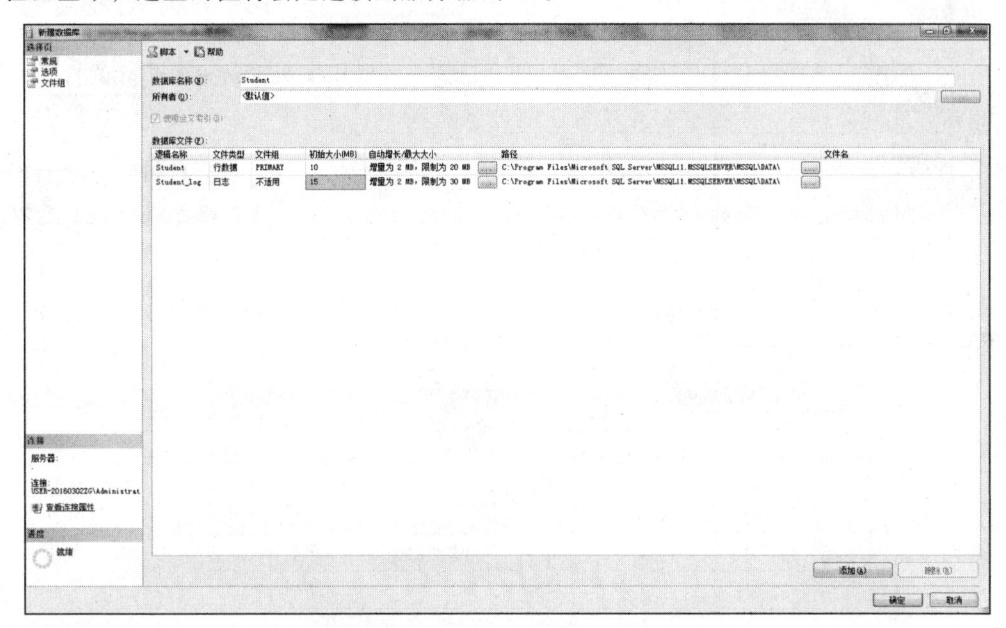

图 1-4 “新建数据库”窗口

（3）“使用全文索引”复选框：如果想让数据库具有搜索特定内容的字段，需要选中此复选框。

（4）“数据库文件”列表框：可以设置数据库文件的各项属性，各属性的含义如下：

① 逻辑名称：引用文件时使用的文件名称。

② 文件类型：表示该文件存放的内容，行数据表示这是一个数据库文件，其中存储了数据库中的数据；日志文件中记录的是用户对数据进行的操作。

③ 文件组：为数据库中的文件指定文件组，可以指定的值有：PRIMARY 和 SECOND，数据库中必须有一个主文件组（PRIMARY）。

④ 初始大小：该列下的两个值分别表示数据库文件的初始大小为 10 MB，日志文件的初始大小为 15 MB。

⑤ 自动增长/最大大小：当数据库文件超过初始大小时，文件大小增加的速度，这里数据文件是每次增加 2 MB，最大可以增长到 20 MB，日志文件每次增加 2 MB，最大可以增长到 30 MB；默认情况下，在增长时不限制文件的增长极限，即“不限制文件增长”，这样就不必担心数据库的维护，但在数据库出问题时磁盘空间可能会被完全占满。因此在应用时，要根据需要设置一个合理的文件增长的最大值。

⑥ 路径：数据库文件和日志文件的保存位置，默认的路径值为 C:\Program Files\Microsoft SQL Server\MSSQL10.MSSQLSERVER\MSSQL\DATA，如果要修改路径，单击路径右边带省略号的按钮，弹出“定位文件夹”对话框，选择想要保存数据的路径后单击“确定”按钮返回。

⑦ 文件名：将滚动条向右拖动会看到该属性值，该值用来存储数据库中数据的物理文件名称，默认情况下，SQL Server 使用数据库名称加上_Data 后缀来创建物理文件名，如 XK_Data。

（5）“添加“按钮：添加多个数据文件或者日志文件，单击“添加”按钮之后，将新增一行，在新增行的“文件类型”列的下拉列表框中可以选择文件类型，分别是“行数据”和“日志”。

（6）“删除”按钮：删除指定的数据文件和日志文件。用鼠标选定想要删除的行，然后单击“删除”按钮，注意主数据文件不能被删除。

注意：文件类型为“日志”的行与“行数据”的行所包含的信息基本相同，对于日志文件，“文件名”列的值是通过在数据库名称后面加_log 后缀而得到的，并且不能修改“文件组”列的值。

step 03 在“选择页”列表中选择“选项”选项，选择页可以设置的内容如图 1-5 所示。

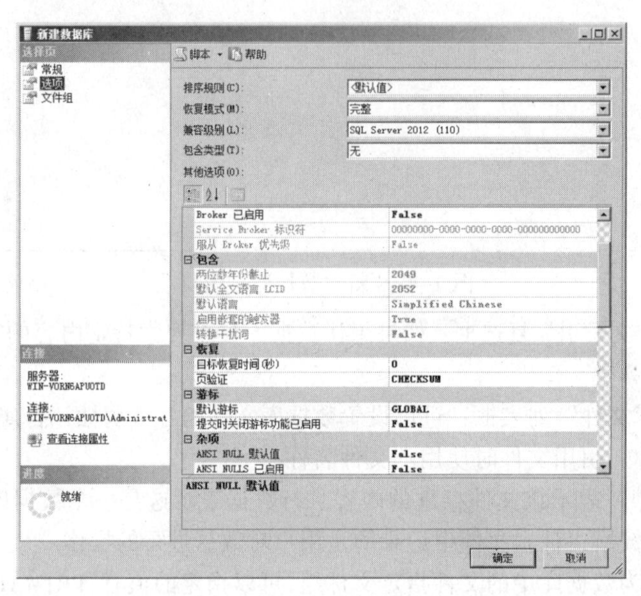

图 1-5 “选项”选择页

（1）“恢复模式”下拉列表框。

① “完整”选项：允许发生错误时恢复数据库，在发生错误时，可以及时地使用事务日志恢复数据库。

② “大容量日志”选项：当执行操作的数据量比较大时，只记录该操作事件，并不记录插入的细节，例如，向数据库插入上万条记录数据，此时只记录了该插入操作，而对于每一行插入的内容并不记录。这种方式可以在执行某些操作时提高系统性能，但是当服务器出现问题时，只能恢复到最后一次备份的日志中的内容。

③ “简单”选项：每次备份数据库时清除事务日志，该选项表示根据最后一次对数据库的备份进行恢复。

（2）“兼容级别”下拉列表框。“兼容级别”下拉列表框表示是否允许建立一个兼容早期版本的数据库，如要兼容早期版本的 SQL Server，则新版本中的一些功能将不能使用。

下面的选项还有许多其他可设置参数，这里直接使用其默认值即可，在 SQL Server 的学习过程中，读者会逐步理解这些值的作用。

step 04 在“文件组”选择页中，可以设置或添加数据库文件和文件组的属性，例如是否为只读，是否有默认值，如图 1-6 所示。

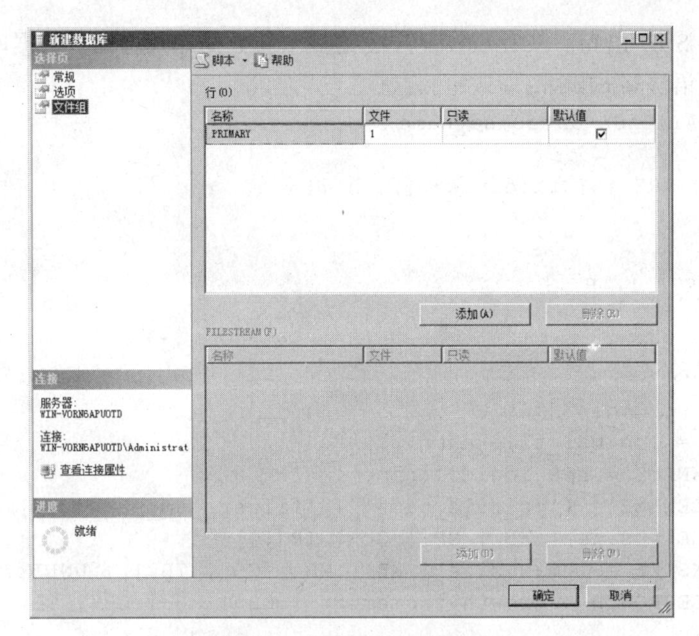

图 1-6 “文件组”选择页

step 05 设置完上面的参数，单击“确定”按钮，开始创建数据库的工作，SQL Server 2012 在执行创建过程中将对数据库进行检验，如果存在一个相同名称的数据库，则创建操作失败，并提示错误信息，创建成功之后，回到 SSMS 窗口中，在“对象资源管理器”面板中可看到新建立的名称为 mytest 的数据库，如图 1-7 所示。

图 1-7 创建的数据库

2. 使用 Transact-SQL 创建数据库

企业管理器（SSMS）是一个非常实用、方便的图形化（GUI）管理工具，前面进行的创建数据库的操作，实际上 SSMS 执行的就是 Transact-SQL 脚本，根据设定的各个选项的值在脚本中执行创建操作的过程。接下来的内容，将向读者介绍实现创建数据库对象的 Transact-SQL 语句。SQL Server 中创建一个新数据库及存储该数据库文件的基本 Transact-SQL 语法格式如下：

```
CREATE DATABASE database_name
[ ON
    [ PRIMARY ] [<filespec> [,… n ]]
]
[ LOG ON
[<filespec> [,…n ]]
];

<filespec>::=
(
    NAME = logical_file_name
    [,NEWNAME = new_logical_name ]
    [,FILENAME = {'os_file_name' | 'filestream_path' } ]
    [,SIZE = size [ KB | MB | GB | TB ] ]
    [,MAXSIZE = { max_size [ KB | MB | GB | TB ] | UNLIMITED } ]
    [,FILEGROWTH = growth_increment [ KB | MB | GB | TB| % ] ]
);
```

参数说明如下：

database_name：数据库名称，不能与 SQL Server 中现有的数据库实例名称相冲突，最多可以包含 128 个字符。

ON：指定显示定义用来存储数据库中数据的磁盘文件。

PRIMARY：指定关联的<filespec>列表定义的主文件，在主文件组<filespec>项中指定的第一个文件将生成主文件，一个数据库只能有一个主文件。如果没有指定 PRIMARY，那么 CREATE DATABASE 语句中列出的第一个文件将成为主文件。

LOG ON：指定用来存储数据库日志的日志文件。LOG ON 后跟以逗号分隔的用以定义日志文件的 <filespec> 项列表。如果没有指定 LOG ON，将自动创建一个日志文件，其大小为该数据库的所有数据文件大小总和的 25%或 512 KB，取两者之中的较大者。

NAME：指定文件的逻辑名称。指定 FILENAME 时，需要使用 NAME，除非指定 FOR ATTACH 子句之一。无法将 FILESTREAM 文件组命名为 PRIMARY。

FILENAME：指定创建文件时由操作系统使用的路径和文件名，执行 CREATE DATABASE 语句前，指定路径必须存在。

SIZE：指定数据库文件的初始大小，如果没有为主文件提供 size，数据库引擎将使用 model 数据库中的主文件的大小。

MAXSIZE max_size：指定文件可增加到的最大值。可以使用 KB、MB、GB 和 TB 做后缀，默认为 MB。max_size 是整数值，如果不指定 max_size，则文件将不断增长直至磁盘被占满。UNLIMITED 表示文件一直增长到磁盘充满。

FILEGROWTH：指定文件的自动增量。该参数设置不能超过 MAXSIZE 设置。可以使用 MB、KB、GB、TB 或百分比（%）作为单位，默认值为 MB。如果指定为百分比（%），则增量大小为发生增长时文件大小的指定百分比。值为 0 时表明自动增长被设置为关闭，不允许增加空间。

【问题 1-6】使用 CREATE DATABASE 语句完成问题 1-5。

具体操作步骤如下。

step 01 启动 SSMS 工具，选择“文件”→“新建”→“使用当前连接的查询”命令，如图 1-8 所示。

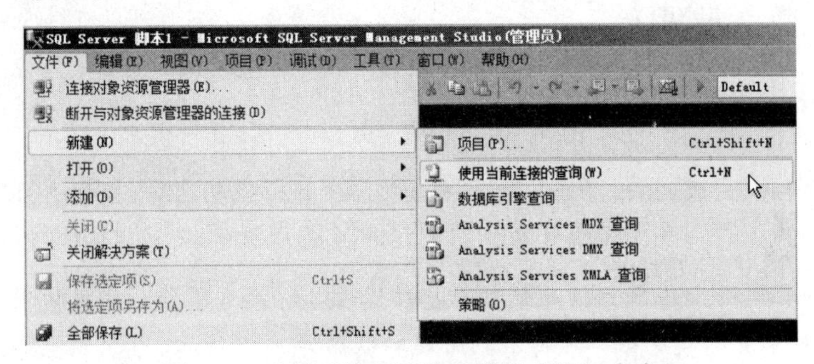

图 1-8 选择“使用当前连接的查询”命令

step 02 此时会在查询编辑器中打开一个空的.sql 文件，将下面的 Transact-SQL 语句输入到空白文档中，如图 1-9 所示。

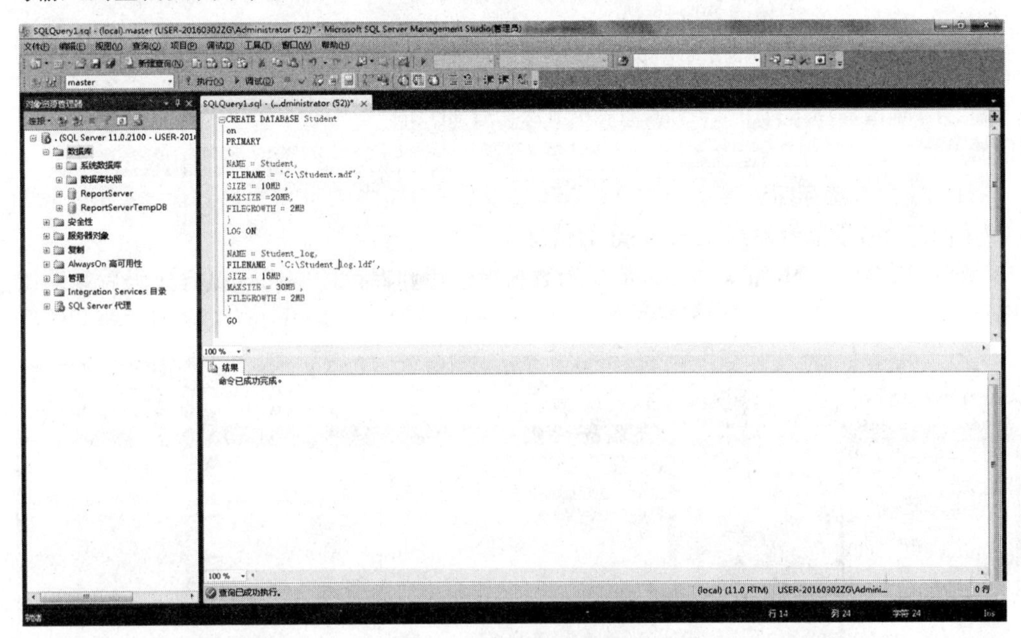

图 1-9 输入相应的语句

```
CREATE DATABASE Student                /*数据库逻辑名*/
ON
PRIMARY                                /*主文件组，可省略*/
(
  NAME = Student,                      /*数据文件逻辑名*/
  FILENAME = 'C:\Student.mdf',         /*数据文件物理名称*/
  SIZE = 10MB,                         /*数据文件的容量*/
  MAXSIZE = 20MB,                      /*数据文件可以达到的上限*/
  FILEGROWTH = 2MB                     /*数据文件增量*/
)
LOG ON
(
  NAME = Student-log,                  /*事务日志文件逻辑名*/
```

```
    FILENAME = 'C:\Student-log.ldf',    /*事务日志文件物理名称*/
    SIZE = 15MB,                         /*事务日志文件的容量*/
    MAXSIZE = 30MB ,                     /*事务日志文件可以达到的上限*/
    FILEGROWTH = 2MB                     /*数据文件增量*/
)
GO
```

step 03 输入完成之后，单击“执行”按钮，命令执行成功之后，刷新 SQL Server 2012 中的数据库结点，可以在子结点中看到新创建的名称为 Student 的数据库。

注意 如果刷新 SQL Server 中的数据库结点后，仍然看不到新建的数据库，可以重新连接对象资源管理器，即可看到新建的数据库。

任务 1.3　查看数据库信息

SQL Server 2012 中可以使用多种方式查看数据库信息，例如目录视图、函数、存储过程、图形化管理工具等，下面重点介绍使用存储过程及图形化管理工具查看数据库信息的过程。

1. 使用系统存储过程

【问题 1-7】查看数据库 Student 的信息。

可使用存储过程 sp_spaceused 显示数据库使用和保留的空间，执行代码后效果如图 1-10 所示。

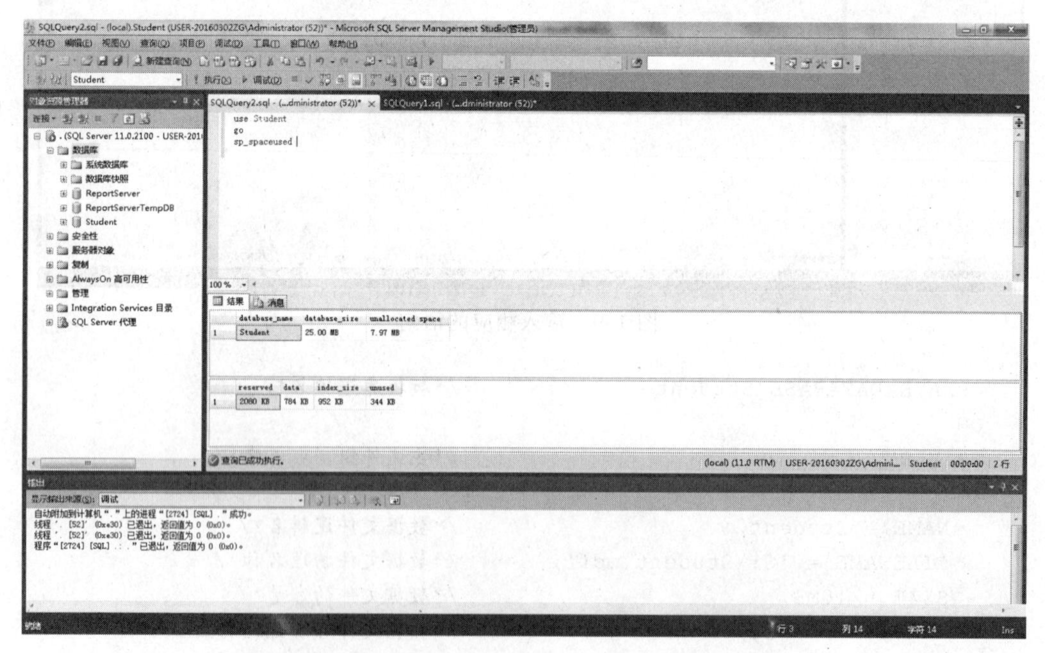

图 1-10　使用存储过程 sp_spaceused 查看数据库信息

可使用 sp_helpdb 存储过程查看所有数据库的基本信息，执行代码后效果如图 1-11 所示。

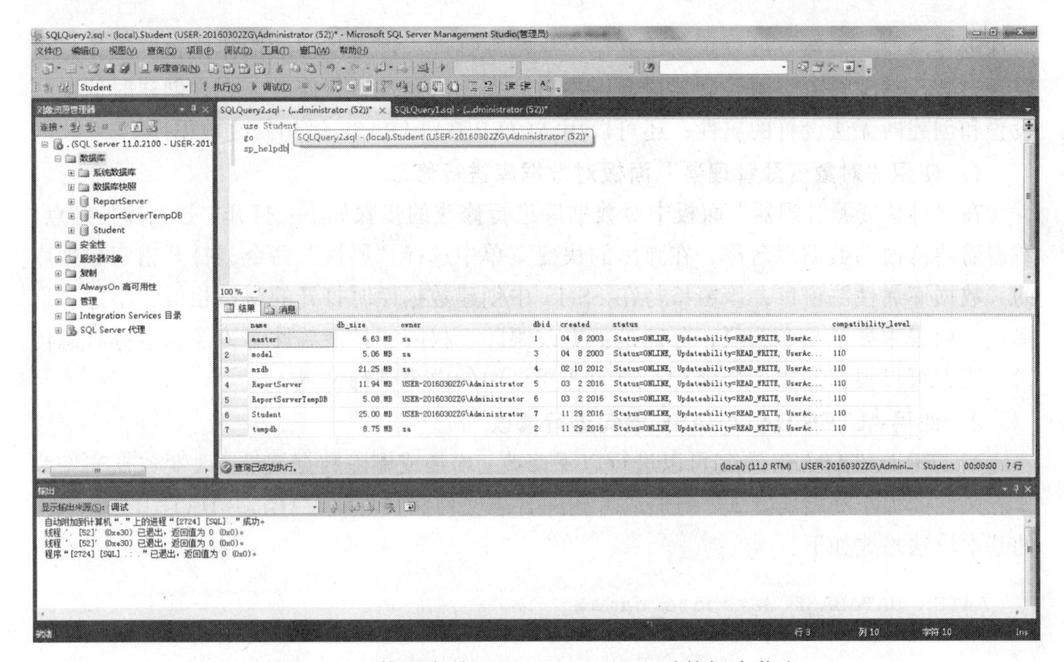

图 1-11　使用存储过程 sp_helpdb 查看数据库信息

2. 使用图形化管理工具

用户也可以在图形化管理工具 SSMS 中查看数据库信息。打开 SSMS 界面之后，在"对象资源管理器"面板中右击要查看信息的数据库结点（本例为 Student），在弹出的快捷菜单中选择"属性"命令，打开"数据库属性"窗口，即可查看数据库的基本信息、文件信息、文件组信息和权限信息等，如图 1-12 所示。

图 1-12　查看数据库基本信息

任务 1.4　修改数据库

数据库创建以后，可能会发现有些属性不符合实际要求，这就需要对数据库的某些属性进行修改。当然，可以重新建立一个新的数据库，但是这样的操作比较烦琐；也可以在 SSMS 的“对象资源管理器”面板中对数据库的属性进行修改，更改创建时的某些设置和创建时无法设置的属性；还可以用 ALTER DATABASE 语句修改数据库。

1. 使用“对象资源管理器”面板对数据库进行修改

在“对象资源管理器”面板中对数据库进行修改的步骤如下：打开“数据库”结点，右击需要修改的数据库名称，在弹出的快捷菜单中选择“属性”命令，打开指定数据库的“数据库属性”窗口，该窗口与在 SSMS 中创建数据库时打开的窗口相似，不过“选择页”列表中多了几个选项，分别是：更改跟踪、权限、扩展属性、镜像和事务日志传送，读者可以根据需要，分别对不同的选择页中的内容进行设置。

2. 使用 ALTER DATABASE 语句进行修改

ALTER DATABASE 语句可以进行以下修改：增加或删除数据文件、改变数据文件或日志文件的大小和增长方式、增加或者删除日志文件和文件组。ALTER DATABASE 语句的基本语法格式如下：

```
ALTER DATABASE database_name
{
    MODIFY NAME = new_database_name
  | ADD FILE <filespec> [,…n ] [ TO FILEGROUP { filegroup_name } ]
  | ADD LOG FILE <filespec> [,…n ]
  | REMOVE FILE logical_file_name
  | MODIFY FILE <filespec>
}
<filespec>::=
(
    NAME = logical_file_name
    [,NEWNAME = new_logical_name ]
    [,FILENAME = {'os_file_name' | 'filestream_path' } ]
    [,SIZE = size [ KB | MB | GB | TB ] ]
    [,MAXSIZE = { max_size [ KB | MB | GB | TB ] | UNLIMITED } ]
    [,FILEGROWTH = growth_increment [ KB | MB | GB | TB| % ] ]
    [,OFFLINE ]
);
```

参数说明如下：

database_name：要修改的数据库的名称。

MODIFY NAME：指定新的数据库名称。

ADD FILE：向数据库中添加文件。

TO FILEGROUP { filegroup_name }：将指定文件添加到的文件组。filegroup_name 为文件组名称。

ADD LOG FILE：将要添加的日志文件添加到指定的数据库。

REMOVE FILE logical_file_name：从 SQL Server 的实例中删除逻辑文件并删除物理文件。除非文件为空，否则无法删除文件。logical_file_name 是在 SQL Server 中引用文件时所用的逻辑名称。

MODIFY FILE：指定应修改的文件。一次只能更改一个<filespec>属性。必须在<filespec>中指定 NAME，以标识要修改的文件。如果指定了 SIZE，那么新设置的值必须比文件当前值要大。

扩充数据库或日志文件的容量

【问题 1-8】在“对象资源管理器”面板中修改 Student 数据库数据文件的初始大小。

选择需要修改的数据库 Student 并右击，在弹出的快捷菜单中选择“属性”命令，打开“数据库属性”窗口，在“选择页”列表中选择“文件”选项，然后在右侧单击 Student 行的“初始大小”列下的文本框，重新输入一个新值，这里输入“20”。也可以单击旁边的两个微调按钮，增大或者减小值，修改完成之后，单击“确定”按钮，这样就成功修改了 Student 数据库中数据文件的大小。读者可以重新打开 Student 数据库的属性对话框，查看修改结果，如图 1-13 所示。

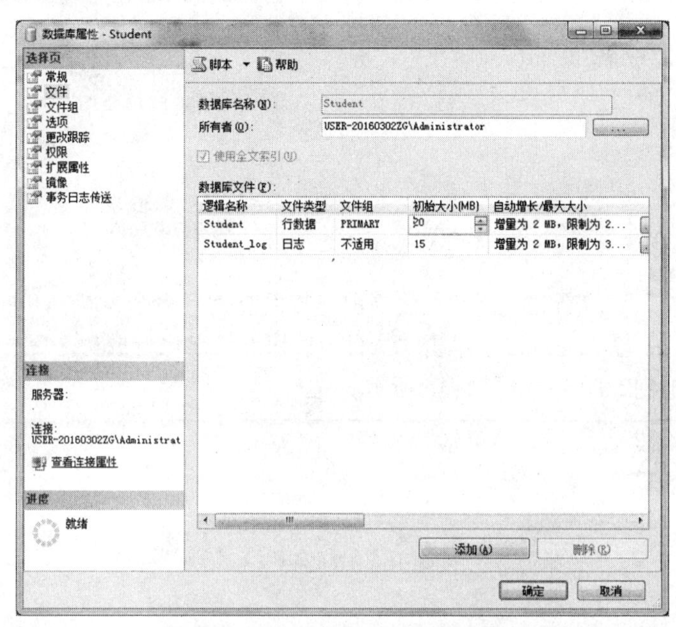

图 1-13　修改数据库大小后的效果

【问题 1-9】将 Student 数据库中的主数据文件的初始大小修改为 20 MB。

输入语句如下：

```
ALTER DATABASE Student
MODIFY FILE
(
  NAME=Student,
  SIZE=20MB
)
GO
```

代码执行成功之后，Student 的初始大小即被修改为 20 MB。

注意：修改数据文件的初始大小时，指定的 SIZE 的值必须大于或等于当前值，如果小于当前值，代码将不能被执行。

【问题 1-10】在“对象资源管理器”面板中修改 Student 数据库数据文件最大文件大小。

具体操作步骤如下：

step 01 在 Student 数据库的属性窗口中，在“选择页”列表中选择“文件”选项，打开该选择页，在 Student 行中，单击“自动增长/最大大小”列下面的值有一个带省略

号的按钮 ... ，如图 1-12 所示。

step 02 弹出“更改 Student 的自动增长设置”对话框，在“最大文件大小”选项组的“限制为（MB）”微调框中输入值“40”，增加数据库的增长限制，修改之后单击“确定”按钮，如图 1-14 所示。

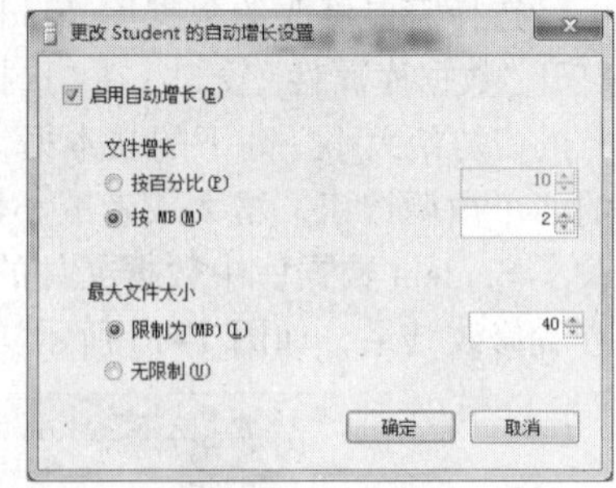

图 1-14 “更改 Student 的自动增长设置”对话框

step 03 返回到数据库属性对话框，即可看到修改后的结果，单击“确定”按钮完成修改。

【问题 1-11】使用 Transact-SQL 语句增加 Student 数据库容量。

输入语句如下：

```
ALTER DATABASE Student
MODIFY FILE
(
   NAME=Student,
   MAXSIZE=50MB
)
GO
```

选择“文件”→“新建”→“使用当前连接的查询”命令，在打开的查询设计器中输入上面的代码，输入完成之后单击“执行”按钮。代码执行成功之后，Student 的增长最大限制值增加到 50MB，如图 1-15 所示。

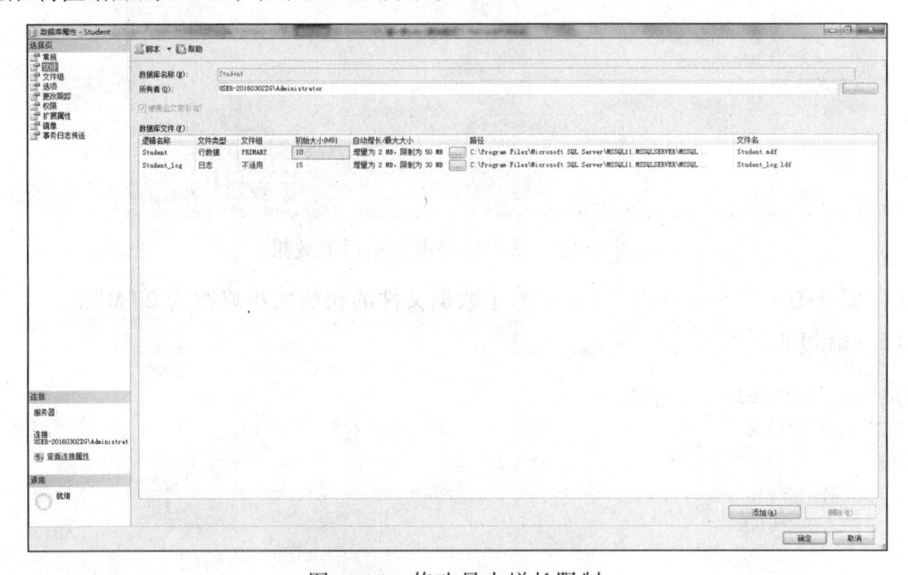

图 1-15 修改最大增长限制

任务 1.5 重命名数据库

【问题 1-12】重命名数据库即修改数据库的名称，例如将 Student 数据库的名称修改为 Student_db。

1. 使用“对象资源管理器”面板修改数据库名称

具体操作步骤如下：

step 01 在 Student 数据库结点上右击，在弹出的快捷菜单中选择“重命名”命令。

step 02 在反白显示的文本框中输入新的数据库名称 Student_db。

step 03 输入完成之后按【Enter】键确认或者在“对象资源管理器”面板空白处单击，修改名称成功。

2. 使用 Transact-SQL 语句修改数据库名称

使用 ALTER DATABASE 语句可以修改数据库名称，其语法格式如下：

```
ALTER DATABASE old_database_name
 MODIFY NAME = new_database_name
```

【问题 1-13】将数据库 Student_db 的名称修改为 Student。

输入语句如下：

```
ALTER DATABASE Student-db
MODIFY NAME = Student;
GO
```

代码执行成功之后，Student_db 数据库的名称被修改为 Student。

任务 1.6 删除数据库

当数据库不再需要时，为了节省磁盘空间，可以将它们从系统中删除，同样这里也有两种方法。

1. 使用“对象资源管理器”面板删除数据库

【问题 1-14】删除数据库 Test。

具体操作步骤如下：

step 01 在“对象资源管理器”面板中，右击需要删除的数据库（如数据库 Text），从弹出的快捷菜单中选择“删除”命令或直接按【Delete】键。

step 02 弹出“删除对象”对话框，用来确认删除的目标数据库对象。在该对话框中同时也可以选择是否要“删除数据库备份和还原历史记录信息”和“关闭现有连接”，根据需要选中对应的复选框即可，单击“确定”按钮，之后将执行数据库的删除操作。

注意： 删除数据库时一定要慎重，因为系统无法轻易恢复被删除的数据，除非做过数据库的备份。每次删除时，只能删除一个数据库。

2. 使用 Transact-SQL 语句删除数据库

Transact-SQL 中删除数据库可使用 DROP 语句。DROP 语句可以从 SQL Server 中一次删除一个或多个数据库。该语句的用法比较简单，基本语法格式如下：

```
DROP DATABASE database_name[, …n];
```

【问题 1-15】使用 Transact-SQL 删除数据库 Test。

输入语句如下：

```
DROP DATABASE Test;
```

代码执行成功之后，Test 数据库即被删除。

注意：并不是所有的数据库在任何时候都是可以被删除的，只有处于正常状态下的数据库才能使用 DROP 语句删除。当数据库处于以下状态时不能被删除：数据库正在使用；数据库正在恢复；数据库包含用于复制的对象。

任务 1.7　分离数据库

当对数据库的数据进行更新后，需及时备份数据库，此时可采用分离数据库的方法进行。分离数据库可将数据库从 SQL Server 实例中删除，并将数据文件和日志文件保存在磁盘上。读者可将这些文件多保存几分，以便在需要时附加到任何计算机的任何 SQL Server 实例上。

【问题 1-16】分离 Student 数据库。

在分离数据库前首先要查看 Student.mdf 数据文件和 Student_log.ldf 在磁盘中的位置，在“对象资源管理器”窗口中展开“数据库”结点，右击 Student 选项，在弹出的快捷菜单中选择“属性”命令，打开“数据库属性”窗口，在“选择页”列表框中选择“文件”选项，可看到文件保存的位置，如图 1-16 所示。

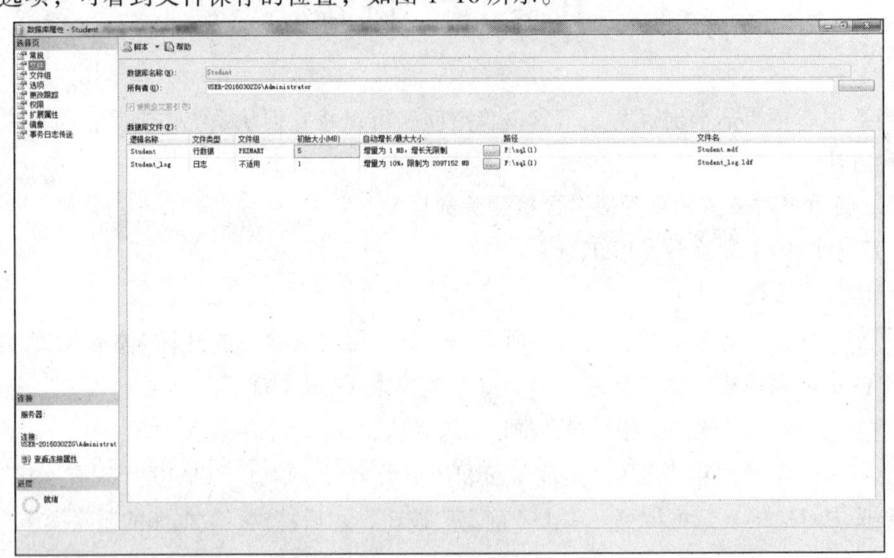

图 1-16　属性窗口

分离数据库的具体步骤如下：

step 01 在“对象资源管理器”窗口中展开“数据库”结点，右击 Student 选项，在弹出的快捷菜单中选择“任务”→“分离”命令。

step 02 单击“确定”按钮，完成 Student 数据库的分离。

任务 1.8　附加数据库

刚分离的数据库必须附加到数据库之后才可以正常使用。附加数据库的操作步骤如下：

step 01 在“对象资源管理器”窗口中右击“数据库”结点，在弹出的快捷菜单中选择“附加”命令，打开图 1-17 所示的“附加数据库”窗口，单击“添加”按钮。

step 02 打开“定位数据库文件”窗口，找到 Student.mdf 文件所在的目录，选择要附加的文件 Student.mdf，单击“确定”按钮，如图 1-18 所示，完成附加数据库的操作。

step 03 在“对象资源管理器”窗口中展开“数据库”结点，即可看到 Student 数据库。

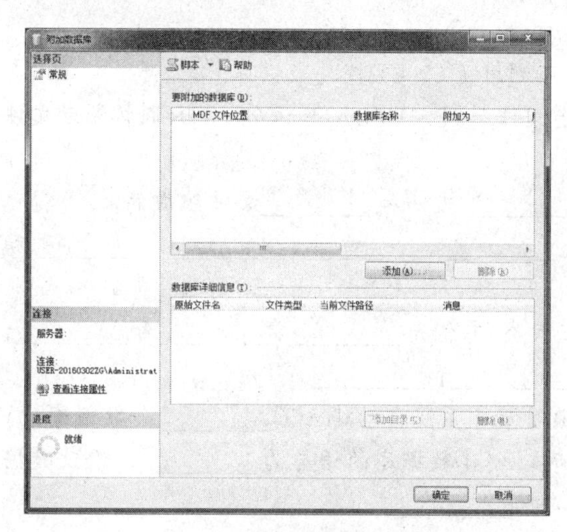

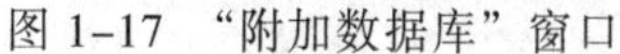
图 1-17 “附加数据库”窗口

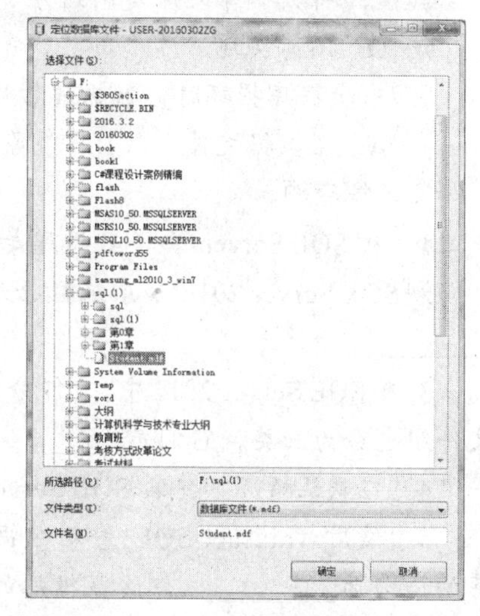

图 1-18 “定位数据库文件”窗口

注意： 附加数据库时如果找不到日志文件，仍可正常附加数据库。选中找不到的日志文件行，单击“附加数据库”窗口右下角的“删除”按钮，删除该日志文件，再单击“确定”按钮即可完成，系统会自动创建一个新的日志文件。

思考与练习

一、选择题

1. SQL Server 2012 的物理存储主要包括（　　）两类文件。
   A. 主数据文件、次数据文件　　B. 数据文件、事务日志文件
   C. 表文件、索引文件　　D. 事务日志文件、文本文件
2. 关于 SQL Server 2012 文件组的叙述正确的是（　　）。
   A. 一个数据文件不能存在于两个或两个以上的文件组中
   B. 日志文件可以属于某个文件组
   C. 文件组可以包含不同数据库的数据文件
   D. 一个文件组只能放在同一个存储设备中
3. 用于存储数据库中表和索引等数据库对象信息的文件为（　　）。
   A. 数据文件　　B. 事务日志文件　　C. 文本文件　　D. 图像文件
4. SQL Server 2012 主数据文件的扩展名为（　　）。
   A. .txt　　B. .db　　C. .mdf　　D. .ldf

5. 下列（   ）数据库不属于 SQL Server 2012 在安装时创建的数据库。

A. master　　B. msdb　　C. model　　D. pubs

6. 在 SQL Server 中，将某用户数据库移动到另一个 SQL Server 服务器，应执行(   )。

A. 分离数据库，再将数据库文件附加到另一个 SQL Server 服务器中

B. 将数据库文件移到另一服务器的磁盘中

C. 将数据库文件复制到另一服务器的磁盘中

D. 不能实现

7. 当数据库损坏时，数据库管理员可利用（   ）恢复数据库。

A. 主数据文件　　B. 事务日志文件　　C. UPDATE 语句　　D. 联机帮助文件

二、填空题

1. 在 SQL Server 中，数据库是由________文件和________文件组成的。

2. SQL Server 2012 中系统数据库是________、________、________、________和________。

3. 在 SQL Server 2012 中，文件分为三大类，它们是________、________和________；文件组也分为三类，它们是________、________和________。

4. 在默认情况下安装 SQL Server 2012 后，系统自动建立了________个数据库。

5. 使用 Transact-SQL 管理数据库时，创建数据库的语句为________，修改数据库的语句为________，删除数据库的语句为________。

三、思考题

1. 一个数据库至少包含几个文件和文件组？主数据文件和此数据文件有何区别？

2. 如何分离与附加数据库？

跟我学上机

1. 使用 Transact-SQL 语句创建名称为 newDB 的新数据库，数据库的参数如下：

逻辑数据文件名：newDBdata

操作系统数据文件名：D:\newDBdata.mdf

数据文件的初始大小：2 MB

数据文件的最大大小：20 MB

数据文件增长幅度：10%

日志逻辑文件名：newDBlog

操作系统日志文件名：D:\newDBlog.ldf

日志文件初始大小：1 MB

日志文件增长幅度：5%

2. 使用两种方法对商品销售数据库进行管理操作，最大容量限制值为 100 MB。

3. 修改数据库名称为 new1DB。

4. 分离商品销售数据库。

5. 附加商品销售数据库。

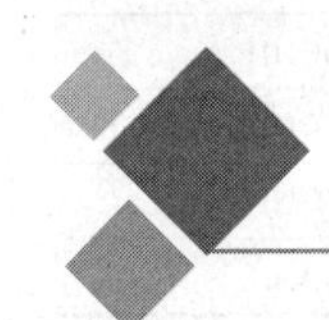

第 2 章　创建与管理数据表

知识目标

- 理解数据表;
- 掌握设计、创建和管理数据表的方法;
- 掌握显示表结构的方法;
- 了解临时表和表变量的使用方法。

技能目标

- 会设计、创建数据表;
- 会管理（修改、重命名、删除）数据表;
- 会显示数据表结构;
- 会使用临时表和表变量。

知识学习

数据表是数据库的基本构成单元，是数据库中最重要的对象，用来保存用户的各类数据，后期的各种操作也是在数据表的基础上进行的，因此对表的管理是对 SQL Server 数据库管理的重要内容。在实际应用中，数据表常用的操作有创建、删除、数据管理以及约束等，本章将重点介绍如何在 SQL Server 2012 中操作数据表。

1. 表的概念

数据库中的所有数据存储在表中，数据表包括行和列。列决定表中数据的类型，行包含实际的数据。数据在表中的组织方式与在电子表格中相似，都是按行和列的格式组织的。每一行代表一条唯一的记录，每一列代表记录中的一个字段。例如，表 2-1 是一个基本的 Student 表，表中的每一行代表一条学生信息，每一列代表人员的详细资料，如学号、姓名、密码、班级编号等。数据表代表实体，并且有唯一的名称，由该名称确定实体。例如，Student 表表示学生实体，在该实例中保存每名学生的基本信息。数据表由行和列组成，行有时又称记录，列有时又称字段或者域。表中每一列都有一个列名用来描述该列的特性。每个表包含若干行，表的第一行为各列标题，其余行都是数据。

表 2-1　Student 表数据

学　　号	姓　　名	密　　码	班级编号
20140001	巴图	123456	20140102
20140002	蒙和	123456	20140102
20140003	朝鲁	123456	20140103
20140004	乌拉	111111	20140201
20150001	李建	123456	20150101
20150002	徐睿	111111	20150101
20150003	王晓燕	111111	20150101
20150004	李艳	111111	20150101

在表中，行和列的顺序可以任意。在同一个表中列名必须唯一。在定义表时，用户还必须为每个列指定一种数据类型。但是对于每个表，最多可以定义 1 024 列，每一行最多允许有 8 060 字节。创建数据库以后的工作就是创建和管理数据表。

在学生数据库 Student 中创建表 2-2 ~ 表 2-6。并对这些表进行详细设计。对表的详细设计一般应考虑以下几点：

定义表的名称。

将表放在哪个文件组中，系统默认将表创建在 primary 主文件组中，如果将表创建在其他文件组中，需先创建文件组。

每列的名称、数据类型和最大存储长度，列值是否允许为空（NULL）。

哪些列和哪些列的组合需要定义为主键，哪一列需要定义为外键、唯一键或标识列。

哪些列需要定义存储数据的有效范围值，或在不输入数据时由系统自动给出默认值。

下面详细设计系部表（Department）、课程表（Course）、班级表（Class）、学生表（Student）和学生选课表（StuCou）。

Department 表（系部表）有 2 列：DepartNo（系部编号）、DepartName（系部名称）。

Course 表（课程表）有 7 列：CouNo（课程编号），CouName（课程名称），Kind（课程类别），Credit（学分），Teacher（教师），DepartNo（系部编号），SchoolTime（上课时间）等。

Class 表（班级表）有 3 列：ClassNo（班级编号）、ClassName（班级名称）、DepartNo（系部编号）。

Student 表（学生表）有 4 列：StuNo（学号）、StuName （姓名）、Pwd（选课密码）、ClassNo（班级编号）。

StuCou 表（学生选课表）有 3 列：StuNo（学号）、CouNo（课程编号）、State（状态）。

注意：列名在表中的唯一性是由 SQL Server 2012 强制实现的。而行在表中的唯一性是由用户通过增加主键约束来强制实现的，即在一个表中，为了满足实际应用的需要，两行相同的记录毫无意义。

表 2-2　Department 表

列　　名	数 据 类 型	长　　度	是否允许为空	备　　注
DepartNo	字符型	2	否	系部编号、主键
DepartName	字符型	20	否	系部名称

表 2-3　Course 表

列名	数据类型	长度	小数点位数	是否允许为空	备　注
CouNo	字符型	3		否	课程编号、主键
CouName	字符型	30		否	课程名称、值唯一
Kind	字符型	8		否	课程类别
Credit	带小数位的数值型	2	1	否	学分。值只能为 1、1.5、2、2.5、3、3.5、4、4.5、5
Teacher	字符型	20		否	教师。为输入值时自动输入“待定”
DepartNo	字符型	2		否	系部编号、外键
SchoolTime	字符型	10		否	上课时间

表 2-4　Class 表

列　名	数 据 类 型	长　度	是否允许为空	备　注
ClassNo	字符型	8	否	班级编号、主键
ClassName	字符型	20	否	班级名称
DepartNo	字符型	2	否	系部编号、外键

表 2-5　Student 表

列　名	数 据 类 型	长　度	是否允许为空	备　注
StuNo	字符型	8	否	学号、主键
StuName	字符型	10	否	姓名
Pwd	字符型	8	否	选课密码
ClassNo	字符型	8	否	班级编号、外键

表 2-6　StuCou 表

列　名	数 据 类 型	长　度	是否允许为空	备　注
StuNo	字符型	8	否	学号、外键
CouNo	字符型	3	否	课程编号、外键
State	字符型	2	否	选课状态。值允许为“报名”“选中”，默认值为“报名”

2. 系统表

SQL Server 2012 通过一系列表来存储所有对象、数据类型、约束、配置选项、可利用资源的相关信息，这一系列表被称为系统表。系统表用来存储 SQL Server 的配置、安全和数据库对象信息。SQL Server 在系统表的帮助下管理每个数据库。每个数据库都有自己的系统表，master 数据库中的系统表包含 SQL Server 的信息，其他数据库中的系统表包含数据库的信息。任何用户都不应该直接更改系统表，例如，不要尝试使用 DELETE、UPDATE 和 INSERT 语句或用户定义的触发器修改系统表。将系统表分类时，可以将其分为备份和还原表、日志传送表、变更数据捕获表、复制表、数据库维护计划表、SQL Server 代理表以及 SQL Server 扩展事件表等。系统表中还有一种系统基表，它是基础表，用于实际存储特定数据库的元数据。在该方面，master 数据库有些特别，因为它包含一些在其他任何数据库中都找不到的表，这些表包含服务器范围内的持久化元数据。例如，表 2-7 中列出了 SQL Server 2012 中的部分系统基表，并对它们进行说明。

系统表用来存储 SQL Server 的配置、安全和数据库对象信息。SQL Server 在系统表的帮助下管理每个数据库。每个数据库都有自己的系统表，master 数据库中的系统表包含 SQL Server 的信息，其他数据库中的系统表包含数据库的信息。

表 2-7　部分系统基表及其说明

系统基表	说　明
sys.sysschobjs	存在于每个数据库中。每一行表示数据库中的一个对象
sys.sysbinobjs	存在于每个数据库中。数据库中的每个 Service Broker 实体都存在对应的一行。Service Broker 实体包括消息类型、服务合同和服务
sys.sysclsobjs	存在于每个数据库中。共享相同通用属性的每个分类实体均存在对应的一行，这些属性包括程序集、备份设备、全文目录、分区函数、分区方案、文件组和模糊处理键
sys.sysnsobjs	存在于每个数据库中。每个命名空间范围内的实体均存在对应的一行。此表用于存储 XML 集合实体
sys.sysiscols	存在于每个数据库中。每个持久化索引和统计信息列均存在对应的一行
sys.sysscalartypes	存在于每个数据库中。每个用户定义类型或系统类型均存在对应的一行
sys.sysdbreg	仅存在于 master 数据库中。每个注册数据库均存在对应的一行
sys.sysxsrvs	仅存在于 master 数据库中。每个本地服务器、链接服务器或远程服务器均存在对应的一行
sys.sysxlgns	仅存在于 master 数据库中。每个服务器主体均存在对应的一行
sys.sysusermsg	仅存在于 master 数据库中。每一行表示用户定义的错误消息
sys.ftinds	存在于每个数据库中。数据库中的每个全文索引均存在对应的一行
sys.sysxprops	存在于每个数据库中。每个扩展属性均存在对应的一行
sys.sysallocunits	存在于每个数据库中。每个存储分配单元均存在对应的一行
sys.sysrowsets	存在于每个数据库中。索引或堆的每个分区行集均存在对应的一行
sys.sysrowsetrefs	存在于每个数据库中。行集引用的每个索引均存在对应的一行
sys.sysobjvalues	存在于每个数据库中。实体的每个常规值属性均存在对应的一行
sys.sysguidrefs	存在于每个数据库中。每个 GUID 分类 ID 引用均存在对应的一行

SQL Server 2012 中包含多种系统表和多个系统基表，表 2-7 中只列出了部分系统基表，关于其他的系统基表和系统表，读者可参考 SQL Server 2012 在线文档。

3. 临时表

临时表和临时变量对于复杂的查询非常有用。当不使用临时表或者表变量时，某些程序可能要经过非常复杂的处理才能得到结果。

任务 2.1　创建数据表

可以使用 SQL Server Management Studio 或 Create Table 语句创建数据表。

1. 使用“对象资源管理器”创建数据表

【问题 2-1】使用 SQL Server Management Studio 创建表 2-2 所示的 Department 表。

具体操作步骤如下：

step 01 在“对象资源管理器”窗口中展开 Student_db 数据库。

step 02 右击“表”选项，在弹出的快捷菜单中选择“新建表”命令。

step 03 创建系部编号 DepartNo 列。在“列名”中输入“DepartNo”，在数据类型中输入“nvarchar(2)”，不允许为空。

step 04 创建系部名称 DepartName 列，在“列名”中输入“DepartName”，在数据类型中输入“nvarchar(20)”，不允许为空。完成后的结果如图 2-1 所示。

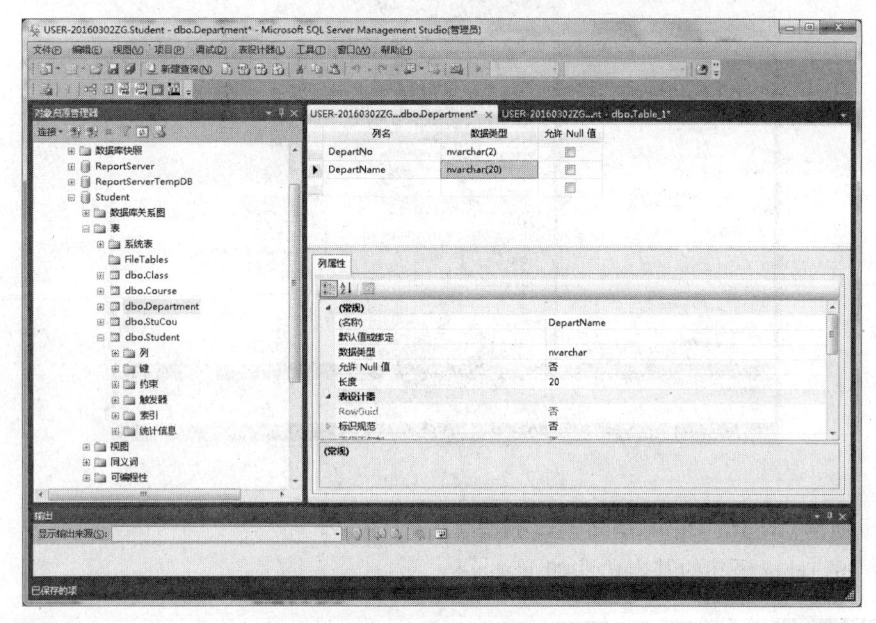

图 2-1　创建 Department 表

step 05 单击工具栏中的“保存”按钮，弹出“选择名称”对话框，输入表名“Department”，最后单击“确定”按钮即可。

【问题 2-2】使用 SQL Server Management Studio 创建表 2-3 所示的 Course 表。

具体操作步骤如下：

step 01 在“对象资源管理器”窗口中展开 Student_db 数据库。

step 02 右击“表”选项，在弹出的快捷菜单中选择“新建表”命令。

step 03 创建课程编号 CouNo 列。在“列名”中输入“CouNo”，在数据类型中输入“nvarchar(3)”，不允许为空。

step 04 创建课程名称 CouName 列。在“列名”中输入“CouName”，在数据类型中输入“nvarchar(30)”，不允许为空。

step 05 创建课程类别 Kind 列。在“列名”中输入“Kind”，在数据类型中输入“nvarchar(8)”，不允许为空。

step 06 创建学分 Credit 列。在“列名”中输入“Credit”，在数据类型中输入“decimal(2,1)”，表示该数值的最大长度为 2（不包含小数点），小数位数 1 位，不允许为空。

step 07 创建教师 Teacher 列。在“列名”中输入“Teacher”，在数据类型中输入“nvarchar(20)”，不允许为空。

step 08 创建系部编号 DepartNo 列。在“列名”中输入“DepartNo”，在数据类型中输入“nvarchar(2)”，不允许为空。

step 09 创建上课时间 SchoolTime 列。在“列名”中输入“SchoolTime”，在数据类型中输入“nvarchar(10)”，不允许为空，完成后的结果如图 2-2 所示。

step 10 单击工具栏中的“保存”按钮，弹出“选择名称”对话框，输入表名

"Department"，最后单击"确定"按钮即可。

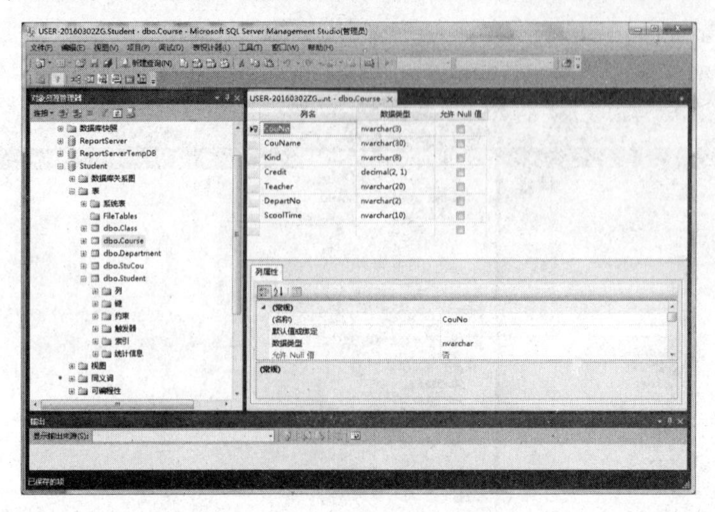

图 2-2　设置 Course 表

2. 使用 Create Table 语句创建数据表

Create Table 语句的基本语法如下：

```
CREATE TABLE table_name
(
   Column_name datatype[NULL/NOT NULL]
   [IDENTITY(SEED,INCREMENT)],
   Column_name datatype…
)
[ON {filegroup}DEFALT]
```

参数说明如下：

table_name：表的名称。

Column_name：表中列的名称。

datatype：列的数据类型。

NULL/NOT NULL：该列是否允许有空值。

IDENTITY：用于需要自动产生唯一系统值的列。

SEED：IDENTITY 的初始值。

INCREMENT：增量，可以为负值。

ON {filegroup}DEFALT：指出将表创建在哪个文件组上。如果无 ON 子句或给出 ON DEFUALT，则默认值为主文件组，即 PRIMARY。

【问题 2-3】使用 Create Table 语句创建表 2-4 ~ 表 2-6。

在查询窗口中执行以下语句：

```
Use Student
GO
--创建 Class 表
Create Table Class
(
   ClassNo nvarchar(8) NOT NULL,
   ClassName nvarchar(20) NOT NULL,
   DepartNo nvarchar(2) NOT NULL
```

```
)
GO

--创建 Student 表
Create Table Student
(
   StuNo nvarchar(8) NOT NULL,
   StuName nvarchar(10) NOT NULL,
   Pwd nvarchar(8) NOT NULL,
   ClassNo nvarchar(8) NOT NULL
)
GO

--创建 StuCou 表
Create Table StuCou
(
   StuNo nvarchar(8) NOT NULL,
   CouNo nvarchar(3) NOT NULL,
   State nvarchar(2) NOT NULL
)
GO
```

任务 2.2　显示表结构

显示表结构可以使用 SQL Server Management Studio 显示或使用存储过程 sp_help 语句显示。

1. 使用 SQL Server Management Studio 显示表结构

【问题 2-4】使用 SQL Server Management Studio 显示 Student 表结构。

具体操作步骤如下：

step 01 在“对象资源管理器”窗口中展开 Student_db 数据库。

step 02 展开“表”选项，右击 Student_db 表，在弹出的快捷菜单中选择“设计”命令，如图 2-3 所示。

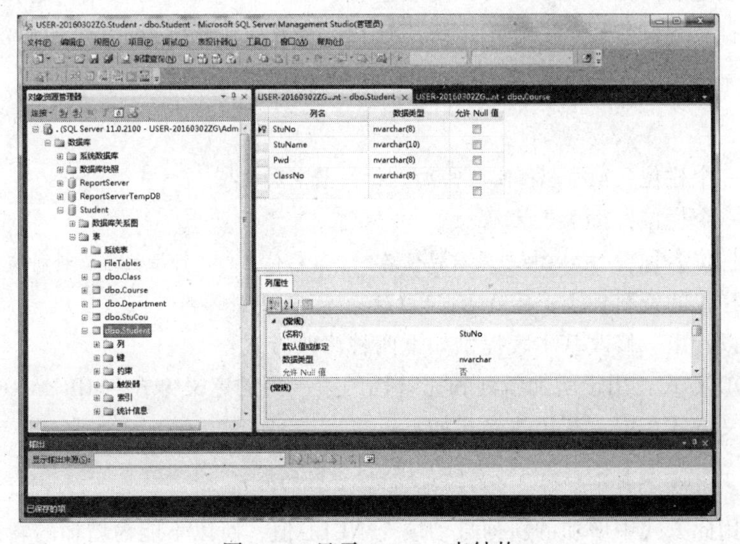

图 2-3　显示 Student 表结构

2. 使用存储过程 sp_help 语句显示表结构

可以使用 sp_help 语句显示表结构，语法如下：

```
sp_help table_name
```

其中，table_name 为要显示结构的表名称。在查询窗口中执行 sp_help student，此时即可显示 Student 表的结构，如图 2-4 所示。

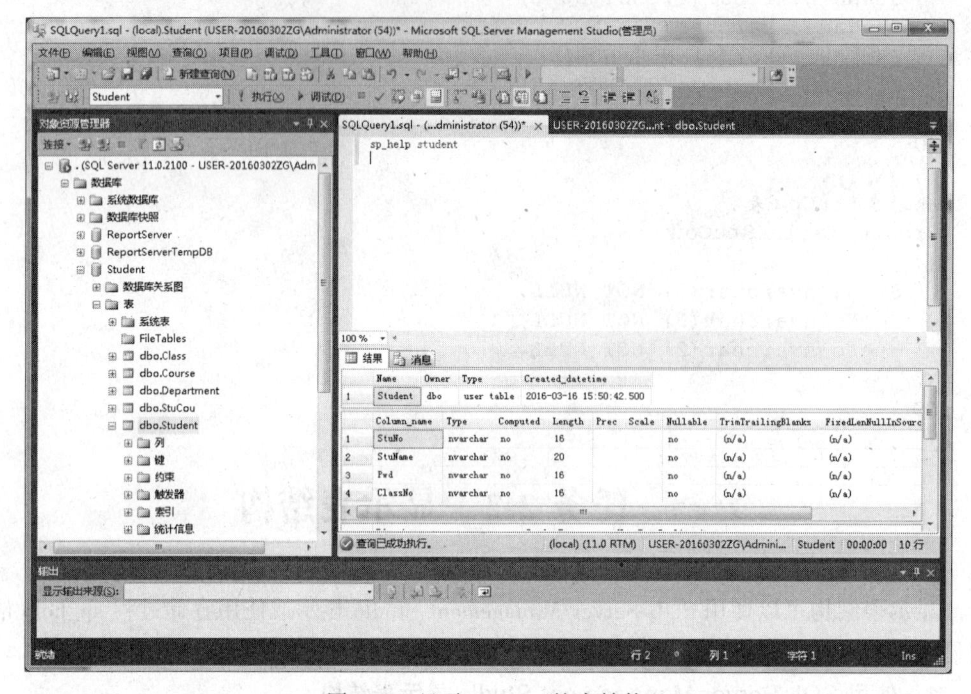

图 2-4　显示 Student 的表结构

任务 2.3　修改数据表结构

在创建表之后，如果需要，可以对表进行新增列、删除列、修改列定义、重命名列或重命名数据表等操作。可使用 ALTER TABLE 语句修改表结构，其一般语法格式如下：

```
ALTER TABLE<表名>[改变方式]
```

改变方式：

- 增加一个栏位：ADD "栏位 1" "栏位 1 资料种类"
- 删除一个栏位：DROP "栏位 1"
- 改变栏位名称：CHANGE "原本栏位名" "新栏位名" "新栏位名资料种类"
- 改变栏位的资料种类：MODIFY "栏位 1" "新资料种类"

由上可以看出，修改基本表提供如下四种修改方式：

（1）ADD 方式：用于增加新列和完整性约束，列的定义方式与 CREARE TABLE 语句中的列定义方式相同，其语法格式如下：

```
ALTER TABLE <表名> ADD <列定义>|<完整性约束>
```

由于使用此方式中增加的新列自动填充 NULL 值，所以不能为增加的新列指定 NOT

NULL 约束。

（2）DROP 方式：用于删除指定的完整性约束条件，或删除指定的列，其语法格式如下：

```
ALTER TABLE<表名> DROP [<完整性约束名>]
ALTER TABLE<表名> DROP COLUMN <列名>
```

注意：某些数据库系统不允许在数据库表中删除列（DROP COLUMN <列名>）。

（3）CHANGE 方式，用于修改某些列，其语法格式如下：

```
ALTER TABLE [表名] CHANGE <原列名> TO <新列名><新列的数据类型>
```

（4）MODIFY 方式，用于修改某些列的数据类型，其语法格式如下：

```
ALTER TABLE [表名] MODIFY [列名] [数据类型]
```

【问题 2-5】使用 SQL Server Management Studio 为表 Student 添加一列：生日列 birthday，数据类型为日期型，允许为空值。

step 01 在“对象资源管理器”窗口中展开 Student_db 数据库。

step 02 展开“表”选项，展开 Student 表，右击“列”选项，在弹出的快捷菜单中选择“新建列”命令，添加 birthday 列，如图 2-5 所示。

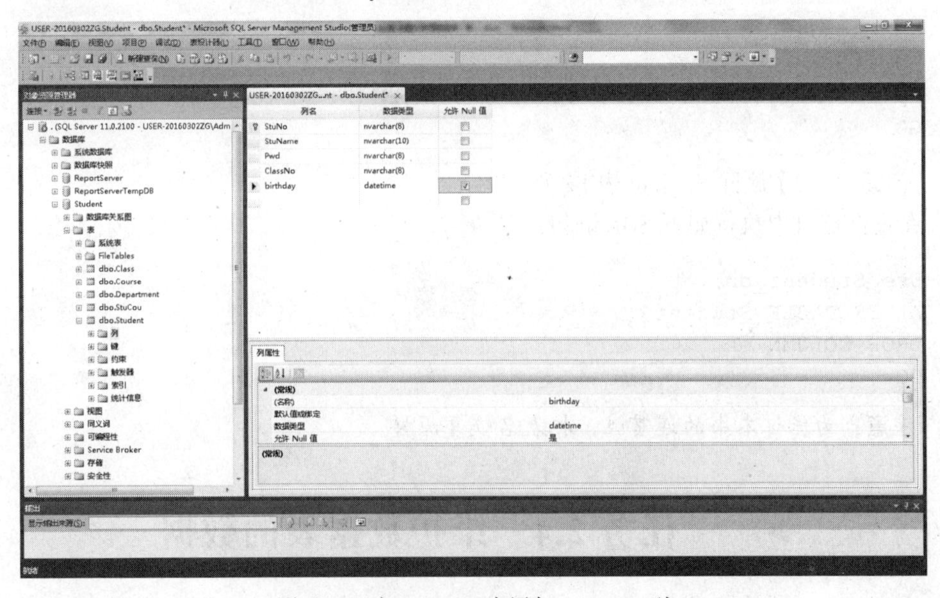

图 2-5　为 Student 表添加 birthday 列

【问题 2-6】使用 ALTER TABLE 命令为 Student 表添加备注列 bz，数据类型为 nvarchar，长度为 20，允许为空。

在查询窗口中执行如下代码：

```
Use Student_db
ALTER TABLE Student
ADD bz nvarchar(20) null
go
```

注意：必须允许新增列为空，否则，表中已有数据行的那些新增列的值为空与新增列不允许为空相矛盾，会导致新增列操作失败。

【问题 2-7】使用 ALTER TABLE 命令删除表 Student 的 birthday 列。

在查询窗口中执行如下 SQL 语句：

```
Usc Student_db
ALTER TABLE Student
DROP COLUMN birthday
GO
```

【问题 2-8】修改 Student 表的备注列 bz，将列定义的长度修改为 30。

在查询窗口中执行如下 SQL 语句：

```
Use Student_db
ALTER TABLE Student
ALTER COLUMN bz nvarchar(30) null
GO
```

注意：修改列的定义时，如果修改的长度小于原来定义的长度或者修改成其他数据类型，会造成数据丢失。

【问题 2-9】将 Student 表的备注列 bz 重命名为 StuBz 列。

本题可以使用存储过程 sp_rename。在查询窗中执行如下 SQL 语句：

```
Use Student_db
GO
Sp_rename 'Student.bz','StuBz','COLUMN'
GO
```

【问题 2-10】删除 Student 表 bz 列。

在查询窗口中执行如下 SQL 语句：

```
Use Student_db
ALTER TABLE Student
DROP COLUMN bz
GO
```

注意：为保证本书的连贯性，把表名恢复原样。

任务 2.4 维护数据表的数据

数据库中的表对象建立后，用户对表的访问，可以归纳为 4 种基本操作：添加或插入新数据、更改更新现有数据。本节介绍前 3 种基本操作。

1. 使用 SQL Server Management Studio 对数据表进行维护

【问题 2-11】给 Student 表录入表 2-8 所示数据。

表 2-8 Student 表数据

学 号	姓 名	班 级	选课密码
20140001	巴图	20140102	123456
20140002	蒙和	20140102	123456
20140003	朝鲁	20140103	123456

具体操作步骤如下：

step 01 在 SQL Server Management Studio 的对象资源管理器中，展开 Student 数据库的用户表，右击 Student 表，在弹出的快捷菜单中选择“编辑前 200 行”命令，打开表数据编辑界面，如图 2-6 所示。

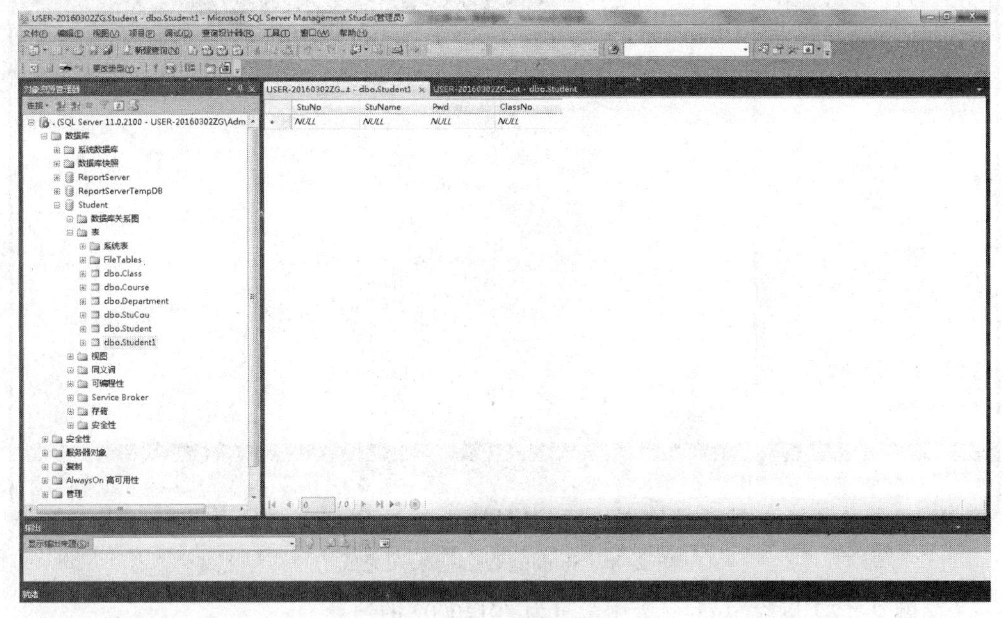

图 2-6　表编辑界面

step 02 在表数据编辑界面中对照表 2-8 的数据要求录入第一行数据。由于第一行正在编辑，数据尚未提交，尚未提交的数据有个红色感叹号标记，同时也出现第二行的编辑界面，如图 2-7 所示。

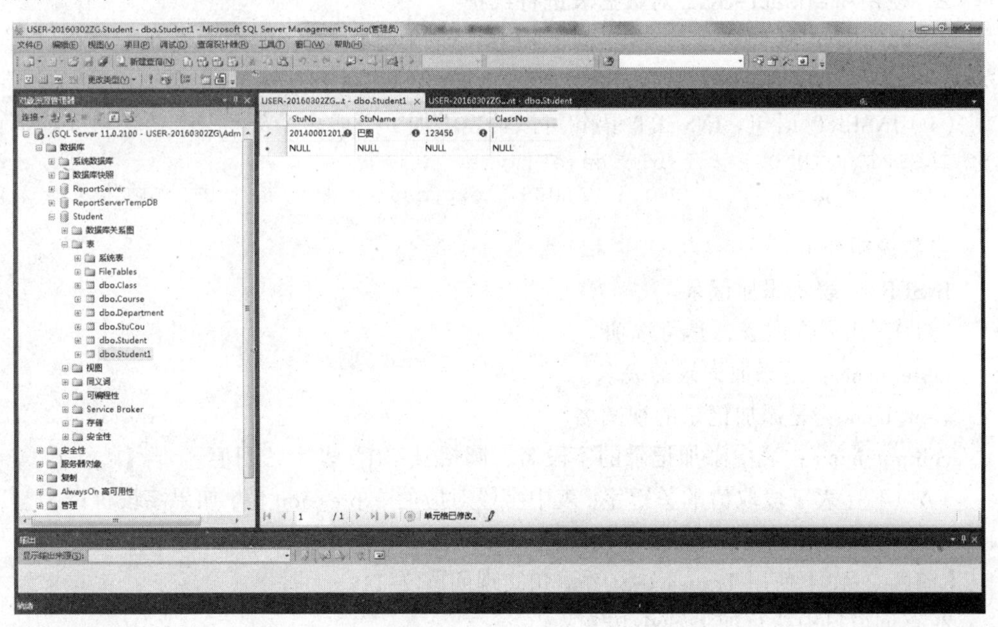

图 2-7　录入第一行

step 03 第 1 行数据录入后，录入第二行数据，此时可看到第一行的红色感叹号标记消失，因为第一行录入的数据已经成功提交。

step 04 完成第 3 行数据录入后，如图 2-8 所示。

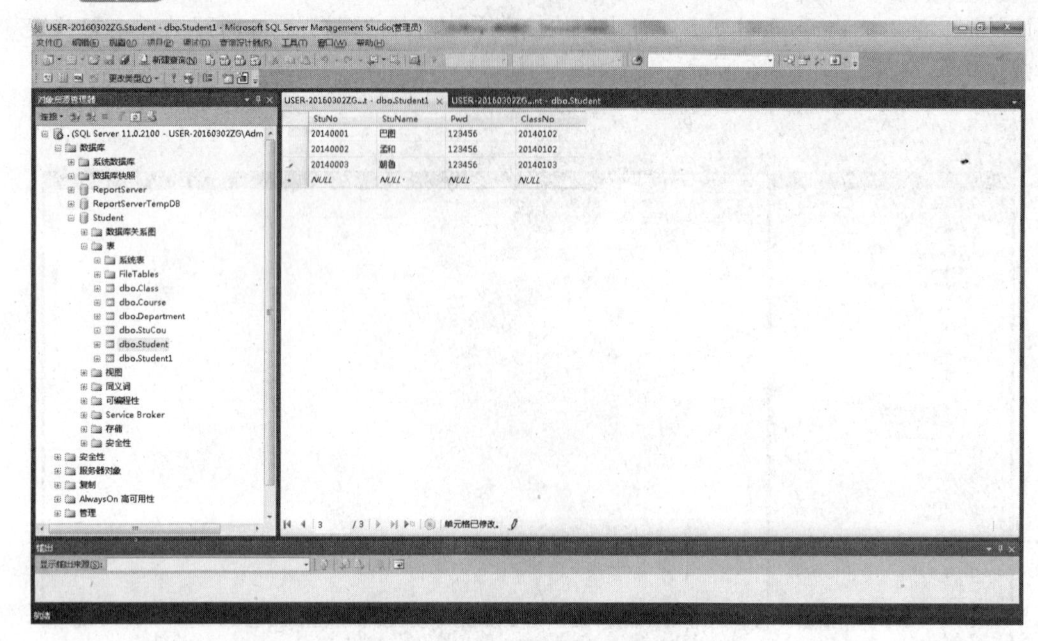

图 2-8 Student 表数据录入完成

【问题 2-12】删除 Student 表中学号为 20140002 的记录。

具体操作步骤如下：

在表数据编辑界面中，选定学号为 20140002 的记录（选定整条记录），选择“编辑”→“删除”命令即可。如果要选定多条记录，可以使用【Ctrl】键或【Shift】键。

2. 使用 Transact-SQL 对数据表进行维护

在 SQL Server 中可以通过 INSERT、UPDATE、DELETE 语句分别进行插入数据、修改数据、删除数据的操作。

（1）INSERT 语句。INSERT 语句可以给表添加一个或多个新行，其语法格式如下：

```
INSERT [ INTO ] { table_name | view_name}
[(column_name [, … n] ) ] VALUES ( expression | NULL | DEFAULT [,…N] |)
```

参数说明如下：

INSERT：表示添加记录。

INTO：用来指向表，是可选项。

table_name：是添加记录的表名。

view_name：是添加记录的视图名。

column_name：表中添加记录的字段名，圆括号“()”表示一列值。

VALUES：表字段取值的关键字。表中字段对应的 expression 值，如果字段可以为空，则该字段值可以是 NULL；如果字段设置了默认值，则该字段的值可以是默认值。

【问题 2-13】使用 Transact-SQL 语句实现问题 2-11。

在查询窗口中执行如下 SQL 语句：

```
Use Student
GO
```

```
INSERT INTO Student
VALUES('20140001','巴图','123456','20140102')
INSERT INTO Student
VALUES('20140002','孟和','123456','20140102')
INSERT INTO Student(StuNo,StuName,Pwd,ClassNo)
VALUES('20140001','巴图','123456','20140102')
GO
```

注意：在添加数据时，日期时间类型数据是以字符串形式录入的，数值型的则不必用字符串形式录入。

【问题 2-14】按指定列顺序实现问题 2-13。

```
Use Student
GO
INSERT INTO Student ( StuNo,StuName,pwd,CalssNo )
VALUES('20140001','巴图','123456','20140102')
INSERT INTO Student ( StuNo,StuName,pwd,CalssNo )
VALUES('20140002','孟和','123456','20140102')
INSERT INTO Student ( StuNo,StuName,Pwd,ClassNo )
VALUES('20140001','巴图','123456','20140102')
GO
```

注意：未给出值的列应允许为空。

（2）UPDATE 语句。UPDATE 语句用于修改现有的记录，其语法格式如下：

```
UPDATE {table_name | view_name }
SET column_name=new_expression [ ,  … n]
[WHERE <search_condition>]
```

参数说明如下：

UPDATE：表示修改记录。

table_name：是修改记录的表名。

view_name：是修改记录的视图名。

SET：是设置新值的关键字。

column_name：表中修改记录的字段名。

new_expression：是要修改记录字段的新值。

WHERE：修改记录条件的关键字。

search_condition：修改记录的条件。

【问题 2-15】使用 Transact-SQL 语句修改 Student 表中学号为 20140002 的学生选课密码为 000000。

在查询窗口中执行如下 SQL 语句：

```
Use Student
GO
UPDATE Student SET Pwd='000000' WHERE StuNo='20140002'
GO
```

（3）DELETE 语句。DELETE 语句可删除表或视图中的一行或多行，每一行的删除都将被记入日志。其语法格式如下：

```
DELETE [FROM] {table_name | view_name } [WHERE <search_condition>]
```

参数说明如下：

DELETE：表示删除记录。

FROM：指向要删除记录的表名，可选项。

table_name：要删除记录的表名。

view_name：要删除记录的视图名。

WHERE：删除记录条件的关键字。

search_condition：删除记录的条件。

【问题 2-16】使用 Transact-SQL 语句删除 Student 表中学号为 20140003 的学生记录。

在查询窗口中执行如下 SQL 语句：

```
Use Student
GO
DELETE FROM Student WHERE StuNo='20140003'
GO
```

注意：不带参数时使用 DELETE 命令将删除所有行。

（4）TRUNCATE TABLE 语句。TRUNCATE TABLE 语句可一次性删除表中所有行。TRUNCATE TABLE 语句与不含有 WHERE 子句的 DELETE 语句在功能上相同，但是 TRUNCATE TABLE 语句的速度更快，而且使用更少的系统资源和事务日志资源。其语法格式如下：

```
TRUNCATE TABLE  table_name
```

其中，table_name 是要清空的表的名称。

注意：

① DELETE 语句每次删除一行，并在事务日志中进行一次记录，而 TRUNCATE TABLE 语句通过释放存储表数据所用的数据页来删除数据，并且在事务日志中只记录页的释放。所以 TRUNCATE TABLE 比 DELETE 语句速度快，但用 DELETE 删除的行不可恢复，而使用 DELETE 删除的行可以利用事务日志恢复。

② TRUNCATE TABLE 语句删除表中的所有行，但表结构及其列、约束、默认值、触发器和索引等保持不变。

③ 对于被外键约束所引用的表，不能使用 TRUNCATE TABLE 语句，而应该使用不带 WHERE 子句的 DELETE 语句。由于 TRUNCATE TABLE 语句不记录行删除日志，所以它不能激活触发器。

④ TRUNCATE TABLE 语句使对新行标识符列（IDENTITY）所用的计数值重置为该列的种子。如果想保留标识计数值，可改用 DELETE 语句。

【问题 2-17】使用 TRUNCATE TABLE 语句清空 Student1 表。代码如下：

```
Use Student
GO
TRUNCATE TABLE Student1
GO
```

▶▶ 任务 2.5　重命名数据表

【问题 2-18】使用 SQL Server Management Studio 将 Student 数据库中的 Department 表重命名为 Depart。

step 01 在 SQL Server Management Studio 的对象资源管理器中，展开 Student 数据库的用户表，右击 Department 表，在弹出的快捷菜单中选择“重命名”命令，如图 2-9 所示。

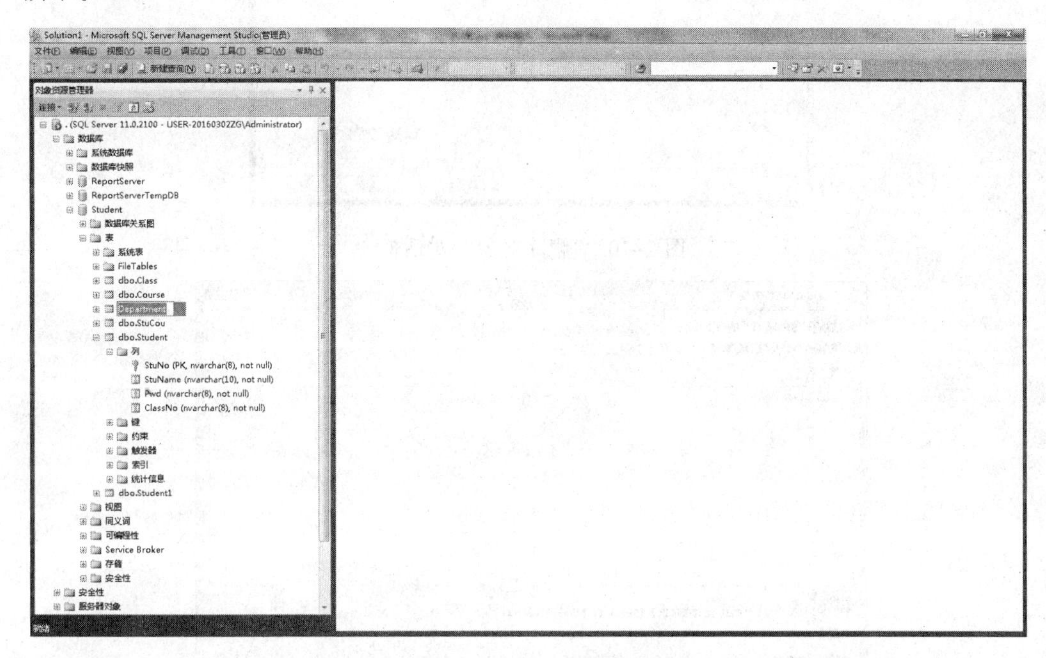

图 2-9　重命名数据表

step 02 把原先的 Department 替换成 Depart 后按【Enter】键即可。

注意：为保证本书的连贯性，把表名按原样恢复。

▶▶ 任务 2.6　删除数据表

1. 使用 SQL Server Management Studio 删除数据表

在某个表不再需要时，就可以将其删除以释放数据库空间。在 SQL Server Management Studio 中可以很方便地删除数据库中已有的数据表，具体操作步骤如下：

step 01 展开所选中的数据库，右击要删除的表，在弹出的快捷菜单中选择“删除”命令，弹出图 2-10 所示的“删除对象”对话框，单击“确定”按钮即可删除该表。

step 02 在确定删除表之前，可以单击“显示依赖关系”按钮查看该表和其他对象的依赖关系，如图 2-11 所示，若要删除的表与其他表有依赖关系要谨慎删除。

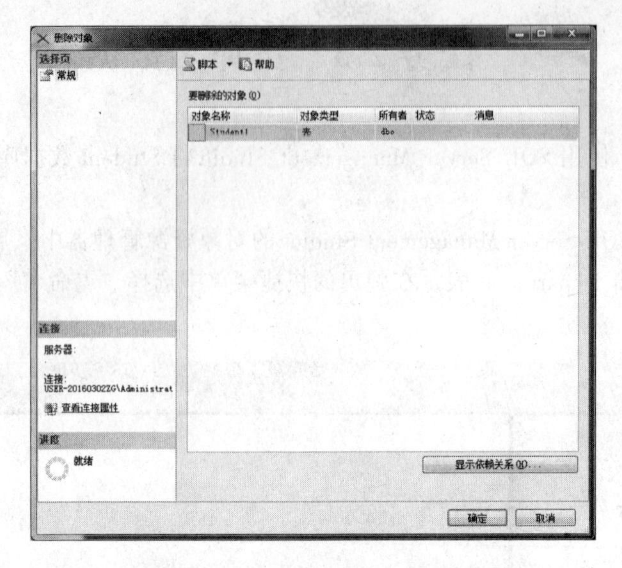

图 2-10 “删除对象”对话框

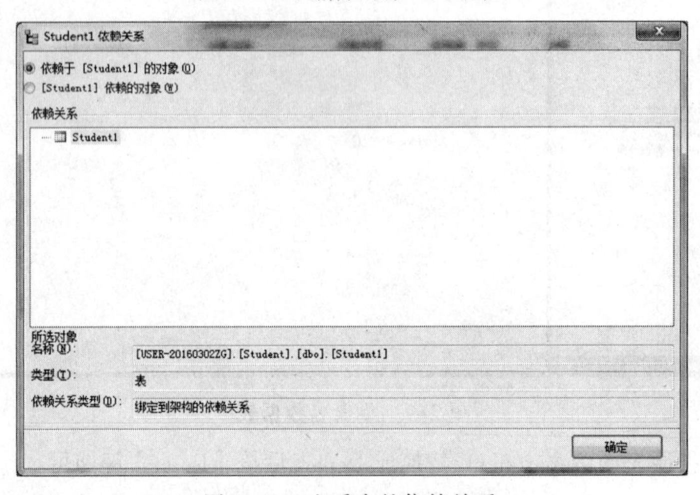

图 2-11 查看表的依赖关系

2. 使用 Transact-SQL 语句删除表

删除表的 Transact-SQL 语句格式如下：

```
DROP TABLE [database_name.]table_name[,…n]
```

其中，table_name 是要删除的表的表名。

注意： 定义有外键约束的表必须先删除外键约束，才能删除该表。系统表不能使用 DROP TABLE 语句删除。

【问题 2-19】 删除 Student1 表。

代码如下：

```
Use Student
GO
DROP TABLE Student1
GO
```

▶▶▶ 思考与练习

一、选择题

1. 按表的用途分，表可以分为（　　）两大类。

A. 数据表和索引表　　B. 系统表和数据表

C. 用户表和非用户表　　D. 系统表和用户表

2. 创建表的命令是（　　）。

A. CREATE DATABASE 表名　　B. CREATE VIEW 表名

C. CREATE TABLE 表名　　D. ALTER TABLE 表名

3. 要修改表名为 Table1 的字段 Field1 的长度，原为 char(10)要求用 Transact-SQL 语句增加长度为 char(20)，以下正确的语句是（　　）。

A. ALTER TABLE Table1 ALTER Field1 CHAR(20)

B. ALTER Table1 ALTER column Field1 CHAR(20)

C. ALTER TABLE Table1ALTER column Field1 CHAR(20)

D. ALTER column Field1 CHAR(20)

4. 欲往表中增加一条记录，应该使用（　　）语句。

A. ALTER TABLE　　B. INSERT INTO TABLE

C. CREATE TABLE　　D. DROP TABLE

5. 在 SQL 语句中，用来插入和更新数据的语句分别是（　　）。

A. INSERT、UPDATE　　B. UPDATE、INSERT

C. DELETE、UPDATE　　D. CREATE、INSERT INTO

6. 设计表时，身份证固定为 18 个字符长度，对该字段最好采用（　　）数据类型。

A. INT　　B. CHAR　　C. VARCHAR　　D. TEXT

二、填空题

1. SQL Server 中用于存放临时表、临时存储过程以及其他临时操作提供存储空间的系统数据库是________。

2. 创建、修改和删除表的 SQL 语句分别是________、________和________。

3. 若要删除 mytable1 表的全部数据，应使用语句________。

4. SQL Server 中数据操作语句包括________、________、________和 SELECT 语句。

三、思考题

1. SQL Server 2012 中表的类型有哪些？

2. 简述表格中添加一列有几种方法？分别是什么？

3. 简述如何删除一个带外键约束的表？

4. 简述 DELETE 语句与 TRUNCATE TABLE 语句区别。

▶▶▶ 跟我学上机

设有商品销售数据库，数据库中有三个表，表结构如表 2-9～表 2-11 所示。

表 2-9　商品表结构

商品编号	商品名称	价格	库存量
P001	鼠标	36	200
P201	键盘	66	300
P302	显示器	1200	600
…	…	…	…

表 2-10　销售商表结构

客户编号	客户名称	地区	联系电话
C016	王彦	呼和浩特	13001012666
C201	李一佳	北京	13102543999
C004	朝辉	上海	15862068888
…	…	…	…

表 2-11　商品销售情况表结构

销售日期	商品编号	客户编号	数量
2016.1.1	P001	C201	10
2016.1.1	P302	C201	5
2016.12.10	P001	C004	6
…	…	…	…

1. 使用 Transact-SQL 语句在商品销售数据库中创建“商品表”，并添加数据。

2. 使用 Transact-SQL 语句在商品销售数据库中创建“销售商表”“商品销售情况表”，并添加数据。

3. 显示“商品销售情况表”表结构。

4. 向“商品表”中增加一列“型号”。

5. 删除“商品表”中的“型号”列。

6. 将“商品表”中的“价格”列重命名为“单价”。

7. 将“销售商表”重命名为“销售商情况表”。

8. 将“商品表”中商品编号为'p001'的价格修改为 40。

9. 删除“商品销售情况表”中“商品编号”为'p302'的全部记录。

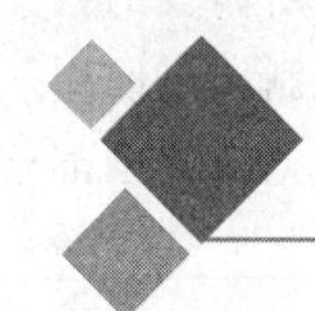

第3章　数据完整性

知识目标

- 了解数据完整性及其分类；
- 掌握约束的作用和各种约束的使用方法；
- 掌握默认值和规则的作用和使用方法；
- 理解标识列的作用和使用方法。

技能目标

- 会在数据表上创建和删除主键约束、外键约束、唯一约束、检查约束、默认约束；
- 会在数据表上创建默认值、规则；
- 会在数据表上创建标识列。

知识学习

数据的完整性是保证数据的正确性、一致性和相容性。为了保证数据库的完整性，数据库管理系统必须提供一种机制来检查数据库中的数据是否满足语义的要求，这种功能称为完整性检查。这些加在数据库数据上的语义约束条件称为数据库完整性约束条件。数据完整性分为四类：实体完整性、域完整性、参照完整性、用户定义的完整性。

1. 实体完整性

实体完整性规定表的每一行在表中是唯一的实体。表中定义的 PRIMARY KEY 约束就是实体完整性的体现。

2. 域完整性

域完整性是指数据库表中的属性列必须满足某种特定的数据类型或约束。其中约束又包括取值范围、精度等规定。表中的 UNIQUE、CHECK、FOREIGN KEY 约束和 DEFAULT、NOT NULL 定义都属于域完整性的范畴。

3. 参照完整性

参照完整性是指两个表的主键和外键值的数据应对应一致。它确保了有主键的表中对应其他表的外键的数据行存在，即保证了表之间数据的一致性，防止了数据丢失或无意义的数据在数据库中扩散。参照完整性是建立在外键和主键之间的桥梁。在 SQL Server 2012 中，参照完整性作用表现在如下几个方面：

① 禁止在从表中插入包含主表中不存在的关键字的数据行。

② 禁止会导致从表中的相应值孤立的主表中的外键值改变。

③ 禁止删除在从表中有对应记录的主表记录。

4. 用户定义的完整性

不同的关系数据库系统根据其应用环境的不同，往往还需要一些特殊的约束条件。用户定义的完整性针对某个特定关系数据库的约束条件，反映某一具体应用所涉及的数据必须满足的语义要求。SQL Server 2012 提供了定义和检验这类完整性的机制，以便用统一的系统方法来处理它们，而不是用应用程序来承担这一功能。其他的完整性类型都支持用户定义的完整性。

任务 3.1 创建约束

约束定义关于属性中允许值的规则，是一种强制性的规定，在 SQL Server 2012 中提供的约束是通过定义列的取值规则来维护数据完整性的。约束可以在创建表的同时创建，也可以在已有的表上创建。

约束有 5 种类型：主键约束（PRIMARY KEY）、外键约束（FOREIGN KEY）、唯一约束（UNIQUE）、检查约束（CHECK）和默认（DEFAULT）约束。

在 SQL Server 2012 中，可以使用对象资源管理器、CREATE TABLE 语句或 ALTER TABLE 语句创建约束。

使用 CREATE TABLE 语句可以在创建表的同时一起创建约束，Transact-SQL 语法格式如下：

```
CREATE TABLE 表名
(
   列名 数据类型 CONSTRAINT 约束名
   约束类型[,CONSTRAINT 约束名 约束类型]
)
```

创建表之后，使用 ALTER TABLE 语句创建约束的语法格式如下：

```
ALTER TABLE 表名
ADD
CONSTRAINT 约束名 约束类型
```

当约束不符合实际需求的时候，可以删除约束。可以使用对象资源管理或者 ALTER TABLE 语句删除约束。使用 ALTER TABLE 语句删除约束的 Transact-SQL 语法格式如下：

```
ALTER TABLE 表名
DROP
CONSTRAINT 约束名
```

1. 主键约束

主键约束的关键词为 PRIMARY KEY，PRIMARY KEY 约束用于定义基本表的主键，具有唯一标识作用，其值不能为 NULL，也不能重复，以此来保证实体的完整性。

（1）创建主键约束

① 使用对象资源管理器创建主键约束。

【问题 3-1】为 Student 数据库中的 Student 表创建主键约束。Student 表的 StuNo 为主键，所以将 StuNo 定义为主键约束，确保在 Student 表中不会出现相同的学号和学号是空值的数据行，以此保证每个学生都是可以识别的。

具体操作步骤如下：

step 01 数据库连接成功之后，在左侧的“对象资源管理器”面板中展开“数据库”结点，再展开 Student 数据库，然后展开“表”选项。

step 02 右击 Student 表，在弹出的快捷菜单中选择“设计”命令，如图 3-1 所示。

step 03 将光标定位于 StuNo 行。

step 04 单击工具栏中的“设置主键”按钮，或右击 StuNo 行，在弹出的快捷菜单中选择“设置主键”命令，主键约束创建完成，如图 3-2 所示。

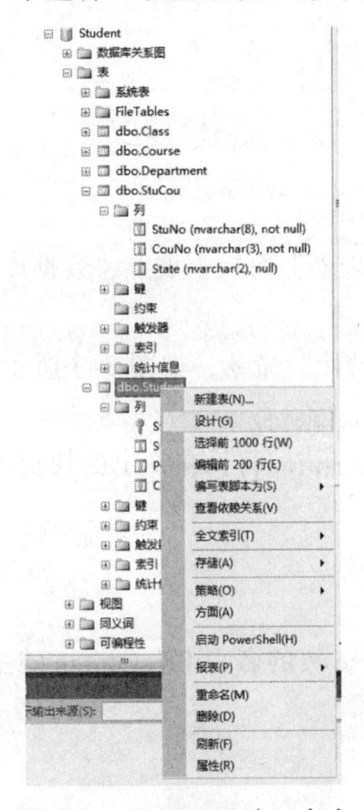

图 3-1　选择“设计”命令

列名	数据类型	允许 Null 值
StuNo	nvarchar(8)	☐
StuName	nvarchar(10)	☐
Pwd	nvarchar(8)	☐
ClassNo	nvarchar(8)	☐
		☐

图 3-2　创建主键约束

step 05 单击工具栏中的“保存”按钮，完成创建。

② 使用 Transact-SQL 语句创建主键约束。使用 Transact-SQL 语句创建主键约束可以用 CREATE TABLE 命令在创建表的同时完成，也可以利用 ALTER TABLE 命令为已经存在的表创建主键约束。

【问题 3-2】创建 Department1 表，同时创建主键约束。

在查询窗口中执行如下 Transact-SQL 语句：

```
CREATE TABLE Department1
( DepartNo nvarchar(2) CONSTRAINT PK_ Department PRIMARY KEY,
  DeparName nvarchar(2) NOT NULL
)
```

该语句的等价形式如下：

```
CREATE TABLE Department1
( DepartNo nvarchar(2) PRIMARY KEY,
  DeparName nvarchar(2) NOT NULL
)
```

此时约束名省略了，系统会自动产生一个名字。

【问题 3-3】使用 ALTER TABLE 语句为已存在的 Course 表和 Class 表添加主键约束。

在查询窗口中执行如下 Transact-SQL 语句：

```
ALTER TABLE Course
ADD CONSTRAINT PK_Course
PRIMARY KEY (CouNo)

ALTER TABLE Class
ADD CONSTRAINT PK_Class
PRIMARY KEY (ClassNo)
```

（2）删除主键约束

① 使用对象资源管理器删除主键约束。

【问题 3-4】删除 Student 表的主键约束。

具体操作步骤如下：

step 01 数据库连接成功之后，在左侧的“对象资源管理器”面板中展开“数据库”结点，再展开 Student 数据库，然后展开“表”选项。

step 02 右击 Student 表，在弹出的快捷菜单中选择“设计”命令，如图 3-3 所示。

step 03 将光标定位于 StuNo 行，选中原有主键的 StuNo 行。

step 04 单击工具栏中的“设置主键”按钮，或右击 StuNo 行，在弹出的快捷菜单中选择“删除主键”命令，主键约束删除完成。

step 05 单击工具栏中的“保存”按钮，完成删除。

② 使用 Transact-SQL 语句删除主键约束。

【问题 3-5】使用 ALTER TABLE 语句删除已存在的 Course 表的名为 PK_Course 的主键约束。

在查询窗口中执行如下 Transact-SQL 语句：

```
ALTER TABLE Course
DROP CONSTRAINT PK_Course
```

2. 外键约束

外键约束即 FOREIGN KEY 约束，外键约束指定某一个列或几列作为外键，以此来保证系统在外键上的取值是主表中的某一个主键值，或者取空值，进而保证两表间的参照完整性。外键是维护表与表之间对应唯一关系的一种方法。

（1）创建外键约束

① 使用对象资源管理器创建外键约束。

【问题 3-6】为 Student 数据库的 StuCou 表创建基于 StuNo 的外键约束，该约束名为“FK_StuCou_Student”，限制 StuCou 表的 StuNo 列的值必须是 Student 表的 StuNo 列已经存在的值，以此来保证实实在在存在的学生才能选课，不存在的学生无法选课，保证数据的参照完整性。

下面以选课 StuCou 表为例，介绍使用对象资源管理器创建外键约束的操作步骤。

方法一：

具体操作步骤如下：

step 01 数据库连接成功之后，在左侧的“对象资源管理器”面板中展开“数据库”结点，再展开 Student 数据库，然后展开“表”选项。

step 02 右击 StuCou 表，在弹出的快捷菜单中选择“设计”命令，如图 3-4 所示。

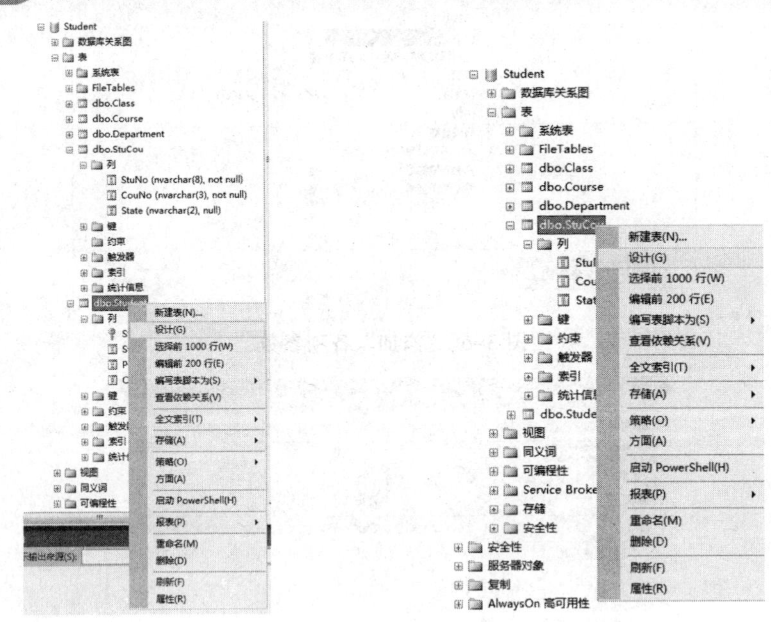

图 3-3　选择“设计”命令　　　　图 3-4　快捷菜单中选择“设计”命令

step 03 单击工具栏中的“关系”按钮，弹出“外键关系”对话框，如图 3-5 所示。

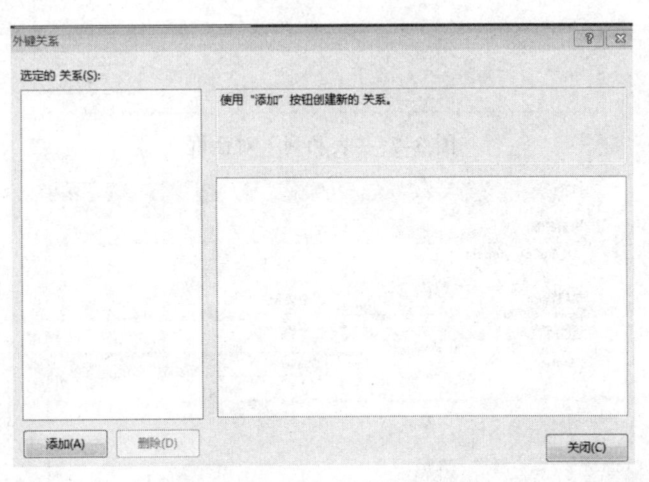

图 3-5　“外键关系”对话框

step 04 单击“添加”按钮，结果如图 3-6 所示。

step 05 单击“表和列规范”行右侧的按钮，弹出图 3-7 所示的“表和列”对话框。

step 06 在“关系名”文本框中输入外键名“FK_StuCou_Student”；在“主键表”下拉列表中选择 Student 选项，并在“主键表”下拉列表下方的列表中选择 StuNo 选项为主键列；外键表 StuCou 无须修改，在“外键表”下方的列表中选择 StuNo 选项为外键列；完成设置后的结果如图 3-8 所示，单击“确定”按钮。

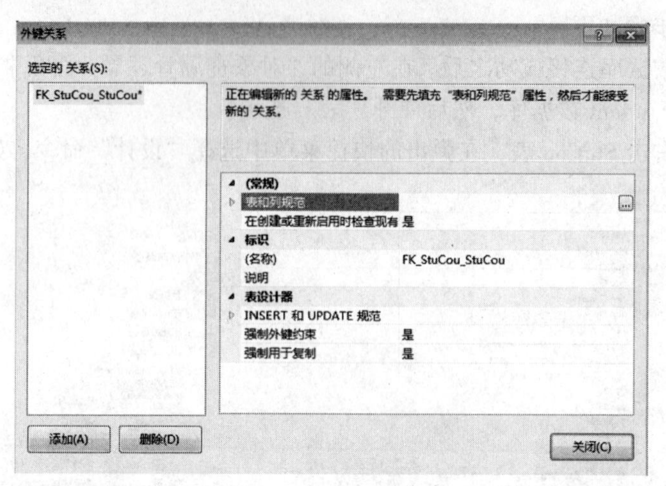

图 3-6 “添加”各项参数

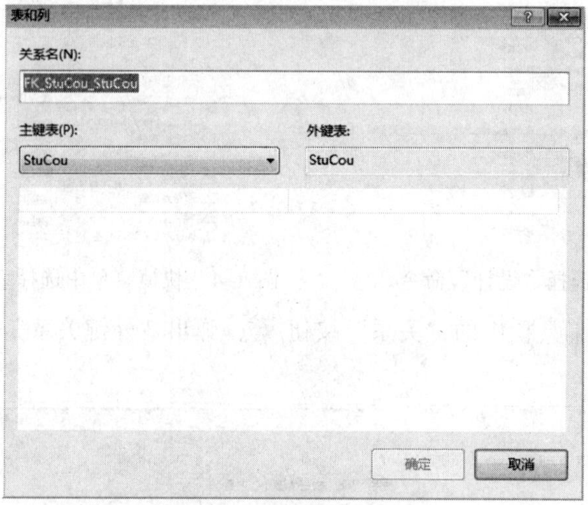

图 3-7 “表和列”对话框

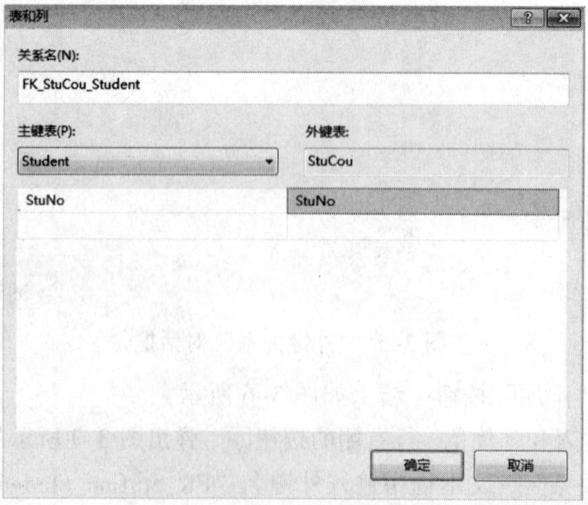

图 3-8 在“表和列”对话框中进行参数设置

step 07 单击工具栏中的“保存”按钮，完成创建操作。

方法二：

具体操作步骤如下：

step 01 数据库连接成功之后，在左侧的“对象资源管理器”面板中展开“数据库”结点，再展开 Student 数据库，然后展开“表”选项。

step 02 展开 StuCou 表，在展开的结点中右击“键”选项，在弹出的快捷菜单中选择“新建外键”命令，如图 3-9 所示。

step 03 弹出“外键关系”对话框，如图 3-10 所示。

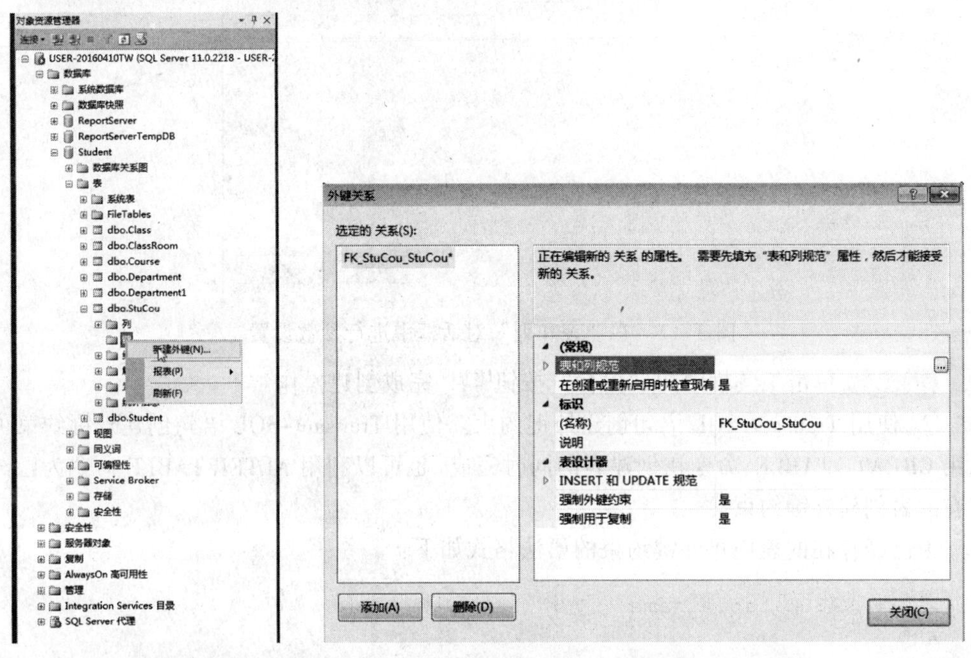

图 3-9 单击“新建外键”命令　　　　图 3-10 “外键关系”对话框

step 04 单击“表和列规范”行右侧的按钮，弹出图 3-11 所示的“表和列”对话框。

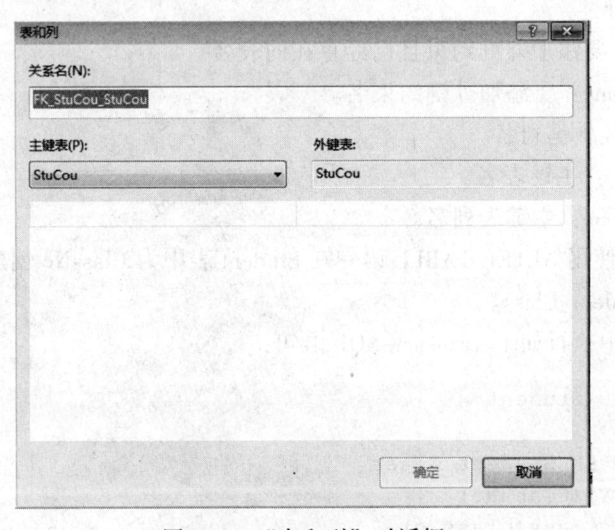

图 3-11 “表和列”对话框

step 05 在“关系名”文本框中输入外键名“FK_StuCou_Student”；在“主键表”下拉列表中选择 Student 选项，并在“主键表”下拉列表下方的列表中选择 StuNo 选项为主键列；外键表 StuCou 无须修改，在“外键表”下方的列表中选择 StuNo 选项为外键列；完成设置后的结果如图 3-12 所示，单击“确定”按钮。

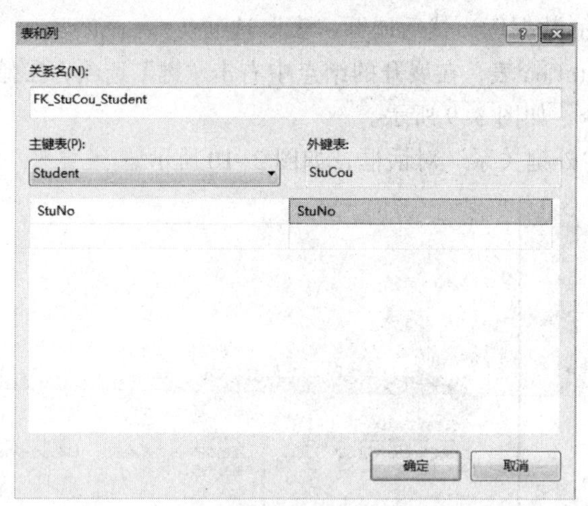

图 3-12　在“表和列”对话框中进行参数设置

step 06 单击工具栏中的“保存”按钮，完成创建操作。

② 使用 Transact-SQL 语句创建外键约束。使用 Transact-SQL 语句创建外键约束可以用 CREATE TABLE 命令在创建表的同时完成，也可以利用 ALTER TABLE 命令为已经存在的表创建外键约束。

为已经存在的表创建外键约束的语法格式如下：

```
ALTER TABLE table_name
ADD
CONSTRAINT constraint_name
FOREIGN KEY (columnname [,…n])
REFERENCES ref_tablename[(ref_columnname [,…n] )
```

参数说明如下：

table_name：要添加外键约束且已经存在的表名。

constraint_name：要添加外键约束名。

columnname：外键列名。

ref_tablename：主键表名。

ref_columnname：主键表列名。

【问题 3-7】使用 ALTER TABLE 语句在 Student 表中为 ClassNo 创建外键约束，设置其名称为 FK_Student_Class。

在查询窗口中执行如下 Transact-SQL 语句：

```
ALTER TABLE Student
ADD
CONSTRAINT FK_Student_Class
FOREIGN KEY (ClassNo)
REFERENCES Class(ClassNo)
```

（2）删除外键约束

① 使用对象资源管理器删除外键约束。

【问题 3-8】使用对象资源管理器删除 Student 数据库的 StuCou 表中名称为 FK_StuCou_Student 的外键约束。

方法一：

具体操作步骤如下：

step 01 数据库连接成功之后，在左侧的“对象资源管理器”面板中展开“数据库”结点，再展开 Student 数据库，然后展开“表”选项。

step 02 右击 StuCou 表，在弹出的快捷菜单中选择“设计”命令，如图 3-13 所示。

step 03 单击工具栏中的“关系”按钮，弹出“外键关系”对话框，如图 3-14 所示。

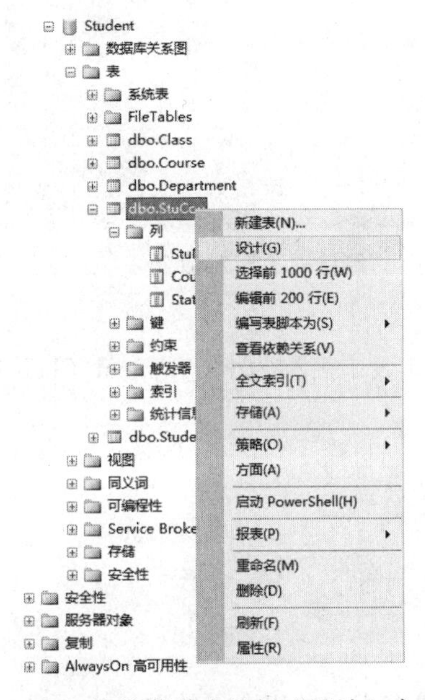

图 3-13　快捷菜单中选择“设计”命令

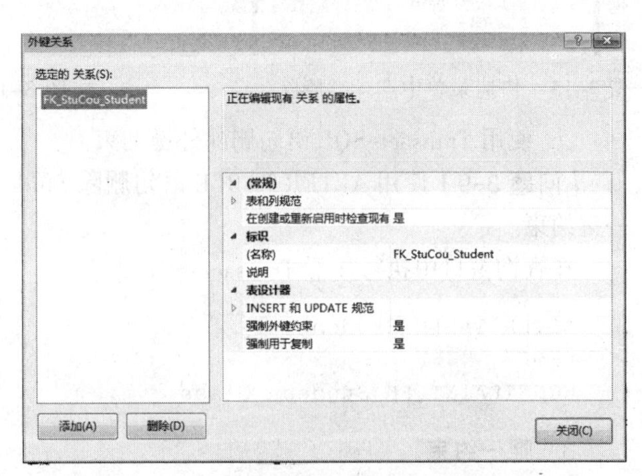

图 3-14　“外键关系”对话框

step 04 在左侧“选定关系”列表中选择 FK_StuCou_Student 选项，单击“删除”按钮，删除外键约束。再单击“关闭”按钮，将外键关系窗口关闭。

step 05 单击工具栏上的“保存”按钮，完成删除操作。

方法二：

具体操作步骤如下：

step 01 数据库连接成功之后，在左侧的“对象资源管理器”面板中展开“数据库”结点，再展开 Student 数据库，然后展开“表”选项。

step 02 展开 StuCou 表，在展开的结点中找到“键”，再展开“键”结点，右击“FK_StuCou_Student”键，在弹出的快捷菜单中选择“删除”命令（见图 3-15），弹出“删除对象”对话框，如图 3-16 所示。

step 03 单击“确定”按钮，删除外键约束。

step 04 单击工具栏中的“保存”按钮，完成删除操作。

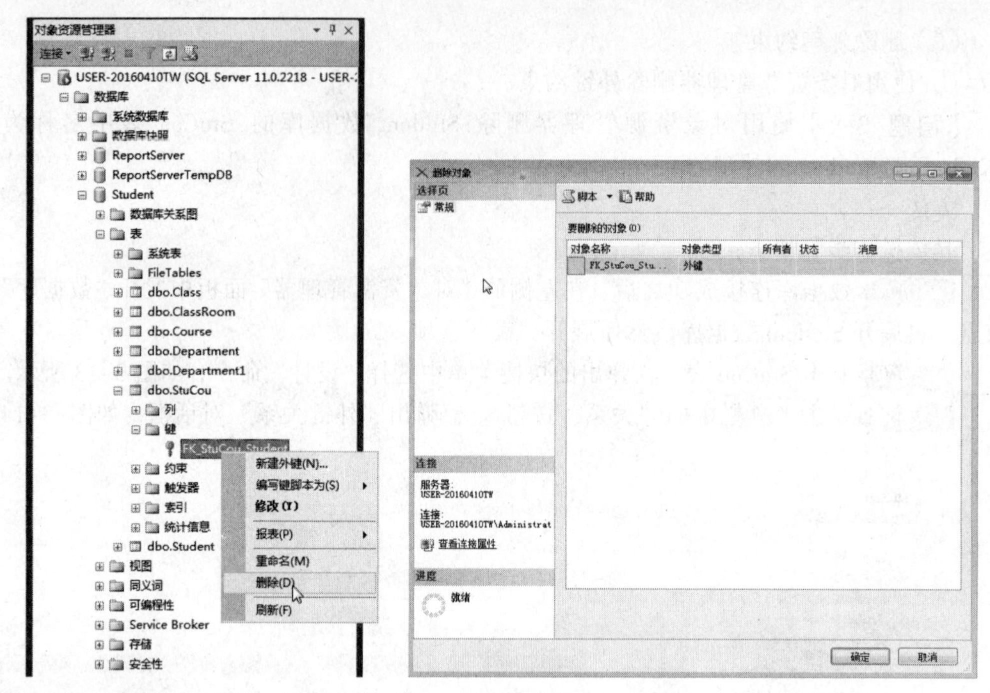

图 3-15　快捷菜单中选择“删除”命令　　　　　图 3-16　“删除对象”对话框

② 使用 Transact-SQL 语句删除外键约束。

【问题 3-9】使用 ALTER TABLE 语句删除 Student 表中名称为 FK_Student_Class 的外键约束。

在查询窗口中执行如下 Transact-SQL 语句：

```
ALTER TABLE Student
DROP
CONSTRAINT FK_Student_Class
```

3. 唯一约束

UNIQUE 约束（唯一约束）指明基本表在某一列或多个列的组合上的取值必须唯一。但是使用 UNIQUE 约束的字段允许为 NULL 值。

（1）创建唯一约束

① 使用对象资源管理器创建唯一约束。

【问题 3-10】为 Student 数据库的 Student 表中的 StuName 列创建唯一约束，以此保证学生表中的学生姓名没有重复值。

下面以“Student”表为例，介绍使用对象资源管理器为“Student”表中的 StuName 创建名称为 UN_StuName 唯一约束的操作步骤。

具体操作步骤如下：

step 01 数据库连接成功之后，在左侧的“对象资源管理器”面板中展开“数据库”结点，再展开 Student 数据库，然后展开“表”选项。

step 02 右击 Student 表，在弹出的快捷菜单中选择“设计”命令，打开 Student 表表结构，如图 3-17 所示。

step 03 单击工具栏中的“管理索引和键”按钮，弹出“索引/键”对话框，如图 3-18 所示。

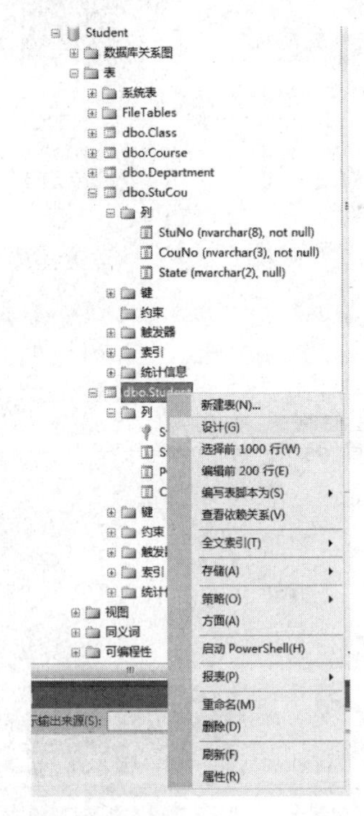

图 3-17　选择“设计”命令

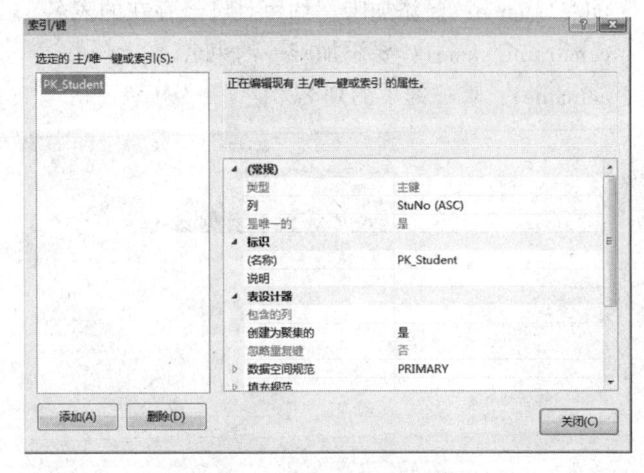

图 3-18　“索引/键”对话框

step 04 单击“添加”按钮，在“(名称)”行中输入“UN_StuName”。在“类型”行中打开下拉菜单，选择“唯一键”。在“是唯一”行，选择“是”，如图 3-19 所示。再单击“列”所在的行，单击右侧的按钮[...]，弹出“索引列”对话框，结果如图 3-20 所示。

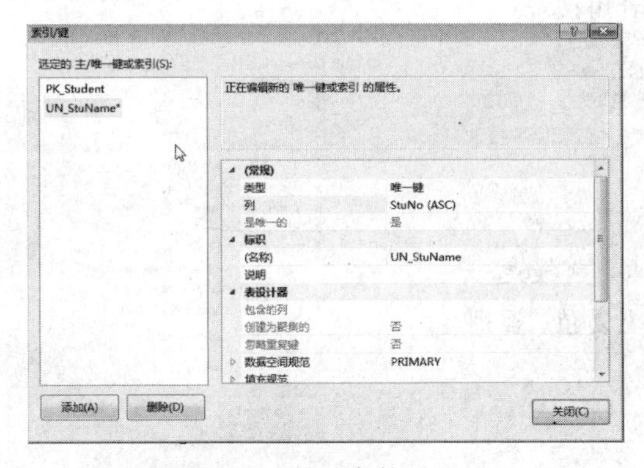

图 3-19　各项参数设置

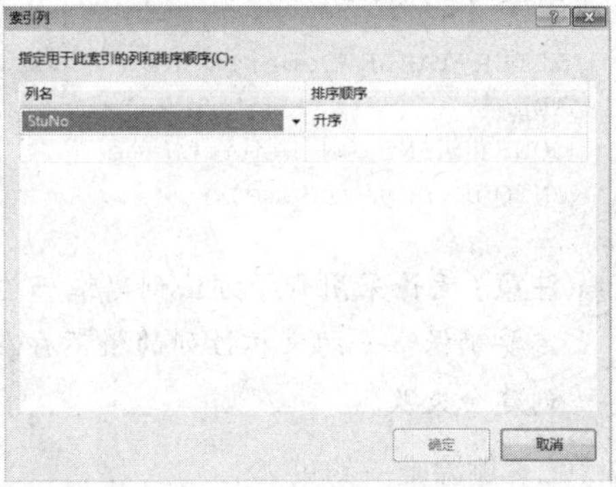

图 3-20　“索引列”对话框

step 05 在“索引列”对话框中选择 StuName 列，排列顺序默认为升序，如图 3-21 所示。

step 06 单击“确定”按钮，关闭“索引列”对话框。

step 07 单击“关闭”按钮，关闭“索引/键”对话框

step 08 单击工具栏中的“保存”按钮，完成创建操作结果。

② 使用 Transact-SQL 语句创建唯一约束。使用 Transact-SQL 语句创建唯一约束可以用 CREATE TABLE 命令在创建表的同时完成，也可以利用 ALTER TABLE 命令为已经存在的表创建唯一约束。

为已经存在的表创建唯一约束的语法格式如下：

```
ALTER TABLE table1_name
ADD
CONSTRAINT constraint_name1
UNIQUE(colname1)
```

参数说明如下：

table1_name：要添加唯一约束且已经存在的表名。

constraint_name1：要添加唯一约束名。

colname1：唯一约束的列名。

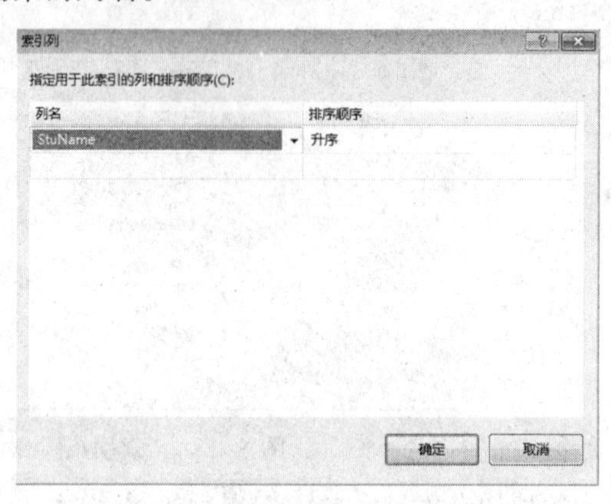

图 3-21　编辑“索引列”

【问题 3-11】使用 ALTER TABLE 语句在 Department 表的 DepartName 列上创建唯一约束，设置其名称为 UN_DepartName。

在查询窗口中执行如下 Transact-SQL 语句：

```
ALTER TABLE Department
ADD
CONSTRAINT UN_DepartName
UNIQUE(DepartName)
```

注意： 无论采用哪种方法创建唯一约束，前提是一定要确保唯一约束属性列的值不存在重复值，否则创建会失败。

（2）删除唯一约束

① 使用对象资源管理器删除唯一约束。

【问题 3-12】删除 Student 表中的 StuName 列的唯一约束。

具体操作步骤如下：

step 01 数据库连接成功之后，在左侧的“对象资源管理器”面板中展开“数据库”结点，再展开 Student 数据库，然后展开“表”选项。

step 02 右击 Student 表，在弹出的快捷菜单中选择“设计”命令，打开 Student 表表结构，如图 3-22 所示。

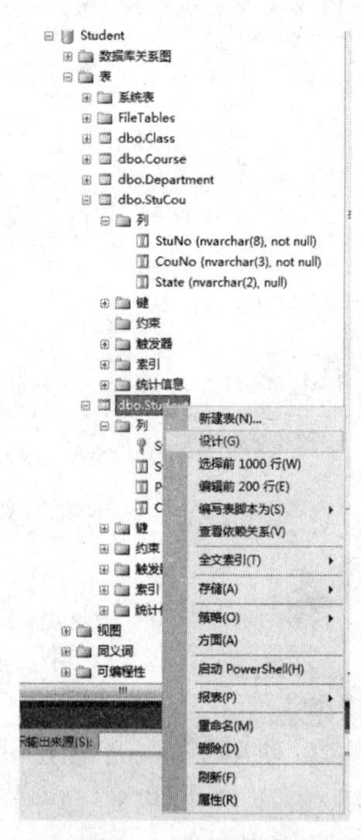

图 3-22　选择“设计”命令

step 03 单击工具栏中的“管理索引和键”按钮，弹出“索引/键”对话框，选中“UN_StuName”约束，如图 3-23 所示。

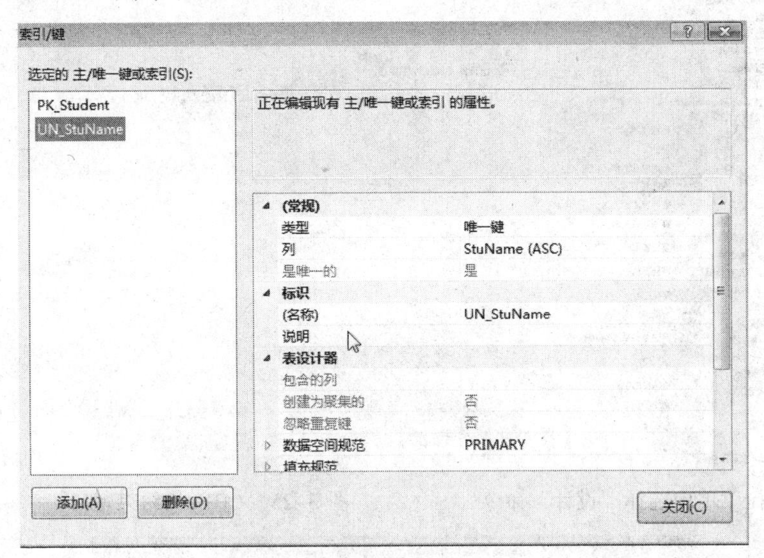

图 3-23 “索引/键”对话框

step 04 单击“删除”按钮。

step 05 单击“关闭”按钮，关闭“索引/键”对话框

step 06 单击工具栏中的“保存”按钮，完成删除操作结果。

② 使用 Transact-SQL 语句删除唯一约束。

【问题 3-13】使用 ALTER TABLE 语句删除 Department 表中名称为 UN_DepartName 的唯一约束。

在查询窗口中执行如下 Transact-SQL 语句：

```
ALTER TABLE Department
DROP
CONSTRAINT UN_DepartName
```

4. 检查约束

检查约束即 CHECK 约束，对可以放入列中的值进行限制，用来检查字段值所允许的范围，以此保证域的完整性。

（1）创建检查约束。

① 使用对象资源管理器创建检查约束。

【问题 3-14】约束 StuCou 表的 Score 列值在 0~100 之间。

方法一：

下面以 StuCou 表为例，介绍使用对象资源管理器创建检查约束的操作步骤。具体操作步骤如下：

step 01 数据库连接成功之后，在左侧的“对象资源管理器”面板中展开“数据库”结点，再展开 Student 数据库，然后展开“表”选项。

step 02 右击 StuCou 表，在弹出的快捷菜单中选择“设计”命令，如图 3-24 所示。

step 03 打开表结构后，将光标定位于 Score 数据行，然后单击工具栏中的“管理 CHECK 约束”按钮，打开“索引/键”对话框，如图 3-25 所示。

step 04 单击“添加”按钮，添加 CHECK 约束，如图 3-26 所示。

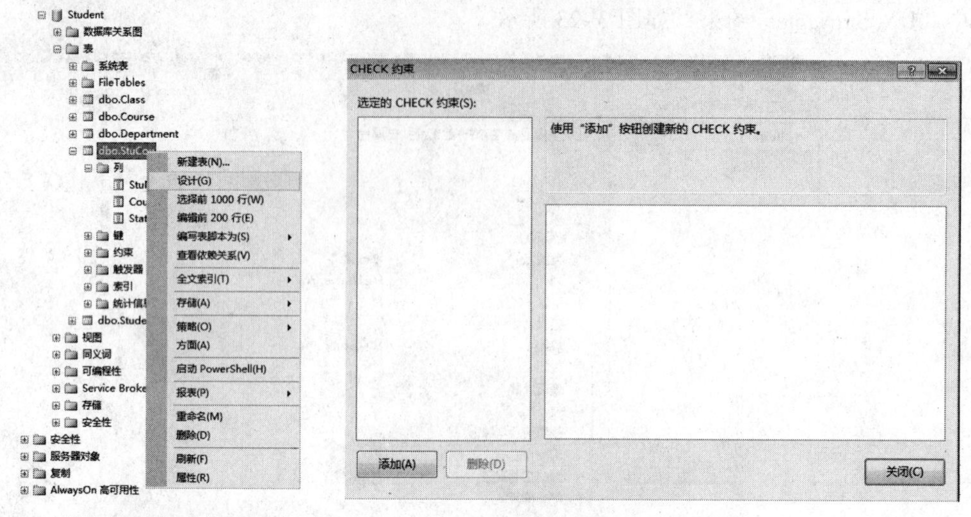

图 3-24 快捷菜单中选择“设计”命令　　　　图 3-25 CHECK 约束窗口

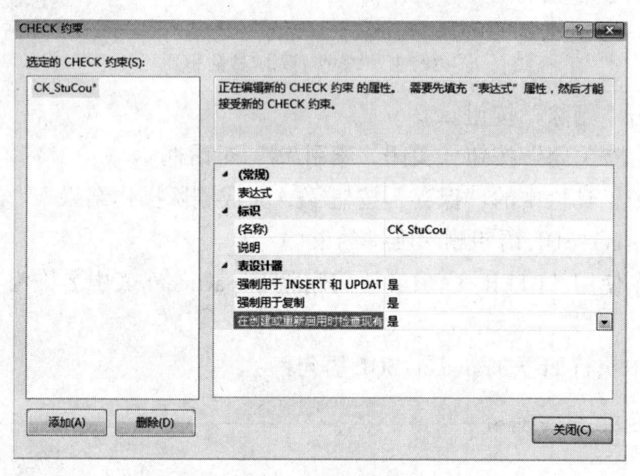

图 3-26 单击“添加”命令窗口

step 05 在“表达式”行中输入“Score >=0 AND Score <=100”，在“(名称)”行中输入“CK_Score”约束名。创建检查约束的参数设置如图 3-27 所示。

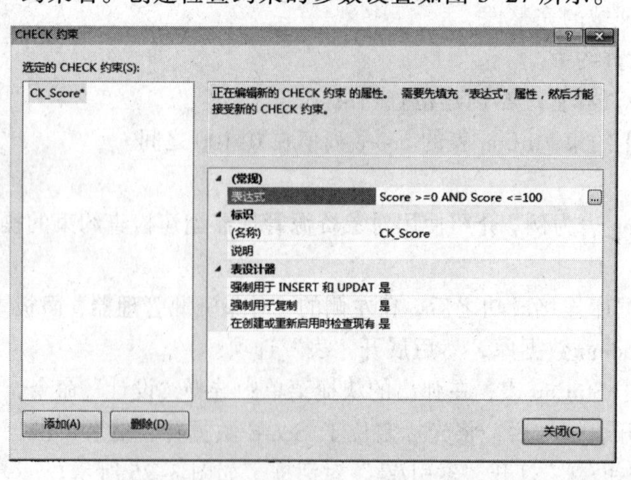

图 3-27 创建检查约束的参数设置

step 06 单击“关闭”按钮，关闭“CHECK 约束”对话框。

step 07 单击工具栏中的“保存”按钮，完成创建结果。展开 StuCou 表的“约束”，就可以看到名为 CK_Score 的约束。

方法二：

具体操作步骤如下：

step 01 数据库连接成功之后，在左侧的“对象资源管理器”面板中展开“数据库”结点，再展开 Student 数据库，然后展开“表”选项。

step 02 展开 StuCou 表，在展开的结点中右击“约束”，在弹出的快捷菜单中选择“新建约束”命令，如图 3-28 所示。

step 03 弹出“CHECK 约束”对话框，如图 3-29 所示。

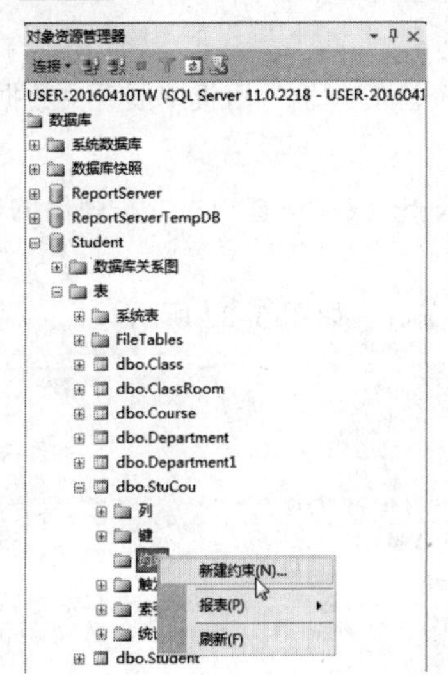

图 3-28 快捷菜单中选择“删除”命令

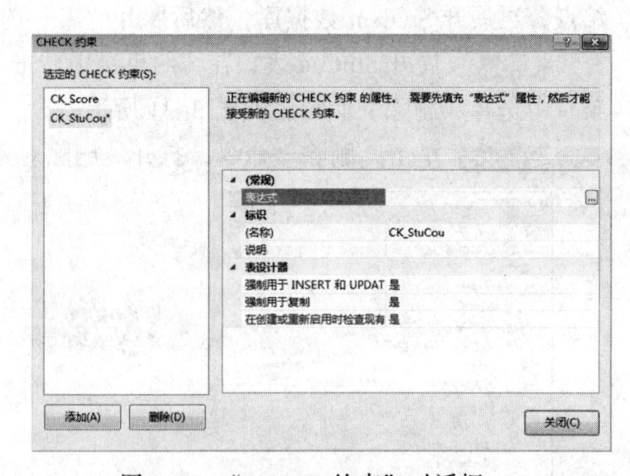

图 3-29 “CHECK 约束”对话框

step 04 在“表达式”行中输入“Score >=0 AND Score <=100”，在“(名称)”行中输入“CK_Score”约束名。创建检查约束的参数设置如图 3-30 所示。

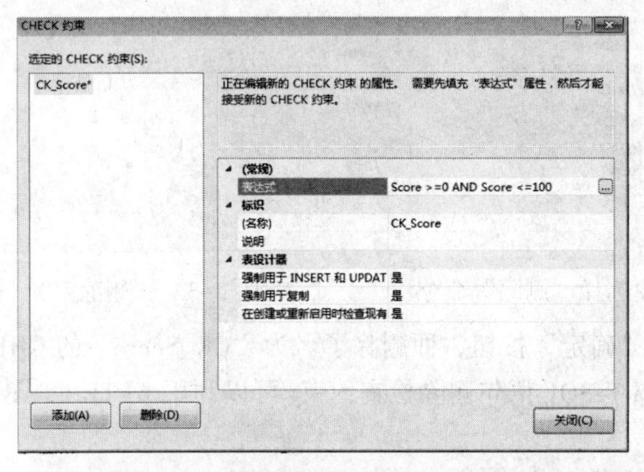

图 3-30 创建检查约束的参数设置

step 05 单击“关闭”按钮，关闭“CHECK 约束”对话框。

step 06 单击工具栏中的“保存”按钮，完成创建结果。展开 StuCou 表的“约束”，就可以看到名为 CK_Score 的约束。

② 使用 Transact-SQL 语句创建检查约束。可以利用 ALTER TABLE 命令为已经存在的表创建检查约束。

【问题 3-15】使用 Transact-SQL 语句完成问题 3-14。

在查询窗口中执行如下 Transact-SQL 语句：

```
ALTER TABLE StuCou
ADD
CONSTRAINT CK_Score1 CHECK(Score >=0 AND Score <=100)
```

（2）删除检查约束

① 使用对象资源管理器删除检查约束。

【问题 3-16】删除 StuCou 表的名为“CK_Score”的检查约束。

具体操作步骤如下：

step 01 数据库连接成功之后，在左侧的“对象资源管理器”面板中展开“数据库”结点，再展开 Student 数据库，然后展开“表”选项。

step 02 展开 StuCou 表，在“约束”中右击“CK_Score”检查约束，在弹出的快捷菜单中选择“删除”命令，如图 3-31 所示。

step 03 单击“删除”命令，打开“删除对象”窗口，如图 3-32 所示。

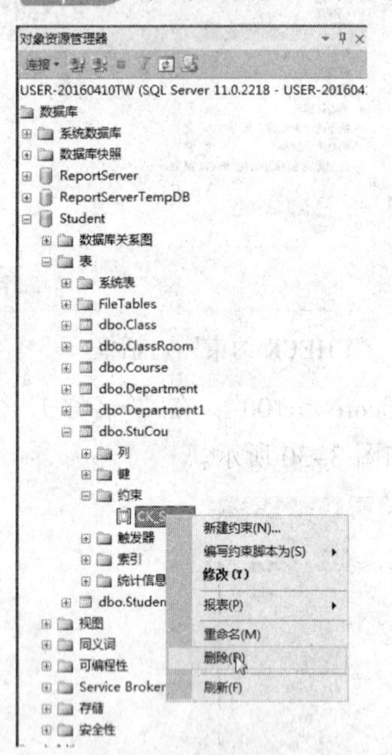

图 3-31 快捷菜单中选择“删除”命令

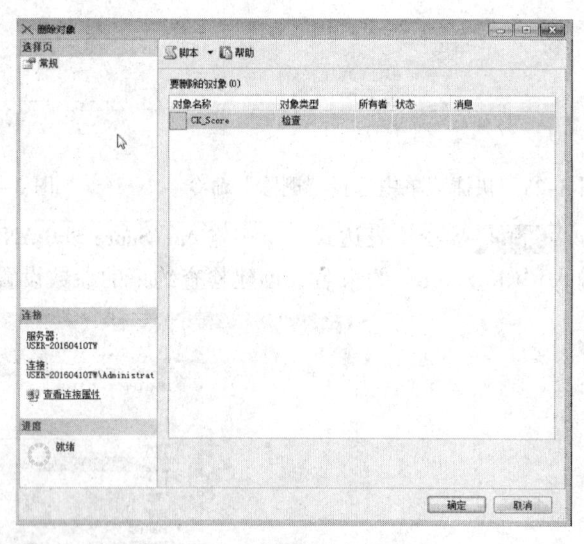

图 3-32 “删除对象”窗口

step 04 单击“确定”按钮，即删除了名为“CK_Score”的 CHECK 约束。

② 使用 Transact-SQL 语句删除检查约束。可以利用 ALTER TABLE 命令为已经存在的表创建检查约束。

【问题 3-17】使用 Transact-SQL 语句完成问题 3-13。

在查询窗口中执行如下 Transact-SQL 语句：

```
ALTER TABLE StuCou
DROP
CONSTRAINT CK_Score1
```

5. 默认约束

在用户输入某些数据时，希望一些数据在没有特例的情况下被自动输入，例如学生的性别默认为“女”等情况，这个时候需要对数据创建默认约束。默认约束就是避免属性列值出现空值的一种办法，以此减少在客户端开发工具（如 C#）中对 SQL Server 中空值进行特殊额外的处理。

（1）创建默认约束

① 使用对象资源管理器创建默认约束。

【问题 3-18】使用对象资源管理器为 Course 表的 Kind 列创建默认约束，使 Kind 列的值默认为“理工”，即在不输入值的情况下的值为“理工”。

具体操作步骤如下：

step 01 在“对象资源管理器”窗口中展开“数据库”结点，再展开 Student 数据库，然后展开“表”选项。

step 02 右击 Course 表，在弹出的快捷菜单中选择“设计”命令，如图 3-33 所示。

step 03 打开 Course 表表结构，将光标定位到 Kind 列所在的行。

step 04 在“列属性”区域的“默认值或绑定”行中输入“理工”，在输入时不需要输入引号，输入完成后，系统自动将其默认为（N'理工'），参数设置如图 3-34 所示。

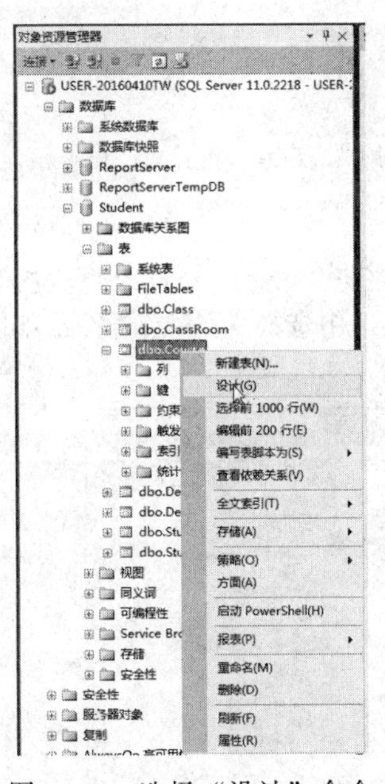

图 3-33　选择“设计”命令

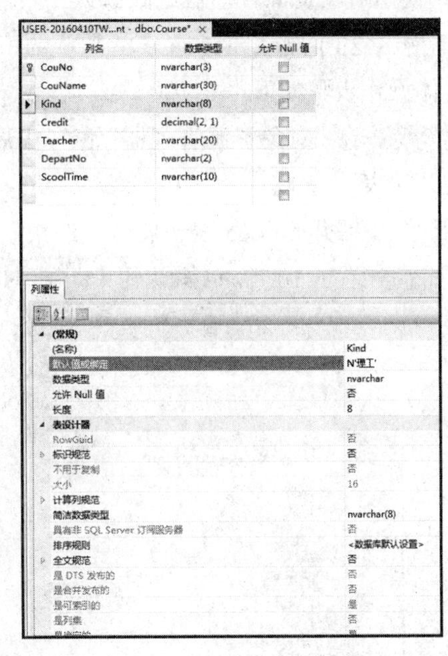

图 3-34　默认值参数设置

step 05 单击工具栏中的“保存”按钮，完成创建。在 Course 表结点的“约束”中，有名为 DF_Course_Kind 的默认约束。

② 使用 Transact-SQL 语句创建默认约束。使用 Transact-SQL 语句创建默认约束可以用 CREATE TABLE 命令在创建表的同时完成，也可以利用 ALTER TABLE 命令为已经存在的表创建默认约束。

语法格式如下：

```
ALTER TABLE table_name
ADD
```

```
CONSTRAINT constraint_name
DEFAULT (constraint _expression)[FOR column_name]
```

参数说明如下：

table_name：基本表表名。

constraint_name：约束名。

constraint _expression：约束表达式。

column_name：默认约束的约束属性列列名。

【问题 3-19】使用 Transact-SQL 语句中的 ALTER TABLE 语句为 StuCou 表添加默认约束，使 StuCou 表中的 State 在未输入值时的默认值为“选课”。

在查询窗口中执行如下 Transact-SQL 语句：

```
ALTER TABLE StuCou
ADD
CONSTRAINT DF_State
DEFAULT ('选课') FOR State
```

（2）删除默认约束

① 使用对象资源管理器删除默认约束。

【问题 3-20】删除 StuCou 表的默认约束 DF_State。

具体操作步骤如下：

step 01 在“对象资源管理器”窗口中展开“数据库”结点，再展开 Student 数据库，然后展开“表”选项。

step 02 展开 StuCou 表，展开“约束”，选择 DF_State 默认约束，如图 3-35 所示。

step 03 右击 DF_State 默认约束，在弹出的快捷菜单中选择“删除”命令，如图 3-36 所示。

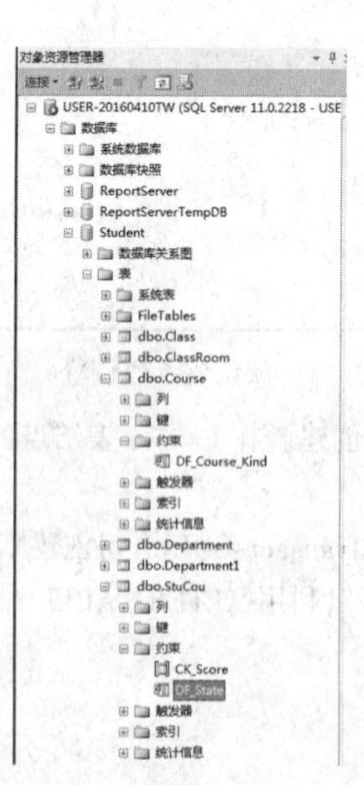

图 3-35　选择“DF_State”约束

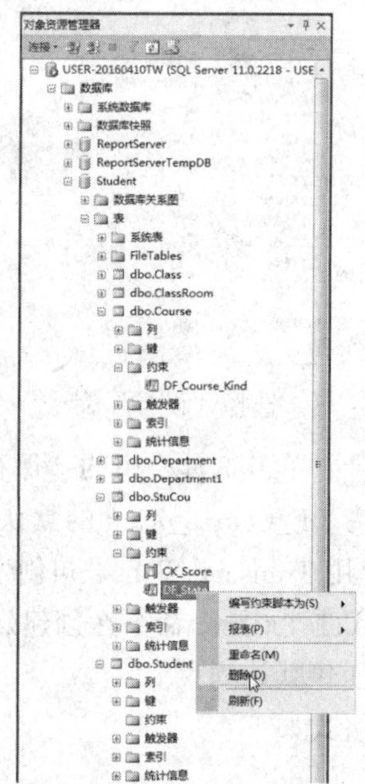

图 3-36　选择“删除”命令

step 04 选择“删除”命令，打开“删除对象”窗口，如图 3-37 所示。

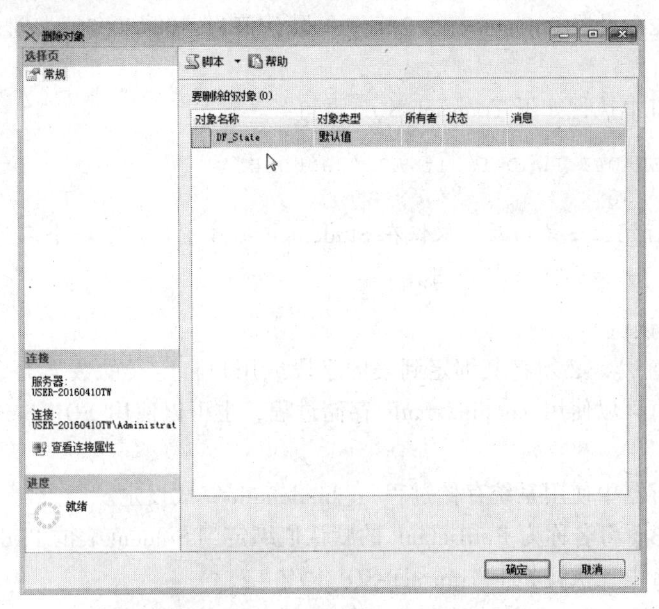

图 3-37 “删除对象”窗口

step 05 单击“确定”按钮。

step 06 单击工具栏中的“保存”按钮完成删除。StuCou 表结点中名为 DF_State 的默认约束被删除。

② 使用 Transact-SQL 语句删除默认约束。

【问题 3-21】使用 Transact-SQL 语句重新完成问题 3-20，即为 StuCou 表删除名为“DF_State”的默认约束。

在查询窗口中执行如下 Transact-SQL 语句：

```
ALTER TABLE StuCou
DROP
CONSTRAINT DF_State
```

任务 3.2 创建默认值

默认是一种独立的数据对象，它与 DEFAULT（默认）约束的作用相同，也是当向表中输入数据时，没有为列输入值的情况下，系统自动给该列赋予一个“默认值”。此处的默认对象与用 CREATE TABLE 或 ALTER TABLE 语句操作表时使用 DEFAULT（默认）约束的功能相似，不同的是默认对象的定义独立于表，是一种数据库对象。在数据库中一次创建后，可以多次应用任意表的任意列，也可以应用于用户定义数据类型。默认值可以是常量、内置函数或数学表达式。

1. 创建默认值

CREATE DEFAULT 语句用于在数据库中创建默认对象，其语法格式如下：

```
CREATE DEFAULT 默认名 AS default_expression
```

其中，default_expression：指默认的定义，可以是数学表达式或函数，也可以是常量。

【问题 3-22】设置 Student 表的 Pwd 列的默认值为“00000000”，创建的默认值的名称为 PwdDefault。

在查询窗口中执行如下 Transact-SQL 语句：

```
CREATE DEFAULT PwdDefault AS '00000000'
```

注意： 执行完上述语句后，仅仅在 Student 数据库中创建了一个名为 PwdDefault 的默认对象，并未产生任何作用。

2. 绑定默认值

创建默认值后，必须将其绑定到表的字段或用户自定义的数据类型上才能产生作用。绑定默认值可以使用 sp_bindefault 存储过程，也可以使用 SQL Server 对象资源管理器。

在查询分析器中使用系统存储过程 sp_bindefault 完成设定。

【问题 3-23】将名称为 PwdDefault 的默认值绑定到 Student 表的 Pwd 列上。

在查询窗口中，执行如下 Transact-SQL 语句：

```
EXEC sp_bindefault  PwdDefault,'Student.Pwd'
```

注意： 执行完上述语句后，将显示消息“已将默认值绑定到列”，如图 3-38 所示。“PwdDefault”默认值将作用于 Student 表的 Pwd 属性列上。

当在输入过程中，未指定 Pwd 列的值，系统将自动填充“00000000”值。打开 Student 表，进入编辑状态，添加一条记录，学号为“20150005”，姓名为“王勃”，班号为“20150101”，不输入 Pwd 列的值，系统自动填充“00000000”值，如图 3-39 所示。为了保证数据库中数据的一致性，将刚才插入的记录再进行删除。

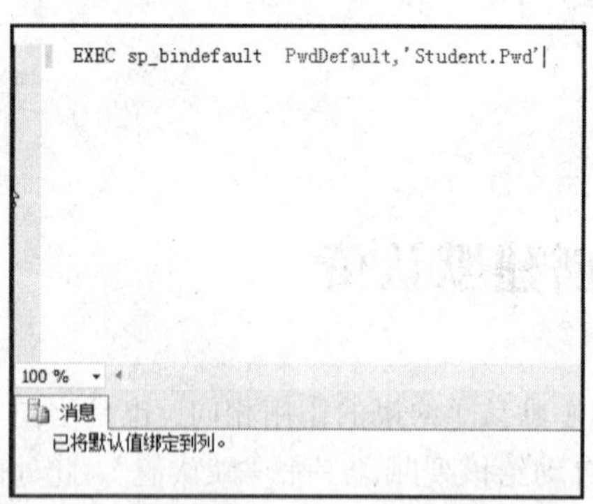

图 3-38 问题 3-23 的执行结果图

StuNo	StuName	Pwd	ClassNo
20140001	巴图	123456	20140102
20140002	蒙和	123456	20140102
20140003	朝鲁	123456	20140103
20140004	乌拉	111111	20140201
20150001	李建	123456	20150101
20150002	徐春	111111	20150101
20150003	王晓燕	111111	20150101
20150004	李艳	123456	20150101
20150005	王勃	00000000	20150101
NULL	NULL	NULL	NULL

图 3-39 绑定默认值示例

3. 解除默认值

【问题 3-24】解除默认值 PwdDefault 与 Student 表的 Pwd 列的绑定。

在查询窗口中执行如下 Transact-SQL 语句：

```
EXEC sp_unbindefault  'Student.Pwd'
```

注意： 执行完后，解除了默认值 PwdDefault 与 Student 表的 Pwd 列的绑定。当在输入过程中，未指定 Pwd 列的值，将为空值。

4. 删除默认值

当默认值不再符合实际需求时，可以将其删除。在删除前，必须将默认值解除。在查询分析器中使用DROP语句删除默认值。

【问题3-25】删除默认值PwdDefault。

在查询窗口中执行如下Transact-SQL语句：

```
DROP DEFAULT PwdDefault
```

注意：执行完后，名为PwdDefault的默认数据对象将在Student数据库中消失。

任务3.3 创建规则

规则（Rule）就是数据库对存储在表中的列或用户自定义数据类型中的值的规定和限制。规则与其作用的表或用户自定义数据类型是相互独立的，即表或用户自定义对象的删除、修改不会对与之相连的规则产生影响。规则与CHECK约束相似，不同之处在于在一个属性列上只能有一个规则，但可以有多个CHECK约束。相比之下，在ALTER TABLE或 CREATE TABLE命令中使用的CHECK约束更加标准，但CHECK约束不能作用于用户自定义的数据类型，而规则不仅可以应用在多个列上还可以作用于用户自定义的数据类型。

1. 创建规则

CREATE命令用于在数据库中创建默认对象，其语法格式如下：

```
CREATE RULE 规则名 AS condition_expression
```

其中，condition_expression：指规则的定义，任何数学表达式可包含算数运算符、关系运算符和谓词（如BETWEEN...AND、IN等）。

注意：condition_expression子句中的表达式必须以@开头。

【问题3-26】创建规则，使课程表Course的Credit值大于或等于1，小于或等于10。

在查询窗口中执行如下Transact-SQL语句：

```
CREATE RULE Credit_rule
AS @Credit >= 1 and @Credit <= 10
```

2. 绑定规则

创建规则后，规则仅仅是一个存在于数据库中的对象，并未发生作用。需要将规则与数据库表或用户自定义对象联系起来，才能达到创建规则的目的。

所谓绑定就是指定规则作用于哪个表的哪一列或哪个用户自定义数据类型。

【问题3-27】绑定规则Credit_rule到Course表的Credit字段。

在查询窗口中执行如下Transact-SQL语句：

```
EXEC sp_bindrule  'Credit_rule', 'Course.Credit'
```

3. 松绑规则

解除规则与对象的绑定称为“松绑”。

【问题 3-28】解除已绑定到 Course 表的 Credit 字段的规则 Credit_rule。

在查询窗口中执行如下 Transact-SQL 语句：

```
EXEC sp_unbindrule  'Course.Credit'
```

4. 删除规则

使用 DROP RULE 命令删除规则，语法结构如下：

```
DROP RULE {rule_name} [,...n]
```

【问题 3-29】删除 Credit_rule 规则。

在查询窗口中执行如下 Transact-SQL 语句：

```
DROP RULE Credit_rule
```

注意：在删除一个规则前必须先将与其绑定的对象解除绑定。

任务 3.4　创建标识列

在实际设计中，有时候希望计算机能自动生成标识列。如果初值（称为种子）为 1，增量为 1，则第一行数据的标识列值自动生成 1。对于第二行数据标识列的值，系统自动生成为前一行的标识列值加上增量，即为 2，不需要人工输入标识列的值。

标识列与主键约束、唯一约束一样，能唯一标识表中的每一行，可以用来保证表的完整性。

每个表只能定义一个标识列，语法格式如下：

```
列名  数据类型  IDENTITY(种子,增量)
```

注意：

① 数据类型必须为数值型。可为下列数据类型之一：int、smallint。

② 系统默认种子和增量的初值均为 1。

③ 标识列不允许出现空值，也不能有默认约束和检查约束。

④ 对经常进行删除操作的表最好不要使用标识列，因为删除操作会使标识列的值出现不连续的情况。

【问题 3-30】在 Student 数据库中创建一个 ClassRoom 表，表中有两个属性列：ClassRoomID 为标识列，初值为 1，增量为 1；ClassRoomName 列为字符型，长度为 30，不允许为空。

在查询窗口中执行如下 Transact-SQL 语句：

```
USE Student
GO
CREATE TABLE ClassRoom
(  ClassRoomID int IDENTITY(1,1),
   ClassRoomName char(30) NOT NULL
)
GO
```

```
INSERT ClassRoom(ClassRoomName) VALUES('多媒体1教室')
INSERT ClassRoom(ClassRoomName) VALUES('多媒体2教室')
INSERT ClassRoom(ClassRoomName) VALUES('计算机1机房')
GO
SELECT *
FROM ClassRoom
GO

USE Student
GO
CREATE TABLE ClassRoom
(  ClassRoomID int IDENTITY(1, 1),
   ClassRoomName char(30) NOT NULL
)
GO
INSERT ClassRoom(ClassRoomName) VALUES('多媒体1教室')
INSERT ClassRoom(ClassRoomName) VALUES('多媒体2教室')
INSERT ClassRoom(ClassRoomName) VALUES('计算机1机房')
GO
SELECT *
FROM ClassRoom
GO
```

执行结果如图 3-40 所示，显示出 3 个数据行，其中 ClassRoomID 的值依次为 1、2、3。

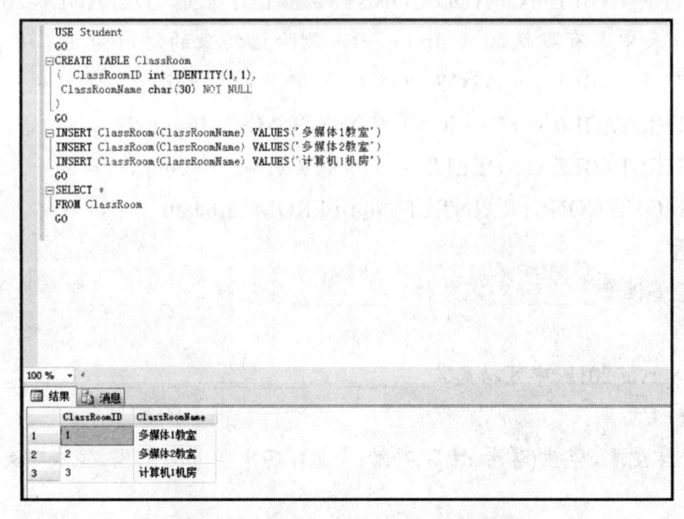

图 3-40　问题 3-30 的执行结果图

思考与练习

一、选择题

1. 在 SQL Server 2012 中，数据完整性是要求（　　）。

   A. 数据库中不存在数据冗余　　　　B. 数据库中数据的正确性

   C. 数据库中所有数据格式一致　　　D. 所有数据都存入数据库中

2. 下列（　　）完整性中，将每条记录定义为表中的唯一实体，即不能重复。

A. 域　　B. 引用　　C. 实体　　D. 其他

3. UNIQUE 约束和主键也是（　　）完整性的体现。

A. 域　　B. 引用　　C. 实体　　D. 其他

4. 检查约束用来实施（　　）。

A. 域完整性　　B. 引用完整性　　C. 实体完整性　　D. 都不是

5. 唯一约束与主键约束的区别是（　　）。

A. 唯一约束的值不允许为空，主键约束的值允许为空

B. 唯一约束的值允许为空，主键约束的值不允许为空

C. 唯一约束就是主键约束

D. 唯一约束和主键约束的值都不允许为空

6. 下列（　　）约束不能保证实体完整性。

A. 主键约束　　B. 数据类型　　C. 检查约束　　D. 默认值

7. 要建立一个约束，保证用户表（user）中年龄（age）必须在 20 岁以上，下面语句正确的是（　　）。

A. ALTER TABLE user ADD CONSTRAINT ck_ageCHECK(age>20)

B. ALTER TABLE user ADD CONSTRAINT df_ageDEFAULT(20)FOR age

C. ALTER TABLE user ADD CONSTRAINT up_ageUNIQUE(age>20)

D. ALTER TABLE user ADD CONSTRAINT df_age　DEFAULT(20)

8. 已知 stu 表中具有默认约束 df_email，删除该约束的语句为（　　）。

A. ALTER TABLE stu DROP CONSTRAINT df_email

B. ALTER TABLE stu REMOVE CONSTRAINT df_email

C. ALTER TABLE stu DELETE CONSTRAINT df_email

D. REMOVE CONSTRAINT df_email FROM talbestu

二、填空题

1. 数据的完整性有________完整性、________完整性、________完整性和________完整性。

2. 在 SQL Server 2012 中可以定义________、________、________、________和________五种类型的完整性约束。

3. 建立一个学生表，学生(学号,姓名,年龄,专业)，其中学号为主码。完成下列 Transact-SQL 语句。

```
CREATE TABLE 学生
( 学号 CHAR(8),
  姓名 CHAR(20),
  年龄 INTEGER,
  专业 CHAR(20)
)
```

4. 基于题 3 的“学生”表结构，若要在表中对“姓名”属性列增加唯一约束，其 Transact-SQL 语句为________。

5. 基于题 3 的“学生”表结构，若要在表中对“专业”属性列创建默认值，以此来保证不输入数据的时候，“专业”属性列的值默认为“计算机科学与技术”，其

Transact-SQL 语句为________。

6. 基于题 3 的“学生”表结构，若要在表中对“年龄”属性列创建规则，以此来保证“年龄”属性列的值在 18～40 岁之间，其 Transact-SQL 语句为________。

7. 规则和默认是用来实现数据的________。

三、思考题

1. 试说明数据完整性的含义及分类？

2. 规则与 CHECK 约束的不同之处在哪里？

3. 在 SQL Server 2012 中，可采用哪些方法实现数据完整性？各举一例，并分别编程实现。

4. 一般什么情况下使用默认约束？

5. 一般什么情况下使用检查约束？

跟我学上机

对商品销售数据库（各个表结构参照第 2 章中的跟我学上机），使用对象资源管理器或者 Transact–SQL 语句完成下列各种数据完整性要求。

1. 为商品表中的商品编号创建主键约束，约束名自拟。

2. 为销售商表中的客户编号创建主键约束，约束名自拟。

3. 为商品销售情况表中的销售日期、商品编号和客户编号创建主键约束，约束名自拟。

4. 为商品销售情况表中的商品编号和客户编号创建外键约束，约束名自拟，以此保证商品销售情况表中的商品编号和客户编号是实际存在的，以此来保证数据的完整性。

5. 在销售商表中创建默认值，默认名自拟，当不输入地区属性列的列值时，默认为“呼和浩特”。

6. 分别使用检查（CHECK）约束和创建规则两种方法实现商品销售情况表中每个数据行的“数量”属性列列值都大于 0。

第 4 章　查询与统计数据

知识目标

- 掌握 SELECT 语句的结构和使用；
- 掌握聚合函数在查询语句中的应用特点和基本要求；
- 掌握嵌套查询的方法；
- 掌握连接查询的方法；
- 掌握分组统计和汇总查询的方法；
- 掌握对查询结果进行排序的方法。

技能目标

- 会利用 SELECT 语句完成简单查询和复杂查询；
- 会进行分组统计和汇总查询；
- 会按需求排序查询结果。

知识学习

1. SQL 基础

SQL（Structured Query Language，结构化查询语言）是一种数据库查询和程序设计语言。虽然称为数据查询语言，但 SQL 具有数据查询、数据定义、数据操纵和数据控制四大功能。

SQL 类似于英语的自然语言，具有简单、易学、综合统一等显著特点。既可以为终端用户、应用程序员和数据库管理员独立使用交互命令，也可为应用开发程序嵌入在高级语言（C#、Visual Basic）中使用。

Transact-SQL 就是在标准 SQL 的基础上进行扩充，引入了程序设计的思想，解决了 SQL 不支持流程控制语句的问题，形成了可以编程、结构化的编程语言。

2. 完整的 SELECT 语句

数据查询是数据库中最常用的操作。SQL Server 2012 中提供了 SELECT 语句，通过查询操作可得到所需要的信息。

SELECT 语句的主要语法格式如下：

```
SELECT[ALL |DISTINCT] <列名>[AS 别名1] [,<列名>[AS 别名2]]
   [INTO 新表名]
   FROM 数据源
   [WHERE 查询条件]
   [GROUP BY 列名]
   [HAVING 逻辑表达式]
   [ORDER BY 列名[ASC|DESC]]
```

其中，带有方括号的子句是可选择的，大写的单词表示 SQL 的关键字。SELECT 语句后的列名用于指定查询结果中出现的字段名，它是一个用逗号分隔的表达式列表；INTO 子句用于指定结果集来创建一个新表，并将查询结果保存到新表中；FROM 子句指出所要进行查询的数据源，即结果集合数据来源于哪些表或视图的名称；WHERE 子句指定查询条件；GROUP BY 子句对查询结果进行分组；HAVING 子句指定分组统计条件；ORDER BY 子句对查询结果进行排序。SELECT 语句的功能就是从 FROM 子句列出的数据源中，找出满足 WHERE 查询条件的记录，按照 SELECT 子句中指定的列表输出查询结果表，在查询结果中可以进行分组统计和排序。

注意： 每个 SELECT 语句必须有一个 FROM 子句。

任务4.1　简 单 查 询

1. 选择表中的若干列

（1）选择表中的所有列

可使用 USE 语句将要使用的 Student 数据库切换为当前连接的数据库，在查询窗口中执行的 Transact-SQL 语句如下：

```
USE Student
GO
```

【问题 4-1】从学生表中查询所有学生的信息。

方法一：将所有的列名在 SELECT 关键字后列出来。

在查询窗口中执行如下 Transact-SQL 语句:

```
USE Student
GO
SELECT StuNo,StuName,Pwd,ClassNo
FROM Student
GO
```

执行结果如图 4-1 所示。

方法二：在 SELECT 关键字后使用一个“*”。

在查询窗口中执行如下 Transact-SQL 语句：

```
USE Student
GO
SELECT *
FROM Student
GO
```

执行结果如图 4-2 所示。

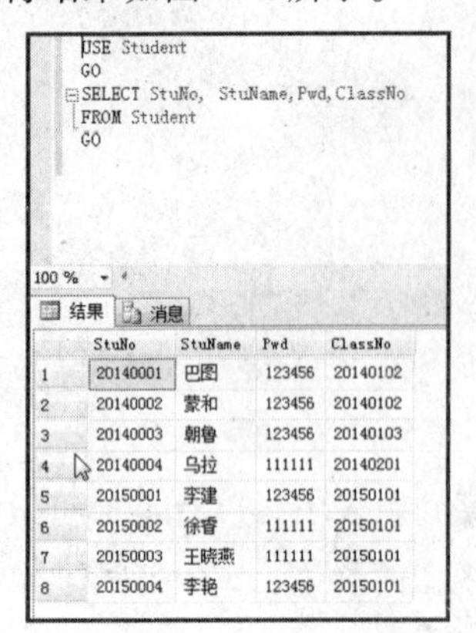

图 4-1　问题 4-1 方法一的执行结果图

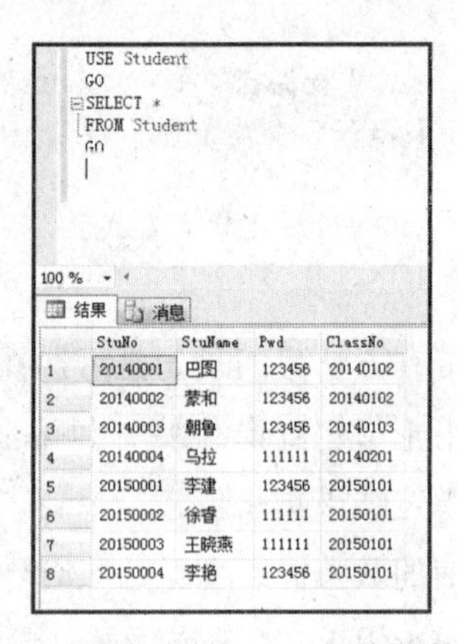

图 4-2　问题 4-1 方法二的执行结果图

（2）选择表中的部分列

如果在“结果”窗格中列出表中的部分列，只需将要显示的列名在 SELECT 关键字后依次列出来，列名与列名之间用英文逗号隔开，列名的顺序根据用户需要指定即可。

【问题 4-2】查询学生的学号和姓名。

在查询窗口中执行如下 Transact-SQL 语句：

```
USE Student
GO
SELECT StuNo, StuName
FROM Student
GO
```

执行结果如图 4-3 所示。

（3）重命名

在查询结果中，查询结果的属性列的列名就是基本表中的列名，可根据需要改变结果中的列名，如汉字标题等。

【问题 4-3】查询全体学生的姓名、学号和班号。

方法一：

在查询窗口中执行如下 Transact-SQL 语句：

```
USE Student
GO
SELECT StuName 姓名, StuNo 学号, ClassNo 班号
FROM Student
GO
```

执行结果如图 4-4 所示。

方法二：

在查询窗口中执行如下 Transact-SQL 语句：

```
USE Student
GO
SELECT StuName AS 姓名, StuNo AS 学号, ClassNo AS 班号
FROM Student
GO
```

执行结果如图 4-5 所示。

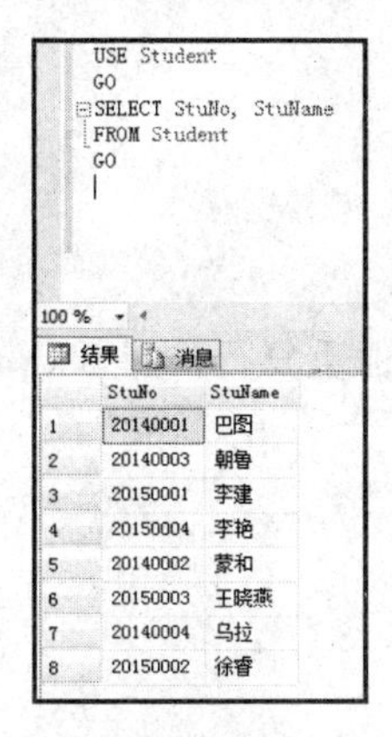

```
USE Student
GO
SELECT StuNo, StuName
FROM Student
GO
```

	StuNo	StuName
1	20140001	巴图
2	20140003	朝鲁
3	20150001	李建
4	20150004	李艳
5	20140002	蒙和
6	20150003	王晓燕
7	20140004	乌拉
8	20150002	徐睿

图 4-3　问题 4-2 的执行结果图

```
USE Student
GO
SELECT StuName 姓名, StuNo 学号, ClassNo 班号
FROM Student
GO
```

	姓名	学号	班号
1	巴图	20140001	20140102
2	蒙和	20140002	20140102
3	朝鲁	20140003	20140103
4	乌拉	20140004	20140201
5	李建	20150001	20150101
6	徐睿	20150002	20150101
7	王晓燕	20150003	20150101
8	李艳	20150004	20150101

图 4-4　问题 4-3 方法一的执行结果图

方法三：

在查询窗口中执行如下 Transact-SQL 语句：

```
USE Student
GO
SELECT  '姓名'=StuName, '学号'=StuNo, '班号'=ClassNo
FROM Student
GO
```

执行结果如图 4-6 所示。

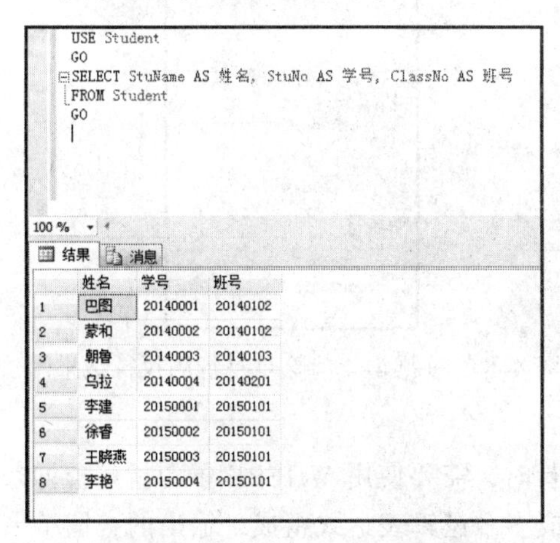

```
USE Student
GO
SELECT StuName AS 姓名, StuNo AS 学号, ClassNo AS 班号
FROM Student
GO
```

	姓名	学号	班号
1	巴图	20140001	20140102
2	蒙和	20140002	20140102
3	朝鲁	20140003	20140103
4	乌拉	20140004	20140201
5	李建	20150001	20150101
6	徐睿	20150002	20150101
7	王晓燕	20150003	20150101
8	李艳	20150004	20150101

图 4-5　问题 4-3 方法二的执行结果图

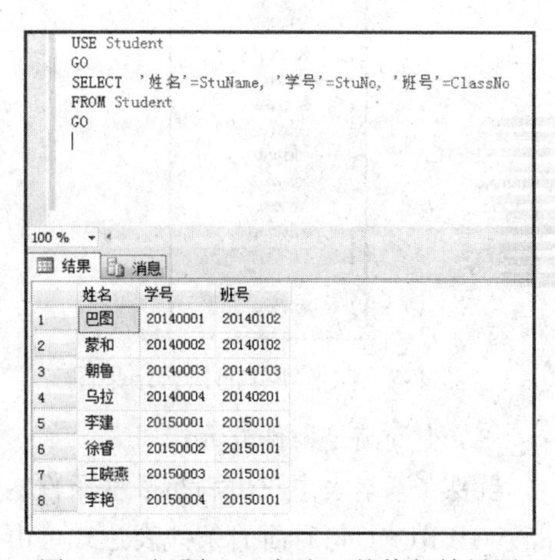

```
USE Student
GO
SELECT  '姓名'=StuName, '学号'=StuNo, '班号'=ClassNo
FROM Student
GO
```

	姓名	学号	班号
1	巴图	20140001	20140102
2	蒙和	20140002	20140102
3	朝鲁	20140003	20140103
4	乌拉	20140004	20140201
5	李建	20150001	20150101
6	徐睿	20150002	20150101
7	王晓燕	20150003	20150101
8	李艳	20150004	20150101

图 4-6　问题 4-3 方法三的执行结果图

注意： 无论采用哪一种重命名方法，重命名修改的只是查询结果属性列，并未修改原基本表中的属性列的列名。

2. 选择表中的若干元组

（1）消除取值重复的行

两个本来并不相同的元组，当按垂直方向投影到指定的某些列后，可能变成相同的行，如果要去掉重复的行，可以在列名前加上 DISTINCT 关键字。

【问题 4-4】 查询选修了课程的学生的学号。

在查询窗口中执行如下 Transact-SQL 语句：

```
USE Student
GO
SELECT StuNo
FROM StuCou
GO
```

执行结果如图 4-7 所示。

由此可以看到，有很多行是重复的。现在要消除 StuNo 值重复行，在 StuNo 前添加关键字 DISTINCT。

在查询窗口中执行如下 Transact-SQL 语句：

```
USE Student
GO
SELECT DISTINCT StuNo
FROM StuCou
GO
```

执行结果如图 4-8 所示。

图 4-7　问题 4-4 的执行结果图

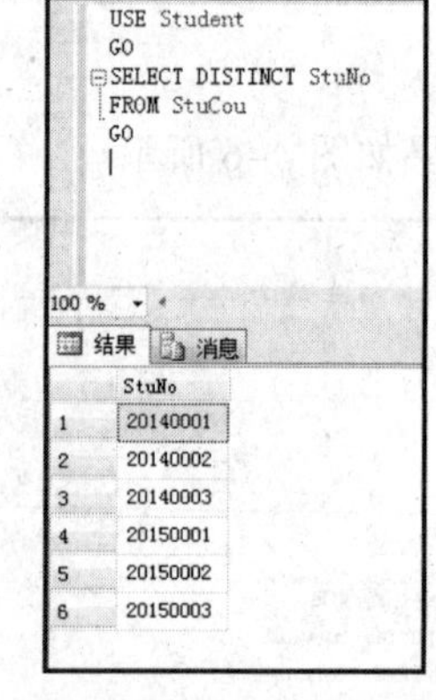

图 4-8　问题 4-4 消除重复行的执行结果图

（2）查询满足条件的元组

当要在基本表中找出满足某些条件的数据行时，需要使用 WHERE 子句指定查询条件。WHERE 子句后面的条件表达式可由一个或多个逻辑表达式组成，输出的查询结果为满足条件表达式的那些数据。常用的查询条件如表 4-1 所示。

表 4-1　常用的查询条件

查询条件	运算符	含义
比较运算符	=、>、<、>=、<=、<>、! =、! <、!>	比较大小
确定范围	BETWEEN、NOT BETWEEN	搜索值是否在范围内
确定集合	IN、NOT IN	查询值是否属于列表值之一
字符匹配	LIKE、NOT LIKE	字符串是否匹配
空值	IS NULL、IS NOT NULL	判断值是否为空
多重条件	AND、OR、NOT	用于多重条件判断

① 比较大小。比较运算符用于比较两个表达式的值。比较运算的语法格式如下：

```
表达式 1  比较运算符 表达式 2
```

其中，“表达式”是除 text、ntext 和 image 以外类型的表达式。

【问题 4-5】查询学号为 20140002 的学生姓名。

在查询窗口中执行如下 Transact-SQL 语句:

```
USE Student
GO
SELECT StuName
FROM Student
WHERE StuNo='20140002'
GO
```

执行结果如图 4-9 所示。

【问题 4-6】查询学分大于 3 学分的课程号和课程名。

在查询窗口中执行如下 Transact-SQL 语句:

```
USE Student
GO
SELECT  CouNo 课程号, CouName 课程名
FROM Course
WHERE Credit>3
GO
```

执行结果如图 4-10 所示。

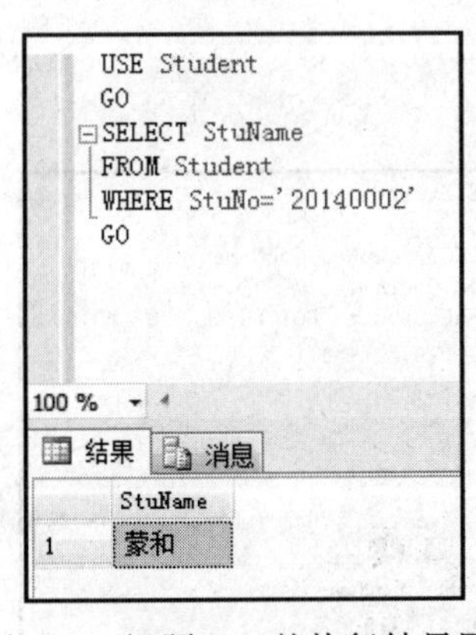

图 4-9　问题 4-5 的执行结果图

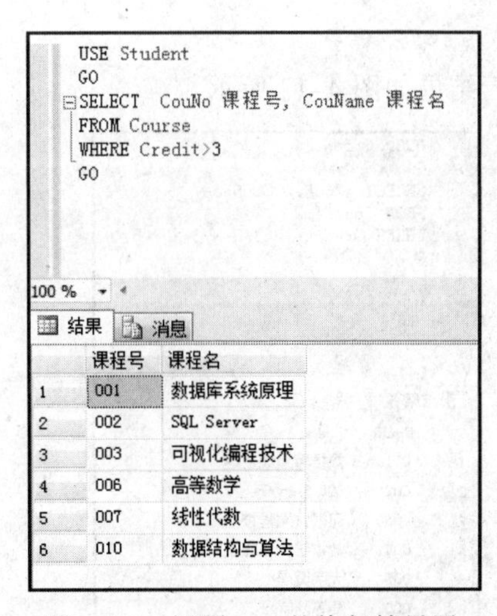

图 4-10　问题 4-6 的执行结果图

② 确定范围。使用范围运算符时，用户可以自定义上边界值和下边界值来指定搜索的范围。BETWEEN 表示搜索设定范围之内的数据，NOT BETWEEN 表示搜索设定范围之外的数据。其语法格式如下：

```
表达式[NOT] BETWEEN 表达式 1 AND 表达式 2
```

其中，表达式 1 的值不能大于表达式 2 的值。

【问题 4-7】查询学分在 3 学分与 5 学分之间（包含 3 和 5）的课程号和课程名。

在查询窗口中执行如下 Transact-SQL 语句：

```
USE Student
GO
SELECT  CouNo, CouName
FROM Course
WHERE Credit  BETWEEN 3 AND 5
GO
```

执行结果如图 4-11 所示。

该题的等价形式如下：

```
USE Student
GO
SELECT  CouNo, CouName
FROM Course
WHERE Credit >= 3 AND Credit<= 5
GO
```

【问题 4-8】查询学分不在 3 学分与 5 学分之间的课程号和课程名。

在查询窗口中执行如下 Transact-SQL 语句：

```
USE Student
GO
SELECT  CouNo, CouName
FROM Course
WHERE Credit  NOT BETWEEN 3 AND 5
GO
```

执行结果如图 4-12 所示。

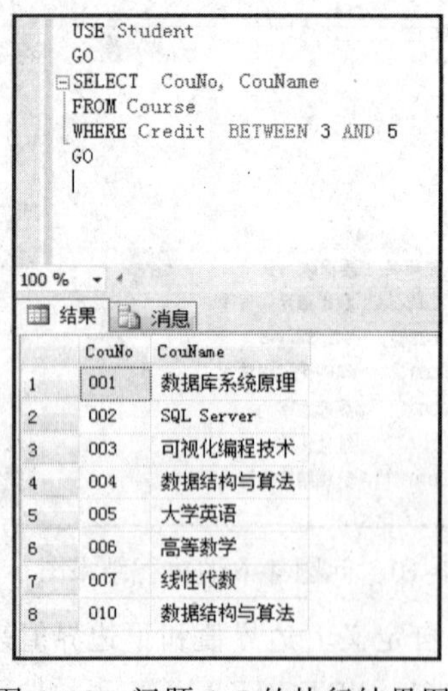

图 4-11　问题 4-7 的执行结果图

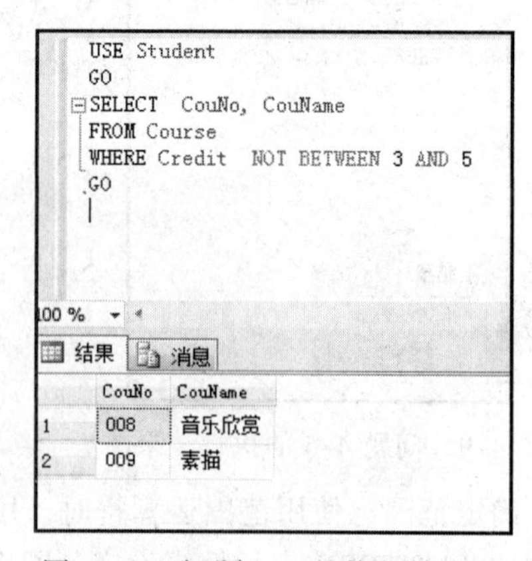

图 4-12　问题 4-8 的执行结果图

③ 确定集合。在 WHERE 子句中，如果需要确定表达式的取值是否属于某一列表值之一时，可以使用关键字 IN 或 NOT IN 来限定查询条件。使用 IN 关键字指定值表的语法格式如下：

```
表达式 [NOT]IN (表达式[,…])
```

【问题 4-9】查询选修了课程号为 001 或 003 的学生学号。

在查询窗口中执行如下 Transact-SQL 语句：

```
USE Student
GO
SELECT  DISTINCT StuNo 学号
FROM StuCou
WHERE  CouNo  IN ('001','003')
GO
```

执行结果如图 4-13 所示。

此语句也可以使用逻辑运算符“OR”实现。

在查询窗口中执行如下 Transact-SQL 语句：

```
USE Student
GO
SELECT  DISTINCT StuNo 学号
FROM StuCou
WHERE  CouNo ='001' OR  CouNo ='003'
GO
```

【问题 4-10】查询没有选修课程号为 001、003 的学生的学号。

在查询窗口中执行如下 Transact-SQL 语句：

```
USE Student
GO
SELECT  DISTINCT StuNo 学号
FROM StuCou
WHERE  CouNo  NOT  IN ('001','003')
GO
```

执行结果如图 4-14 所示。

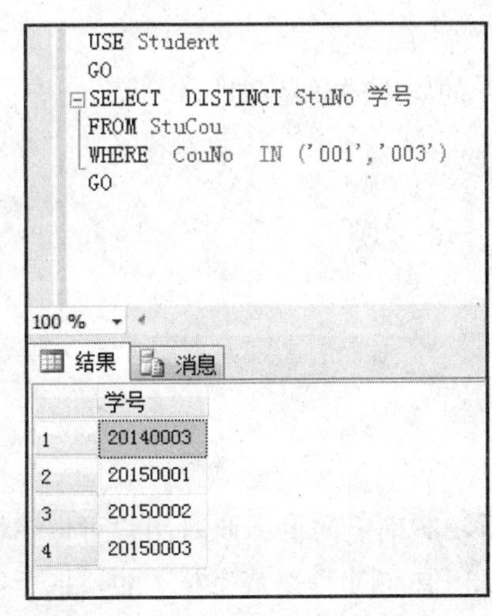

图 4-13　问题 4-9 的执行结果图

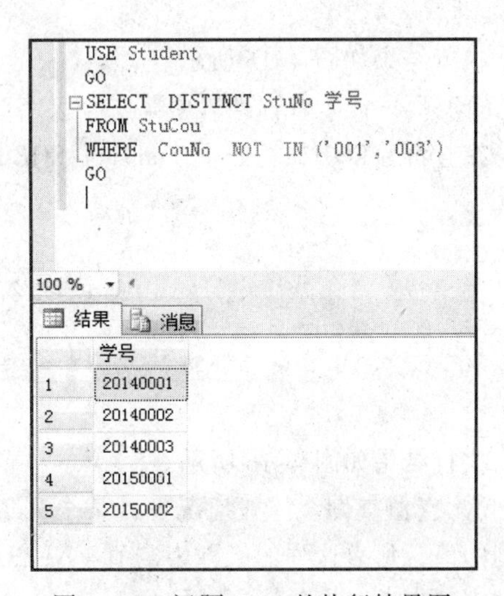

图 4-14　问题 4-10 的执行结果图

该题的等价形式如下：

```
USE Student
```

```
GO
SELECT  DISTINCT StuNo 学号
FROM StuCou
WHERE  CouNo <>'001' AND CouNo <>'003'
GO
```

④ 部分匹配查询。当查询时，用户无法给出精确的查询条件，可以使用模糊查询。比如，要在学生表中查找一个姓“李”的学生，但具体名字不清楚，可以使用 LIKE 关键字实现这类模糊查询。其一般语法格式如下：

```
[NOT] LIKE '<匹配串>' [ESCAPE '转义符']
```

其中，WHERE 子句中使用 LIKE 与通配符搭配使用，将指定的属性列值与匹配串作比较，查找相匹配的记录。匹配串可以是一个完整的字符串，也可以含有“%”“_”等通配符，字符串中的通配符及其功能如表 4-2 所示。

表 4-2　字符串中的通配符

通　配　符	功　　能	实　　例
%	代表任意长度的字符串	'a%b'表示以 a 开头，以 b 结尾的任意长度的字符串
_	代表任意单个字符	'a_b'表示以 a 开头，以 b 结尾且长度为 3 的字符串
[]	表示方括号里列出的任意一个字符	[0–5]，0~5 之间的字符
[^]	表示不在方括号里列出的任意一个字符	[^0–5]，不在 0~5 之间的字符

【问题 4-11】查询所有姓“李”的学生的学号和姓名。

在查询窗口中执行如下 Transact-SQL 语句：

```
USE Student
GO
SELECT  StuNo 学号,StuName  姓名
FROM Student
WHERE  StuName LIKE '李%'
GO
```

执行结果如图 4-15 所示。

【问题 4-12】查询姓名中第二个汉字为“晓”的学生的学号和姓名。

在查询窗口中执行如下 Transact-SQL 语句：

```
USE Student
GO
SELECT  StuNo 学号,StuName  姓名
FROM Student
WHERE  StuName LIKE '_晓%'
GO
```

执行结果如图 4-16 所示。

⑤ 空值查询。一般情况下，某个列可能暂时没有确定的值，此时用户可以不输入该列的值，那么这列的值称为空值（NULL）。NULL 值不同于 0 或空格，也不同于零长度的字符串。一般的语法结构如下：

```
列表达式 [NOT]  IS  NULL
```

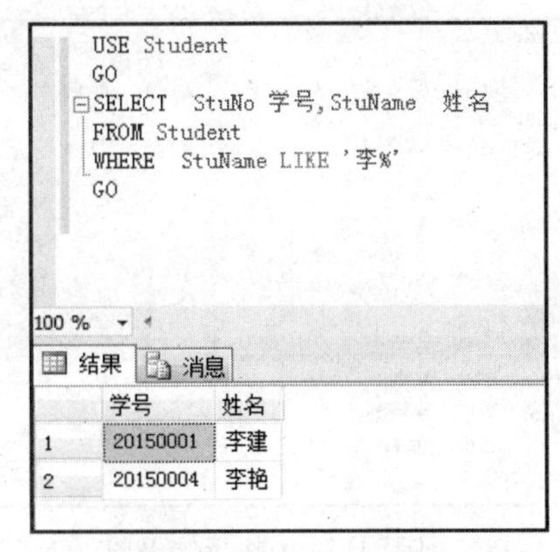

图 4-15　问题 4-11 的执行结果图

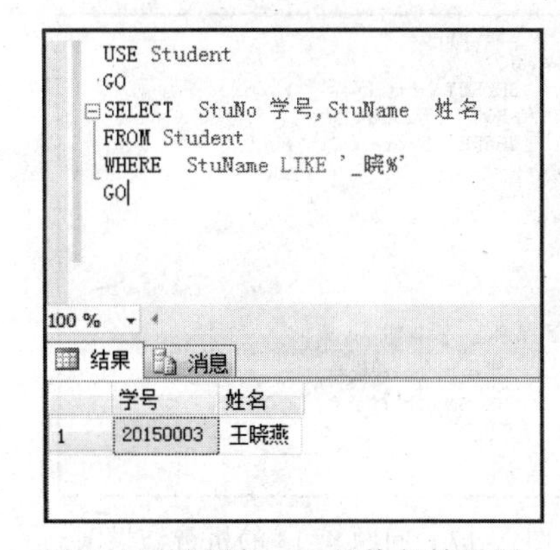

图 4-16　问题 4-12 的执行结果图

注意：这里的 IS 运算符不能用“=”代替。

【问题 4-13】查询没有考试成绩的学生的学号和相应课程号。

在查询窗口中执行如下 Transact-SQL 语句：

```
USE Student
GO
SELECT  StuNo 学号,CouNo 课程号
FROM  StuCou
WHERE  Score  IS  NULL
```

执行结果如图 4-17 所示。

⑥ 多重条件查询。当用户需要查询的信息包含了一个以上的查询条件时，可以在 WHERE 语句中使用逻辑运算符 AND、OR、NOT 连接多个查询条件，形成复合的逻辑表达式。

AND（与）：当所有的查询条件都成立即为真的时候，WHERE 子句的返回值为真。

OR（或）：当所有的查询条件中只要有一个查询条件为真时，WHERE 子句的返回值为真。

NOT（非）：当查询条件为真，否定之后为假，反之相反。

其中优先级由低到高为：OR、AND、NOT，用户可以通过括号改变其优先级。

【问题 4-14】查询课程为艺术类并且上课时间为周六的课程的课程名、学分和教师。

在查询窗口中执行如下 Transact-SQL 语句：

```
USE Student
GO
SELECT  CouName 课程名,Credit 学分,Teacher 教师
FROM  Course
WHERE Kind= '艺术类' AND ScoolTime  LIKE '周六%'
GO
```

执行结果如图 4-18 所示。

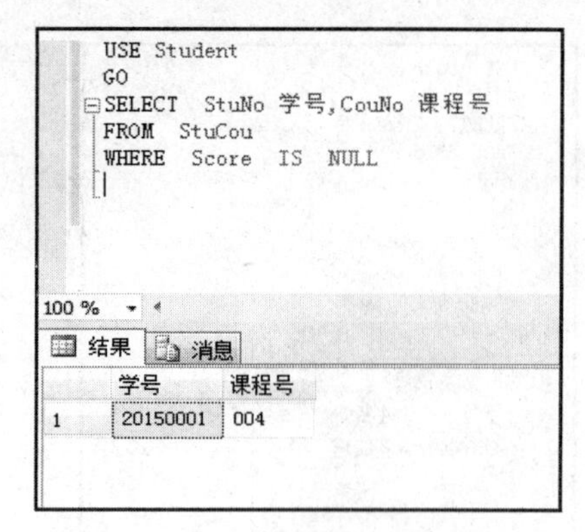

图 4-17 问题 4-13 的执行结果图

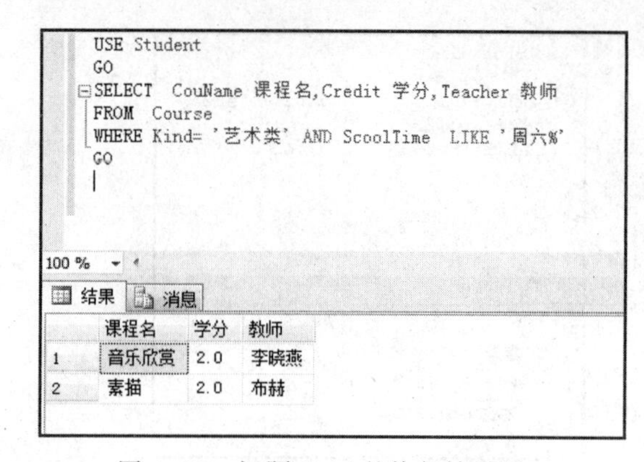

图 4-18 问题 4-14 的执行结果图

任务 4.2 使用复合函数查询

在数据查询时，经常要对查询结果进行分类、汇总或计算，比如，计算某个学生的平均分等。SQL 提供了许多复合函数，增强了这些基本查询能力。

复合函数用于计算表中的数据，返回单个计算结果。常用的复合函数如表 4-3 所示。

表 4-3 常用的复合函数

函 数 名	功 能
COUNT()	按列统计个数
SUM()	按列计算表达式中所有值的和
AVG()	按列计算表达式中所有值的平均值
MAX()	求列中所有值的最大值
MIN()	求列中所有值的最小值

【问题 4-15】统计 Student 表中共有多少个学生。

在查询窗口中执行如下 Transact-SQL 语句：

```
USE Student
GO
SELECT  COUNT(StuNo)  AS 学生总人数
FROM  Student
GO
```

执行结果如图 4-19 所示。

本题的等价形式如下：

```
USE Student
GO
SELECT  COUNT(*)  AS 学生总人数
FROM  Student
GO
```

【问题 4-16】查询学号为 20150001 的学生的总分和平均分。

在查询窗口中执行如下 Transact-SQL 语句：

```
USE Student
GO
SELECT  SUM(Score) AS 总分,AVG(Score) AS 平均分
FROM StuCou
WHERE StuNo='20150001'
GO
```

执行结果如图 4-20 所示。

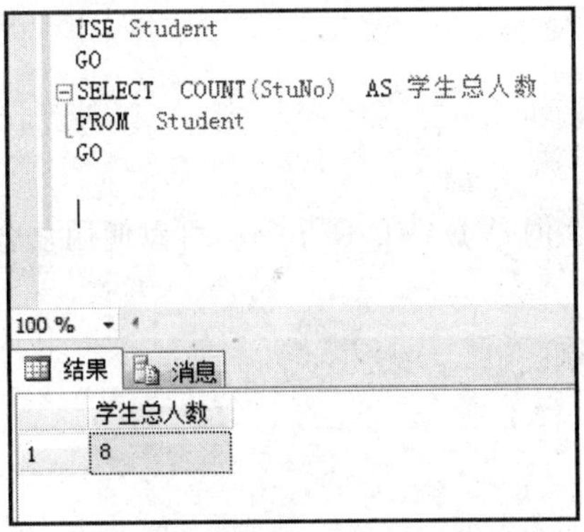

```
USE Student
GO
SELECT  COUNT(StuNo)  AS 学生总人数
FROM  Student
GO
```

	学生总人数
1	8

图 4-19　问题 4-15 的执行结果图

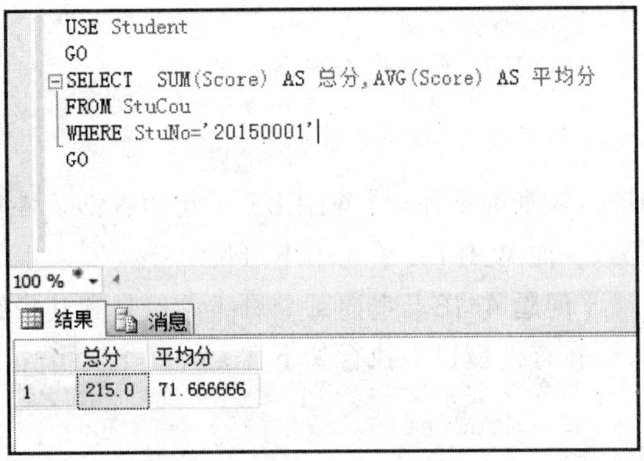

```
USE Student
GO
SELECT  SUM(Score) AS 总分,AVG(Score) AS 平均分
FROM StuCou
WHERE StuNo='20150001'
GO
```

	总分	平均分
1	215.0	71.666666

图 4-20　问题 4-16 的执行结果图

【问题 4-17】求课程表中课程学分的最高学分和最低学分。

在查询窗口中执行如下 Transact-SQL 语句：

```
USE Student
GO
SELECT  MAX(Credit) 最高学分 , MIN(Credit) 最低学分
FROM  Course
GO
```

执行结果如图 4-21 所示。

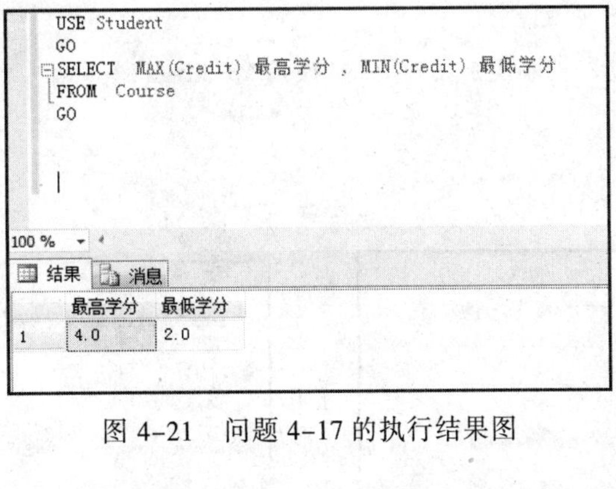

```
USE Student
GO
SELECT  MAX(Credit) 最高学分 , MIN(Credit) 最低学分
FROM  Course
GO
```

	最高学分	最低学分
1	4.0	2.0

图 4-21　问题 4-17 的执行结果图

任务 4.3　使用分组查询

分组是按照某一列数据的值或某个列组合的值将查询出来的结果在行的方向上分成若干组，每组在指定属性列或属性列组合上具有相同的值。例如，查询学生所在班号对学生表的所有行进行分组，结果是每个班号的学生分成一组。分组可以通过 GROUP BY

子句来实现，SELECT 子句中的列表中只能包含在 GROUP BY 中指出的列或在复合函数中指定的列。

使用 SELECT 语句进行数据查询时，可以用 GROUP BY 子句对某一列的值进行分类，形成结果集。当 SELECT 子句后的目标列中有统计函数时，如果查询语句中有分组子句，则该查询为分组统计，否则为对整个结果集的统计。GROUP BY 子句后可以带上 HAVING 子句表达式选择条件，组选择条件为带有函数的条件表达式，它决定着整个组记录的查询条件。

HAVING 子句的语法格式如下：

```
[HAVING <查询条件>]
```

其中，<查询条件>与 WHERE 子句的查询条件类似，但是 HAVING 子句中可以使用复合函数，而 WHERE 子句中不可以。

【问题 4-18】查询每个班级的班号和其班级人数。

在查询窗口中执行如下 Transact-SQL 语句：

```
USE Student
GO
SELECT  ClassNo,COUNT(*) AS 班级人数
FROM  Student
GROUP BY ClassNo
GO
```

执行结果如图 4-22 所示。

【问题 4-19】查询按照课程类别分组的各类课程的门数，在查询结果中显示课程类别和各类课程的门数。

在查询窗口中执行如下 Transact-SQL 语句：

```
USE Student
GO
SELECT  Kind AS 课程类别 , COUNT(*) AS 课程门数
FROM  Course
GROUP BY Kind
```

执行结果如图 4-23 所示。

```
USE Student
GO
SELECT ClassNo,COUNT(*) AS 班级人数
FROM Student
GROUP BY ClassNo
GO
```

100 %

结果 消息

	ClassNo	班级人数
1	20140102	2
2	20140103	1
3	20140201	1
4	20150101	4

图 4-22 问题 4-18 的执行结果图

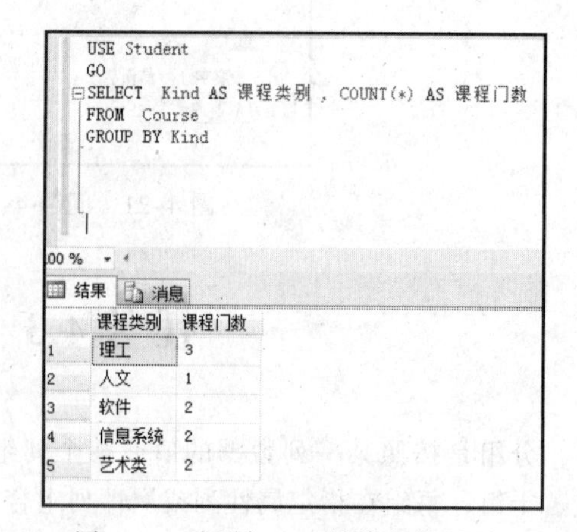

图 4-23 问题 4-19 的执行结果图

【问题 4-20】查询选修两门（包含两门）以上课程的学生的学号和选课门数。

在查询窗口中执行如下 Transact-SQL 语句：

```
USE Student
GO
SELECT  StuNo AS 学号 , COUNT(*) AS 选课门数
FROM StuCou
GROUP BY StuNo
HAVING (COUNT(*)>=2)
GO
```

执行结果如图 4-24 所示。

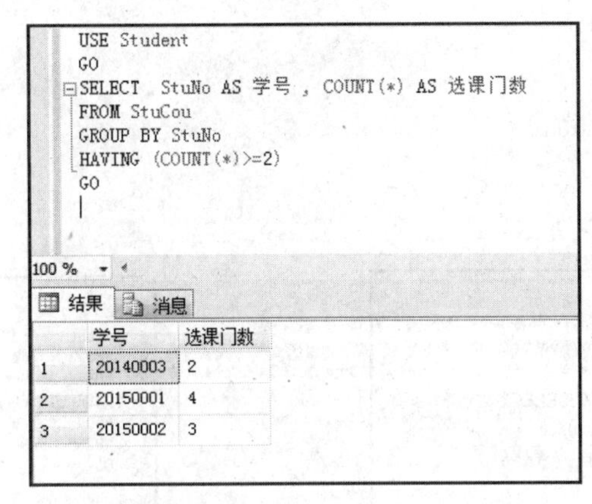

图 4-24　问题 4-20 的执行结果图

任务 4.4　使用子查询

在 SQL Server 2012 中，一个 SELECT…FROM…WHERE 语句称为一个查询块。将一个查询块嵌套在另一个查询块的 WHERE 子句的查询称为子查询或嵌套查询。包含子查询的语句称为父查询或外部查询。SQL Server 允许多层嵌套查询，类似于程序设计中的循环嵌套，嵌套层次最多可达到 255 层。

嵌套查询一般的查询方法是由里向外进行处理，即每个子查询在上一级查询处理之前处理，子查询的结果用于建立其父查询的查找条件。

1. 返回一个值的子查询

当能够确切地知道子查询的返回值只有一个时，可以直接使用比较运算符（=、>、<、>=、<=、!=）将父查询和子查询连接起来。

【问题 4-21】查询“朝鲁”所选修的课程号和成绩。

在查询窗口中执行如下 Transact-SQL 语句：

```
USE Student
GO
SELECT  CouNo, Score
FROM StuCou
WHERE StuNo=( SELECT StuNo
FROM Student
```

```
WHERE StuName= '朝鲁')
GO
```

执行结果如图 4-25 所示。

2. 返回一组值的子查询

【问题 4-22】查询所选修了课程号为“001”的学生姓名。

在查询窗口中执行如下 Transact-SQL 语句：

```
USE Student
GO
SELECT  StuName AS 学生姓名
FROM Student
WHERE StuNo= ANY
( SELECT StuNo
FROM StuCou
WHERE CouNo = '001')
GO
```

执行结果如图 4-26 所示。

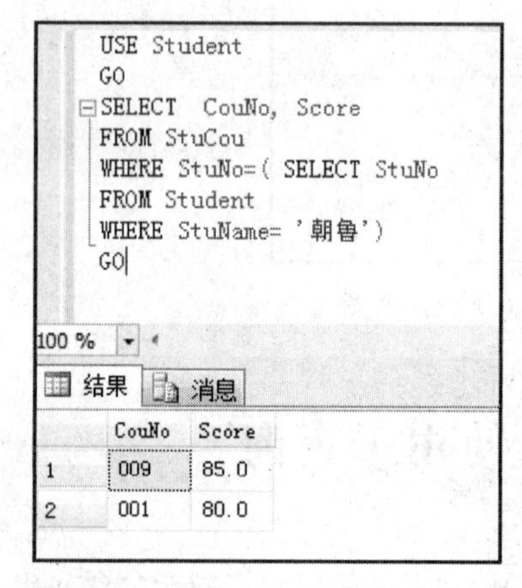

图 4-25　问题 4-21 的执行结果图

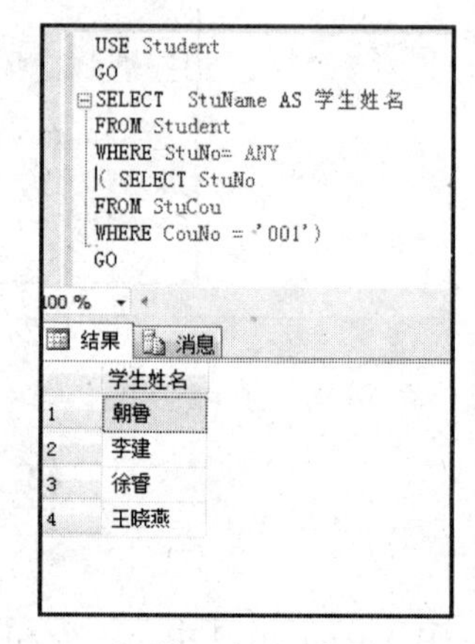

图 4-26　问题 4-22 的执行结果图

注意：此例题可以使用 IN 代替“=ANY”。其中 IN 子查询用于进行一个给定值是否在查询结果集中的判断。

该题用 IN 代替“=ANY”的语句如下：

```
USE Student
GO
SELECT  StuName AS 学生姓名
FROM Student
WHERE StuNo  IN
( SELECT StuNo
FROM StuCou
WHERE CouNo = '001')
GO
```

【问题 4-23】查询选修了“数据库系统原理”的学生姓名和班级号。

在查询窗口中执行如下 Transact-SQL 语句：

```
USE Student
GO
```

```
SELECT  StuName AS 学生姓名,ClassNo AS 班级号
FROM Student
WHERE StuNo  IN
( SELECT StuNo
FROM StuCou
WHERE CouNo  IN
(SELECT CouNo
FROM Course
WHERE CouName='数据库系统原理'))
GO
```

执行结果如图 4-27 所示。

【问题 4-24】查询已经报名选修课程的学生姓名。

在查询窗口中执行如下 Transact-SQL 语句：

```
USE Student
GO
SELECT  StuName AS 学生姓名
FROM Student
WHERE  EXISTS ( SELECT *
FROM StuCou
WHERE StuNo= Student . StuNo  AND State = '报名')
GO
```

执行结果如图 4-28 所示。

```
USE Student
GO
SELECT  StuName AS 学生姓名,ClassNo AS 班级号
FROM Student
WHERE StuNo  IN
( SELECT StuNo
FROM StuCou
WHERE CouNo  IN
 (SELECT CouNo
  FROM Course
  WHERE CouName='数据库系统原理'
 )
)
GO
```

100 % 结果 消息

	学生姓名	班级号
1	朝鲁	20140103
2	李建	20150101
3	徐睿	20150101
4	王晓燕	20150101

图 4-27　问题 4-23 的执行结果图

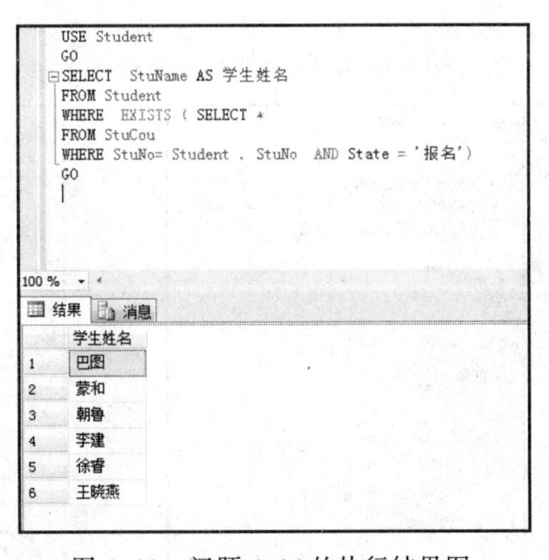

图 4-28　问题 4-24 的执行结果图

使用 EXISTS 运算符后，子查询不返回任何数据，此时，若子查询结果为非空，则父查询的 WHERE 子句返回真，否则返回假。

由 EXISTS 引出的子查询，其目标列通常都用“*”，因为该查询只返回逻辑值，给出列名没有意义。

任务 4.5　排序查询结果

在应用中经常要对查询的结果排序输出，如将学生成绩由高到低进行排序。当需要

对查询结果按照一个或多个属性列的升序或者降序进行排序时，用户可以使用 ORDER BY 子句，排序方式可以指定为：升序 ASC，降序 DESC，默认值为升序。

【问题 4-25】查询选修了课程号为 001 的学生学号和成绩，并按成绩降序排列。

在查询窗口中执行如下 Transact-SQL 语句：

```
USE Student
GO
SELECT  StuNo, Score
FROM StuCou
WHERE CouNo='001'
ORDER BY Score DESC
GO
```

执行结果如图 4-29 所示。

【问题 4-26】查询学生的姓名和班级号，查询结果按班级号升序排列，班级号相同的再按照学号降序排列。

在查询窗口中执行如下 Transact-SQL 语句：

```
USE Student
GO
SELECT StuNo AS 学号, StuName AS 学生姓名,ClassNo AS 班级号
FROM Student
ORDER BY ClassNo,StuNo DESC
GO
```

执行结果如图 4-30 所示。

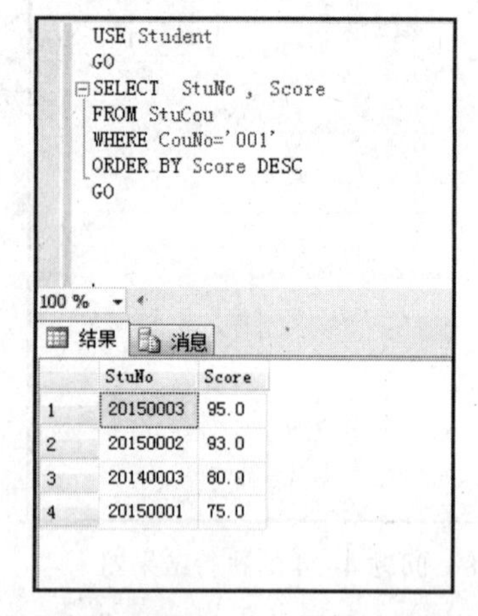

图 4-29　问题 4-25 的执行结果图

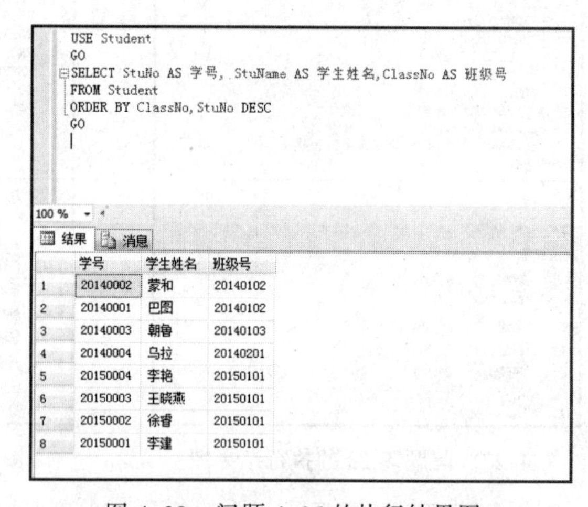

图 4-30　问题 4-26 的执行结果图

任务 4.6　使用多表连接查询

在实际查询应用中，用户需要查询的数据有时并不全部都在一个表或视图中，可能涉及多个表中的数据，这时就要使用多表查询或者连接查询。例如，查询选修了某个课程号的学生姓名、课程名和成绩，所需要的属性列来自于 Student、StuCou 和 Course 三个表。

表的连接方法有以下两种：

（1）表之间满足一定条件的行进行连接时，FROM 子句指明进行连接的表名，WHERE 子句指明连接的列名及其连接条件。

（2）利用关键字 JOIN 进行连接：当将 JOIN 关键词放于 FROM 子句中时，应有关键词 ON 与之对应，以表明连接的条件。

INNER JOIN 称为内连接，显示符合条件的记录，此为默认。

CROSS JOIN 将一个表的每一个记录和另一个表的每个记录匹配成新的数据行。

1. 等值连接与非等值连接

用来连接多个表的条件称为连接条件或者连接谓词，语法格式如下：

```
<表名 1>.<列名 1>  <比较运算符> <表名 2>.<列名 2>
```

其中，<比较运算符>主要是：=、>、<、>=、<=、!=、<>。连接条件中的两个列（字段）即列名 1 和列名 2 称为连接字段，它们必须是可比的，不同表中的字段名需要在字段名之前加上表名以示区别。

等值连接：若连接条件中的比较运算符为“=”时，称为等值连接。其他情况为非等值连接。

自然连接：若在等值连接中，把结果表中的重复字段去掉，则这样的等值连接称为自然连接。

【问题 4-27】查询“李建”同学所选修的课程号和成绩。

方法一。在查询窗口中执行如下 Transact-SQL 语句：

```
USE Student
GO
SELECT  CouNo , Score
FROM Student ,StuCou
WHERE Student . StuNo = StuCou .StuNo  AND  StuName='李建'
GO
```

执行结果如图 4-31 所示。

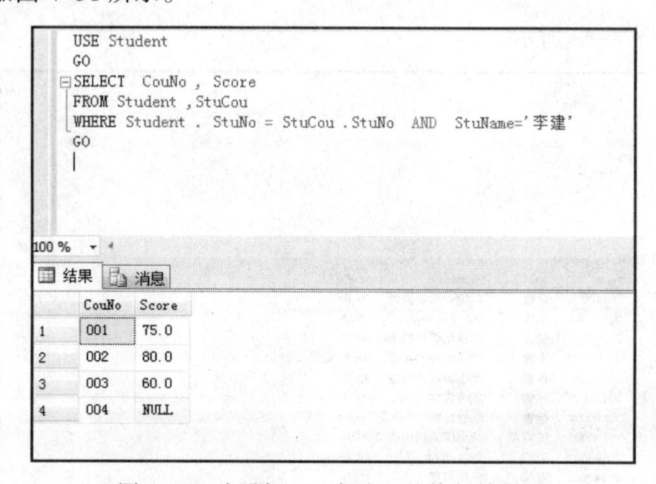

图 4-30　问题 4-27 方法一的执行结果图

其中，StuName='李建'为查询条件，而 Student.StuNo = StuCou.StuNo 为连接条件，StuNo 为连接条件。

方法二。在查询窗口中执行如下 Transact-SQL 语句：

```
USE Student
GO
SELECT  CouNo , Score
FROM Student  INNER JOIN StuCou  ON Student . StuNo = StuCou .StuNo
WHERE StuName= '李建'
GO
```

执行结果如图 4-32 所示。

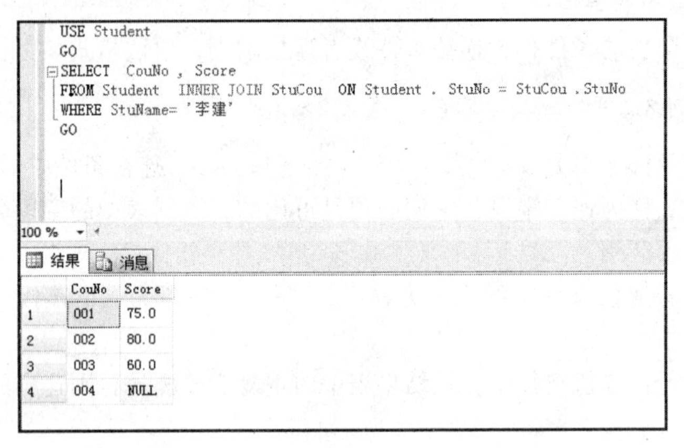

	CouNo	Score
1	001	75.0
2	002	80.0
3	003	60.0
4	004	NULL

图 4-32　问题 4-27 方法二的执行结果图

【问题 4-28】查询所有选课学生的学号、姓名、选课名称及成绩。

在查询窗口中执行如下 Transact-SQL 语句：

```
USE Student
GO
SELECT  Student . StuNo , StuName , CouName, Score
FROM Student, StuCou, Course
WHERE Student.StuNo = StuCou.StuNo AND StuCou.CouNo= Course.CouNo
GO
```

执行结果如图 4-33 所示。

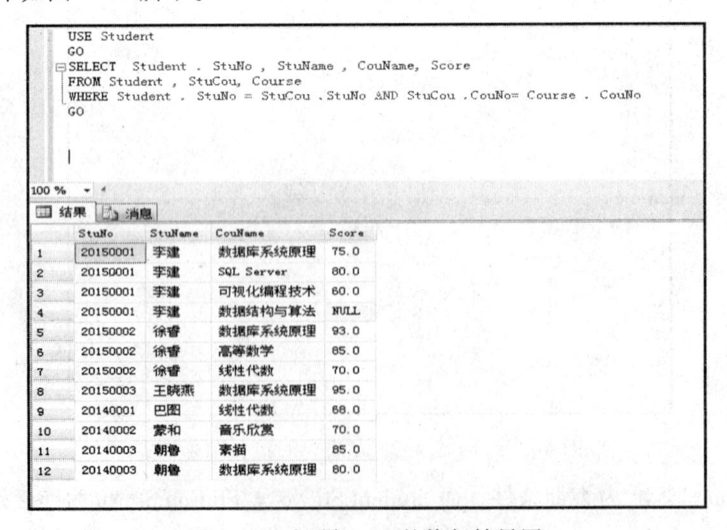

	StuNo	StuName	CouName	Score
1	20150001	李建	数据库系统原理	75.0
2	20150001	李建	SQL Server	80.0
3	20150001	李建	可视化编程技术	60.0
4	20150001	李建	数据结构与算法	NULL
5	20150002	徐睿	数据库系统原理	93.0
6	20150002	徐睿	高等数学	85.0
7	20150002	徐睿	线性代数	70.0
8	20150003	王晓燕	数据库系统原理	95.0
9	20140001	巴图	线性代数	68.0
10	20140002	蒙和	音乐欣赏	70.0
11	20140003	朝鲁	素描	85.0
12	20140003	朝鲁	数据库系统原理	80.0

图 4-33　问题 4-28 的执行结果图

本例涉及三个表，WHERE 子句中有两个连接条件。当有两个以上的表进行连接时，称为多表连接。

【问题 4-29】查询选课在两门以上（包含两门）且没门课程都及格的学生的姓名及总成绩，查询结果按照总成绩降序排列。

在查询窗口中执行如下 Transact-SQL 语句：

```
USE Student
GO
SELECT  StuCou.StuCou  AS 学号, SUM(Score)  AS 总成绩
FROM Student, StuCou
WHERE Student.StuNo = StuCou.StuNo AND Score>=60
GROUP BY StuCou.StuNo
HAVING(COUNT(*)>=2)
ORDER BY SUM(Score) DESC
GO
```

执行结果如图 4-34 所示。

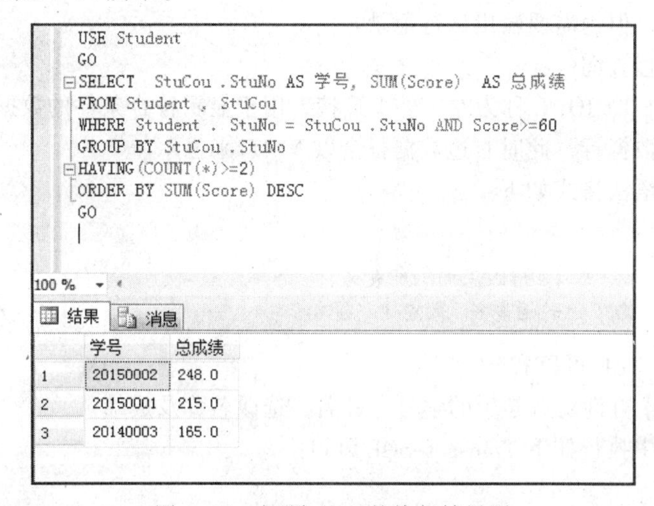

图 4-34　问题 4-29 的执行结果图

2. 自身连接查询

连接操作既可在多表之间进行，也可以是一个表与其自己进行连接，称为表的自身连接，使用自身连接时，必须为表指定两个别名，以便区别。

【问题 4-30】查询课程类别相同但开课系不同的课程信息，要求输出课程编号、课程名称、课程类别和系部编号。

在查询窗口中执行如下 Transact-SQL 语句：

```
USE Student
GO
SELECT  DISTINCT C1.CouNo  AS 课程编号, C1.CouName  AS 课程名称, C1.Kind
AS 课程类别,C1.DepartNo AS 系部编号
FROM Course  AS  C1, Course  AS  C2
WHERE C1.Kind = C2.Kind AND C1.DepartNo!= C2.DepartNo
GO
```

执行结果如图 4-35 所示。

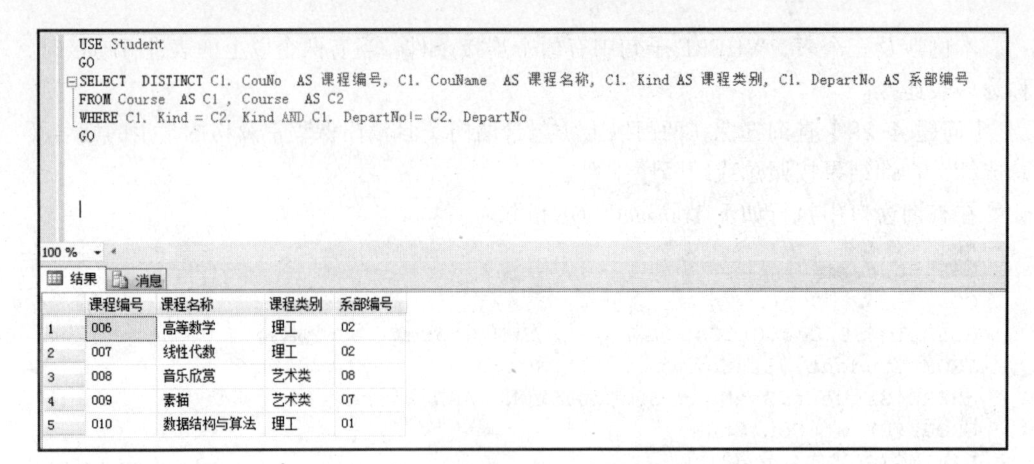

图 4-35　问题 4-30 的执行结果图

3. 外连接查询

外连接的结果集不但包含满足连接条件的行，还包括相应表中的所有行，即某些行不满足连接条件，但仍需要输出该行记录。

（1）左外连接查询

LEFT（OUTER）JOIN 称为左（外）连接，用于显示符合条件的数据行以及左边表中不符合条件的数据行，此时右边数据行会以 NULL 来显示。

左外连接的语法格式如下：

```
SELECT 列名
FROM 表名 1 LEFT [OUTER] JOIN 表名 2
ON 表名 1. 列名 1 比较运算符 表名 2. 列名 2
```

其中，关键词 OUTER 可以省略。

【问题 4-31】查询所有学生的学号、姓名、选课名称及成绩。

在查询窗口中执行如下 Transact-SQL 语句：

```
USE Student
GO
SELECT  Student.StuNo, StuName, CouName, Score
FROM Student
LEFT JOIN StuCou
ON Student.StuNo = StuCou.StuNo
LEFT JOIN Course
ON StuCou.CouNo= Course.CouNo
GO
```

执行结果如图 4-36 所示。

查询结果包括所有的学生，没有选课的同学的选课信息显示为空。

（2）右外连接查询

RIGHT（OUTER）JOIN 右（外）连接，用于显示符合条件的数据行以及右边表中不符合条件的数据行。此时左边数据行会以 NULL 显示。

右外连接的语法格式如下：

```
SELECT 列名
FROM 表名 1 RIGHT [OUTER] JOIN 表名 2
```

```
ON 表名 1. 列名 1 比较运算符 表名 2. 列名 2
```

其中，关键词 OUTER 可以省略。

【问题 4-32】查询学生的已报名和未报名的课程信息，输出学生学号、课程编号和课程名称。

在查询窗口中执行如下 Transact-SQL 语句：

```
USE Student
GO
SELECT  StuNo,Course.CouNo, Course.CouName
FROM Course
RIGHT JOIN StuCou
ON StuCou .CouNo= Course . CouNo
GO
```

执行结果如图 4-37 所示。

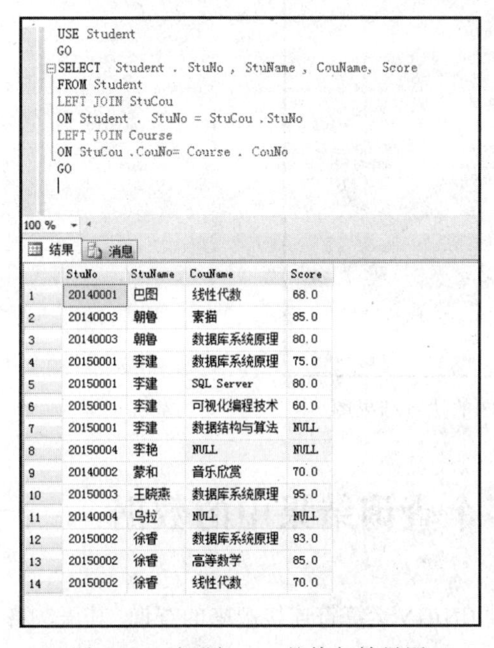

	StuNo	StuName	CouName	Score
1	20140001	巴图	线性代数	68.0
2	20140003	朝鲁	素描	85.0
3	20140003	朝鲁	数据库系统原理	80.0
4	20150001	李建	数据库系统原理	75.0
5	20150001	李建	SQL Server	80.0
6	20150001	李建	可视化编程技术	60.0
7	20150001	李建	数据结构与算法	NULL
8	20150004	李艳	NULL	NULL
9	20140002	蒙和	音乐欣赏	70.0
10	20150003	王晓燕	数据库系统原理	95.0
11	20140004	乌拉	NULL	NULL
12	20150002	徐睿	数据库系统原理	93.0
13	20150002	徐睿	高等数学	85.0
14	20150002	徐睿	线性代数	70.0

图 4-36　问题 4-31 的执行结果图

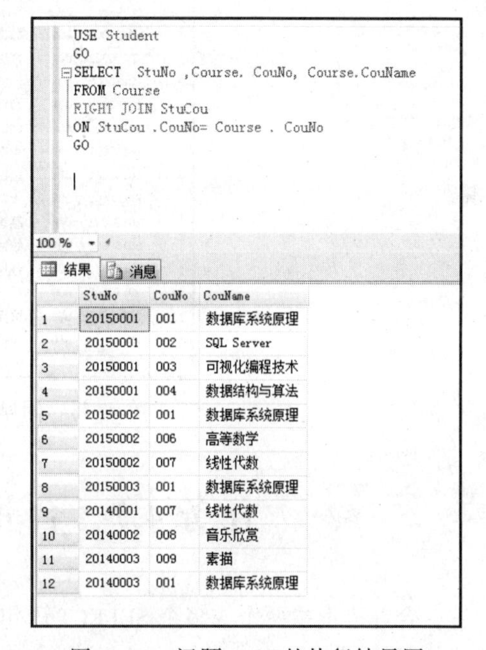

	StuNo	CouNo	CouName
1	20150001	001	数据库系统原理
2	20150001	002	SQL Server
3	20150001	003	可视化编程技术
4	20150001	004	数据结构与算法
5	20150002	001	数据库系统原理
6	20150002	006	高等数学
7	20150002	007	线性代数
8	20150003	001	数据库系统原理
9	20140001	007	线性代数
10	20140002	008	音乐欣赏
11	20140003	009	素描
12	20140003	001	数据库系统原理

图 4-37　问题 4-32 的执行结果图

（3）完全外连接查询

FULL（OUTER）JOIN 显示符合条件的数据行以及左边表和右边表中不符合条件的数据行。此时缺乏数据的数据行会以 NULL 显示。

完全外连接的语法格式如下：

```
SELECT 列名
FROM 表名 1 FULL [OUTER] JOIN 表名 2
ON 表名 1. 列名 1 比较运算符 表名 2. 列名 2
```

其中，关键词 OUTER 可以省略。

【问题 4-33】查询学生报名信息，输出学生学号、课程编号和课程名称。

在查询窗口中执行如下 Transact-SQL 语句：

```
USE Student
```

```
GO
SELECT  StuNo,Course.CouNo, Course.CouName
FROM Course
FULL JOIN StuCou
ON StuCou .CouNo= Course . CouNo
GO
```

执行结果如图 4-38 所示。

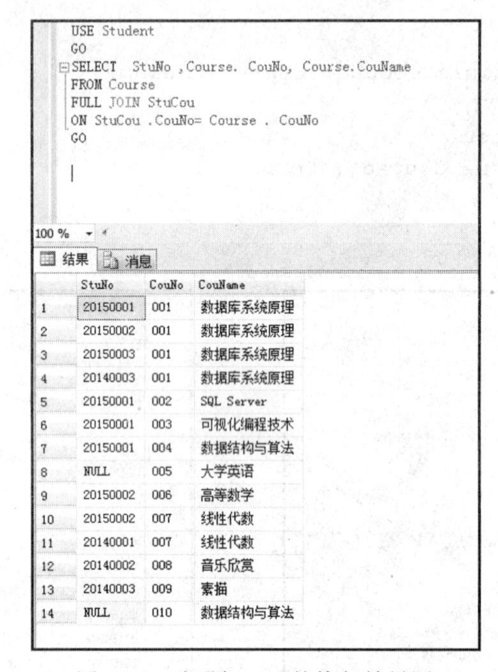

	StuNo	CouNo	CouName
1	20150001	001	数据库系统原理
2	20150002	001	数据库系统原理
3	20150003	001	数据库系统原理
4	20140003	001	数据库系统原理
5	20150001	002	SQL Server
6	20150001	003	可视化编程技术
7	20150001	004	数据结构与算法
8	NULL	005	大学英语
9	20150002	006	高等数学
10	20150002	007	线性代数
11	20140001	007	线性代数
12	20140002	008	音乐欣赏
13	20140003	009	素描
14	NULL	010	数据结构与算法

图 4-38　问题 4-33 的执行结果图

任务 4.7　合并多个查询结果中的数据

合并查询指两个或多个 SELECT 语句通过 UNION 运算符连接起来的查询。其语法格式如下：

```
SELECT 语句
 UNION[ALL]
SELECT 语句
 [UNION[ALL] SELECT 语句[…]]
```

其中，关键词 ALL 表示合并的结果包含所有行，不去除重复行，不使用 ALL 时，则在合并的结果中去除重复行。

使用 UNION 组合两个查询的结果集的基本规则如下：

（1）所有查询中的列数和列的顺序必须相同。

（2）数据类型必须兼容。

【问题 4-34】在 StuCou 表中查找学号为 20150001 和 20150002 的学号和总分。

在查询窗口中执行如下 Transact-SQL 语句：

```
USE Student
GO
SELECT  StuNo  学号, SUM(Score) AS 总分
FROM StuCou
WHERE StuNo ='20150001'
GROUP BY StuNo
UNION
SELECT  StuNo 学号, SUM(Score) AS 总分
FROM StuCou
WHERE StuNo ='20150002'
GROUP BY StuNo
GO
```

执行结果如图 4-39 所示。

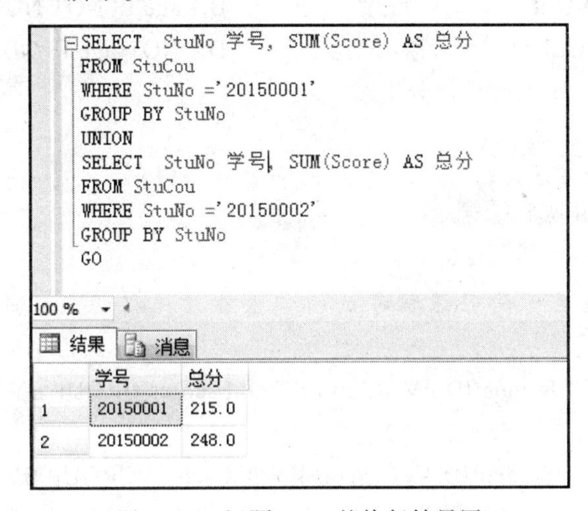

图 4-39　问题 4-34 的执行结果图

思考与练习

一、选择题

1. 在 SELECT 查询中，要把结果中的行按照某一列的值进行排序，所用到的子句是（　　）。

A. ORDER BY　　B. WHERE　　C. GROUP BY　　D. HAVING

2. 关于 ORDER BY 子句，下列说法正确的是（　　）。

A. 升序和降序的关键字是 DESC 和 ASC

B. 只能按一个列进行排序

C. 排序列不可以用它们在 SELECT 子句中的次序号代替

D. 允许对多个列进行排序

3. 下面聚集函数中，只能用于计算数值类型数据的是（　　）。

A. COUNT()　　B. MIN()　　C. MAX()　　D. SUM()

4. 有两个表的记录数分别是 7 和 9，对两个表执行交叉连接查询，查询结果中最多得到（　　）条记录。

A. 16　　B. 63　　C. 2　　D. 32

5. 若要把查询结果存放到一个新建的表中，可使用（　　）子句。

A. ORDER BY　　B. UNION　　C. INTO　　D. HAVING

6. 在 SELECT 语句中，下列（　　）子句用于对分组统计进一步设置条件。

A. ORDER BY　　B. GROUP BY　　C. WHERE　　D. HAVING

7. SQL 语句中，条件年龄 BETWEEN 15AND35 表示年龄在 15～35 之间，且（　　）。

A. 包括 15 岁和 35 岁　　B. 不包括 15 岁和 35 岁

C. 包括 15 岁但不包括 35 岁　　D. 包括 35 岁但不包括 15 岁

8. 用于测试跟随的子查询中的行是否存在的关键字是（　　）。

A. MOVE　　B. EXISTS　　C. UNION　　D. HAVING

9. 在 SQL 中，下列涉及空值的操作，不正确的是（　　）。

A. age IS NULL　　B. age IS NOT NULL

C. age = NULL　　D. NOT(age IS NULL)

10. 假设有 scores 表的设计如下。

```
ScoresID（编号，主键）
StudentID（学生编号）
CourseID（课程编号）
Score（成绩）
```

要查询参加过至少两门课程考试的学生各门课程的平均成绩，以下正确的 Transact-SQL 语句是（　　）。

A. SELECT StudentID,AVG(Score)FROM scores GROUP BY StudentID HAVING COUNT（studentID）>1

B. SELECT StudentID,AVG(Score)FROM scores GROUP BY StudentID WHERE COUNT（studentID）>1

C. SELECT StudentID,AVG(Score)FROM　scores WHERE COUNT（studentID）>1

D. SELECT StudentID,AVG(Score)FROM　scores HAVING COUNT（studentID）>1

二、填空题

1. SQL 是________的缩写。

2. SELECT 查询语句中两个必不可少的子句是________和________。

3. 左外连接返回连接中左表的________数据行，返回右表中________数据行。

4. 当完成数据结果的查询和统计后，可以使用 HAVING 关键字来对查询和计算的结果行________。

5. ________是一个非常特殊但又非常有用的函数，它可以计算出满足约束条件的一组条件行数。

6. 在 SELECT 查询中，若要消除重复行，应使用关键字________。

7. 数据表之间的联系是通过表的字段值来体现的，这种字段称为________。

8. "学生-选课"数据库中有如下三个表：学生(学号,姓名,性别,年龄)，选课(学号,课程号,成绩)，课程(课程号,课程名,学分)。查找选修了"SQL Server 数据库"这门课程的学生的学生姓名和成绩。使用连接查询的 Transact-SQL 语句是：

```
SELECT 姓名,成绩
FROM________
WHERE 课程名='SQL Server 数据库' AND 学生.学号=选课.学号 AND________
```

三、思考题

1. 试说明 SELECT 语句的作用。

2. WHERE 子句和 HAVING 子句有何区别？

3. 将两个或多个查询结果合并为一个查询结果可使用哪个运算符？

跟我学上机

对商品销售数据库（各个表结构参照第 2 章中的跟我学上机）完成下列各种查询要求，写出 Transact-SQL 语句。

1. 查询所有商品的信息。
2. 查询商品的名称和库存量。
3. 查询销售商所在的地区。
4. 查询价格在 800~1500 元之间的商品名。
5. 查询商品编号为“P201”的商品名称和库存量。
6. 查询销售商所在城市为“呼和浩特”的客户名称和联系电话。
7. 查询销售商所在城市为“呼和浩特”或者“北京”的客户名称和联系电话。
8. 查询销售商所在城市为“呼和浩特”并且客户名称为“李佳”的联系电话。
9. 查询姓“王”的客户名称和联系电话。
10. 查询客户名称中的第三个字是“艳”的客户编号和客户名称。
11. 查询商品名称中包含“示”的商品名称和库存量。
12. 查询销售日期为“2016.1.1”的总的销售数量。
13. 查询销售商表中一共有多少个客户。
14. 查询各个地区的客户编号和客户数量。
15. 查询客户编号为“C201”所购买的商品编号和数量，查询结果按照数量的降序排列。
16. 查询“朝辉”所购买的商品编号和数量。
17. 查询购买了商品名称为“鼠标”的客户编号。
18. 查询购买了商品名称为“鼠标”的客户名称和地区。
19. 查询各类商品的总库存量。
20. 查询销售数量大于 6 的商品名称。

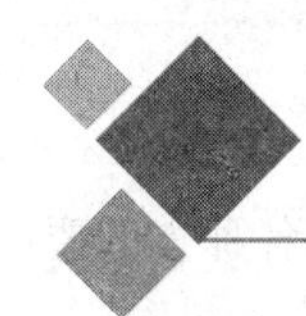

第5章 索　　引

知识目标

- 掌握创建索引的方法；
- 掌握重命名索引、删除索引的方法；
- 理解索引维护的方法；
- 了解索引的种类及区别，了解何时使用索引。

技能目标

- 会根据需要创建索引；
- 会删除索引；
- 会重命名索引；
- 会维护索引。

知识学习

1. 索引

索引是一种可以提高数据库查询速度和应用程序性能的数据库结构，它包含从表或视图的一列或多列生成的键，以及映射到指定数据存储位置的指针。

2. 索引的用途

当查阅书中某些内容时，为了提高查询速度，一般情况下先查看书的目录，找到需要内容在目录中所显示的页码，根据页码直接找到需要的章节。如果把数据表看作一本书，那么索引就是这本书的目录。通过查找目录，用户能够快速找到所需要的信息，而不必查阅整本图书。类似的，索引通过数据表中的索引关键值指向表中的数据行，在进行查找时就不必使 SQL Server 搜索表中的所有数据行，就能快速地定位到所需要的数据行。

3. 索引的分类

在 SQL Server 2012 中，有 3 种基本类型的索引：聚集索引（CLUSTERED INDEX）、非聚集索引（NONCLUSTERED INDEX）和唯一索引（UNIQUE INDEX）。

（1）聚集索引

在聚集索引中，已创建索引键的逻辑顺序与基本表中行的物理存储顺序相同。在表中，只允许创建一个聚集索引。在创建 PRIMARY KEY 约束时，如果不存在该表的聚集索引且未指定唯一非聚集索引，则 SQL Server 将自动对 PRIMARY KEY 列创建聚集索引。

（2）非聚集索引

非聚集索引不影响数据行的物理存储顺序，如果表中没有建立聚集索引，则表中的数据行实际上是按照输入数据时的顺序排序的。每个表可以建立多个非聚集索引。与聚集索引类似，非聚集索引也可提高数据的查询速度，但会降低更新数据的速度。

（3）唯一索引

唯一索引能够保证索引表中的索引键的值是唯一的，不存在重复的值。但只有数据本身是唯一性的，指定唯一索引才有意义。

聚集索引和非聚集索引都可以是唯一的，可以为同一个表创建一个唯一聚集索引和多个唯一非聚集索引。

4. 何时使用索引

索引一经创建，将由 SQL Server 自动管理和维护。当进行插入、删除或修改数据操作时，SQL Server 会自动更新表中的索引。通常在那些使用频率高的属性列上创建索引以此提高性能，在编写 SQL 查询语句时，有索引的表和没有索引的表在使用方法上是一样的。虽然索引有很多优点，但也不能在一个表上创建大量的索引，因为索引在数据库中也需要占用存储空间，而且还会影响插入、删除和修改数据的速度，增加索引更新的成本，降低整个系统的响应速度。

任务 5.1 创 建 索 引

在 SQL Server 2012 中，可以自动创建聚集索引或唯一索引，以强制实施 PRIMARY KEY 和 UNIQUE 约束的唯一性要求。如果需要创建不依赖于约束的索引，可以使用对象资源管理器创建索引，还可以在查询分析器中使用 Transact-SQL 语句创建索引。

1. 使用对象资源管理器创建索引

【问题 5-1】在 Student 表的 StuName 列上创建唯一非聚集索引 index_name。

step 01 在 SQL Server Management Studio 窗口的“对象资源管理器”窗格中展开 Student 数据库的“表”结点，然后展开 Student 表，右击“索引”结点，在弹出的快捷菜单中选择“新建索引”命令，如图 5-1 所示。

step 02 弹出“新建索引”对话框，在“索引名称”文本框中输入新建索引的名称，例如 index_name，有选择地设定索引的属性，例如，在“索引类型”下拉列表中选择“非聚集”，并选中“唯一”复选框，如图 5-2 所示。

step 03 在输入索引名称和选择索引类型后，接着要添加索引键列。单击“添加”按钮，在打开窗口的列表中选择用于创建索引的列，可以选择一个列，也可以选择多个列，例如选择“StuName”列，如图 5-3 所示。

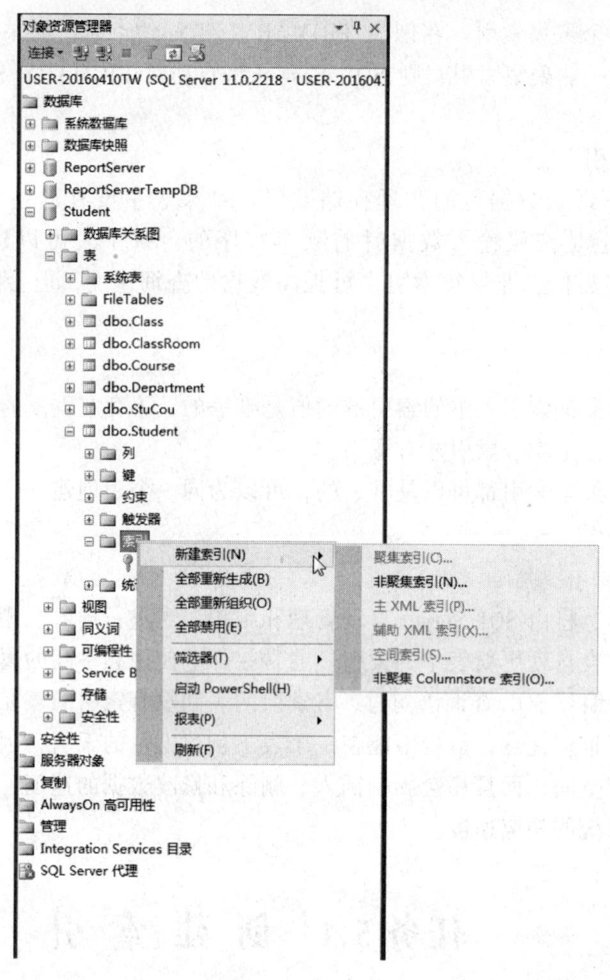

图 5-1　新建索引

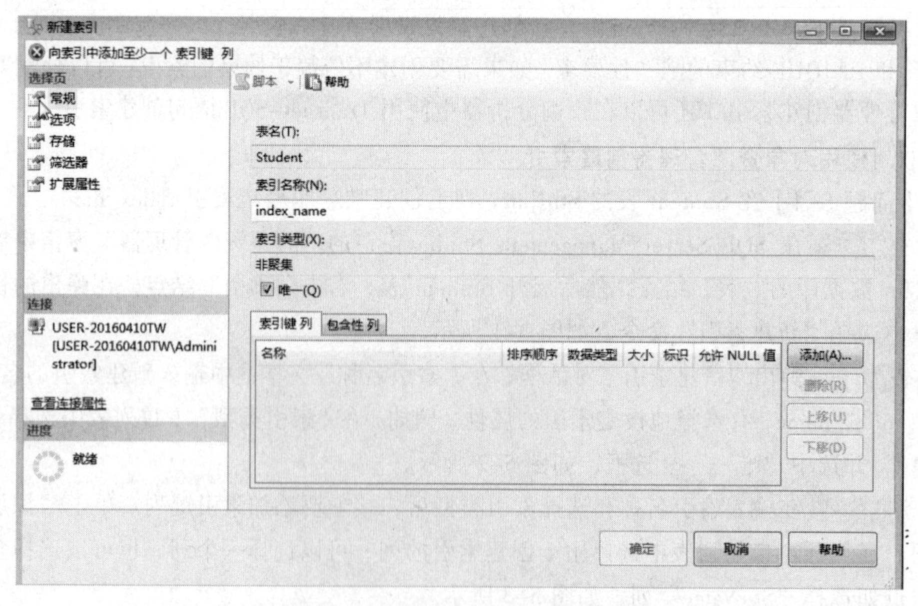

图 5-2　“新建索引”对话框

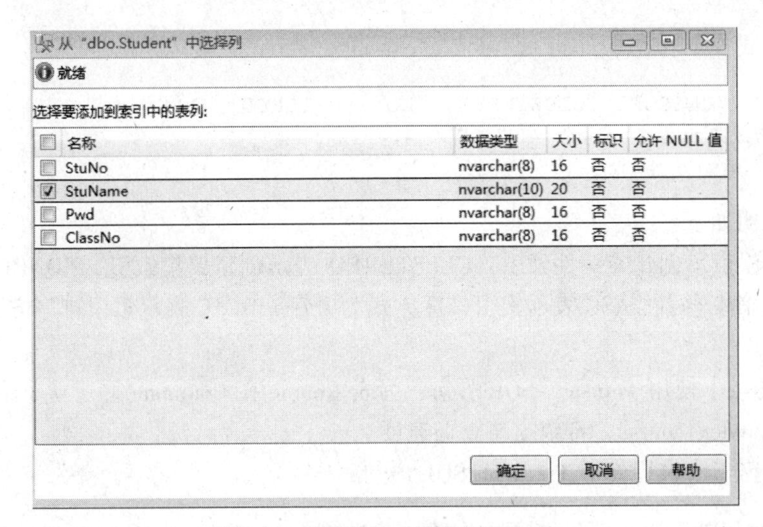

图 5-3　选择用于创建索引的列

step 04 单击"确定"按钮，返回"新建索引"对话框，单击"新建索引"对话框中的"确定"按钮，如图 5-4 所示。在 Student 表"索引"结点下便生成了一个名为 index_name 的索引，如图 5-5 所示。

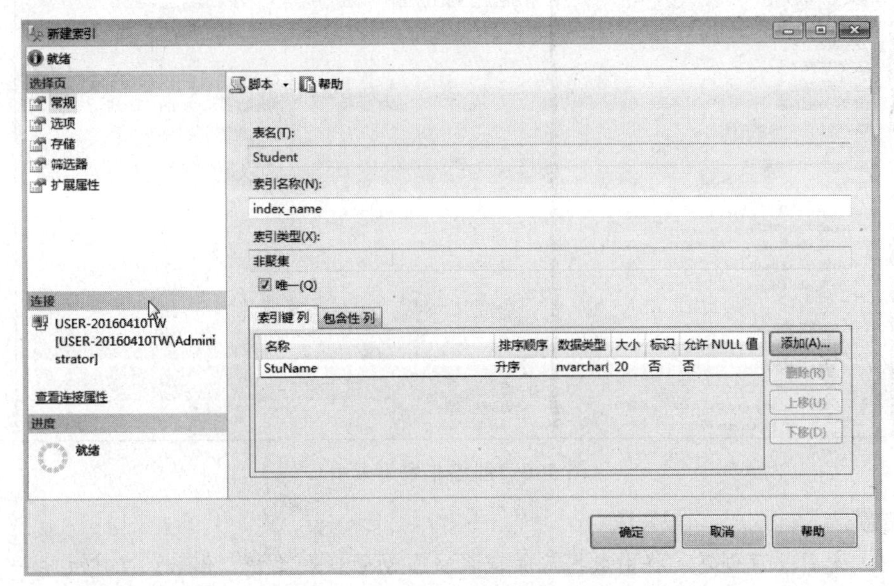

图 5-4　单击确定后的结果图

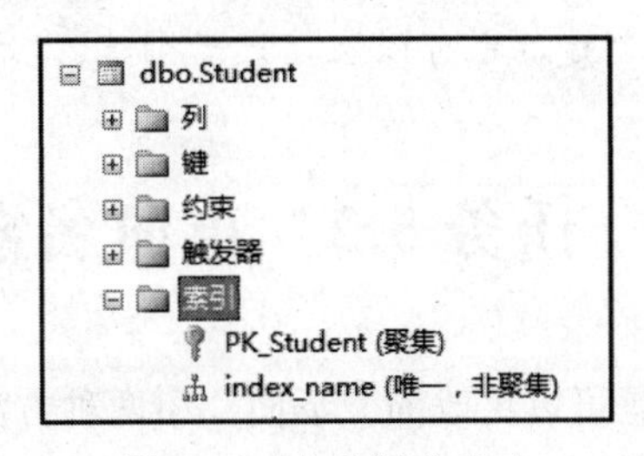

图 5-5　索引创建成功

2. 使用 Transact-SQL 语句创建索引

在 Transact-SQL 语句中可以用 CREATE INDEX 语句在一个已经存在的表上创建索

引，语法格式如下：

```
CREATE  [UNIQUE] [CLUSTERED] [NONCLUSTERED] INDEX 索引名
ON 表名或者视图名 (列名[ASC|DESC])
[WITH <索引属性>]
```

参数说明如下：

UNIQUE 表示创建唯一性索引，CLUSTERED 表示创建聚集索引，NONCLUSTERED 表示创建非聚集索引；ASC 表示索引排序方式为升序，DESC 表示索引排序方式为降序，默认为 ASC。

【问题 5-2】使用 Transact-SQL 语句，为表 Course 在 Couname 上建立非聚集索引，设置名称为 index_course，希望提高查询速度。

在查询窗口中执行如下 Transact-SQL 语句：

```
CREATE NONCLUSTERED INDEX index_course ON Course(Couname)
```

执行上述命令后，为表 Course 建立一个名为 index_course 的非聚集索引，如图 5-6 所示。

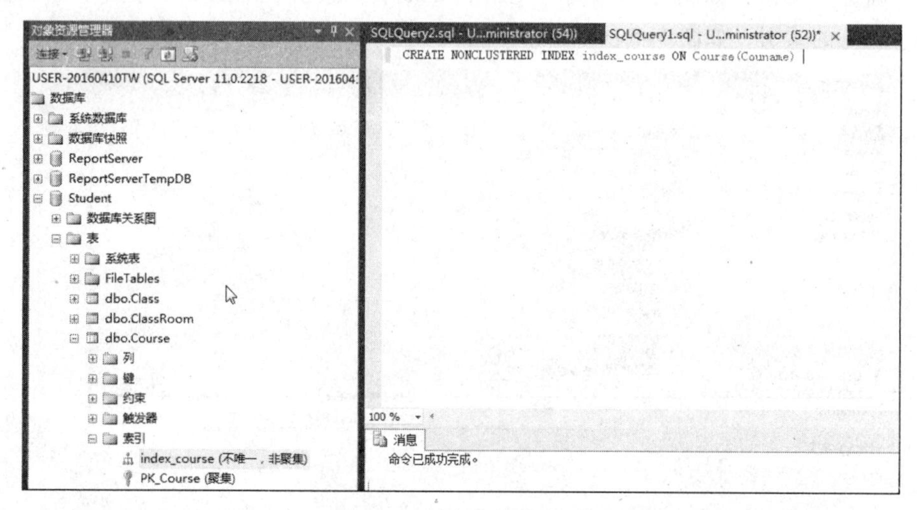

图 5-6　创建非聚集索引

注意：

（1）索引一旦创建，将由数据库管理系统自动管理和维护。例如，在建立唯一索引的表上插入、更新时，SQL Server 将自动检查新数据是否存在重复值。

（2）索引可以在建表时创建，也可以在建表后创建。

任务 5.2　重命名索引

在建立索引后，索引名是可以更改的，下面介绍两种方法。

1. 使用对象资源管理器重命名索引

【问题 5-3】使用对象资源管理器将问题 5-1 中为 Student 表创建好的 index_name 索引重命名为 index_Stuname。

step 01 在 SQL Server Management Studio 窗口的“对象资源管理器”窗格中展开 Student 数据库的“表”结点，然后展开 Student 表的“索引”选项，右击要重命名的索引 index_name，在弹出的快捷菜单中选择“重命名”命令，如图 5-7 所示。

step 02 进入编辑状态。输入新的索引名称，完成重命名，如图 5-8 所示。

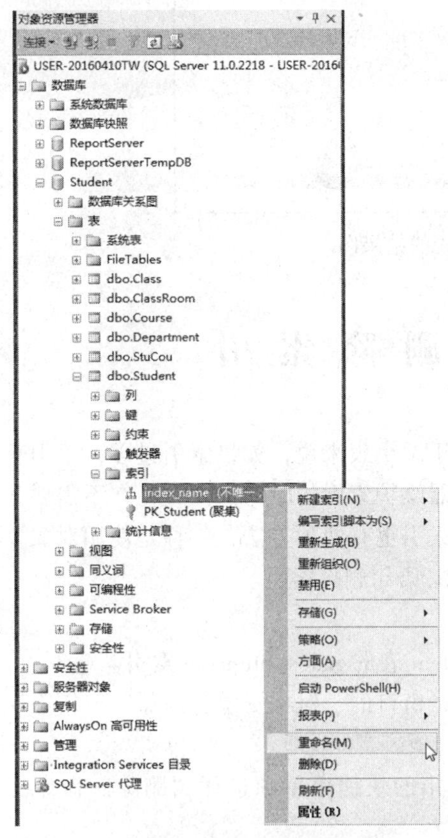

图 5-7　在弹出的快捷菜单中选择“重命名”命令

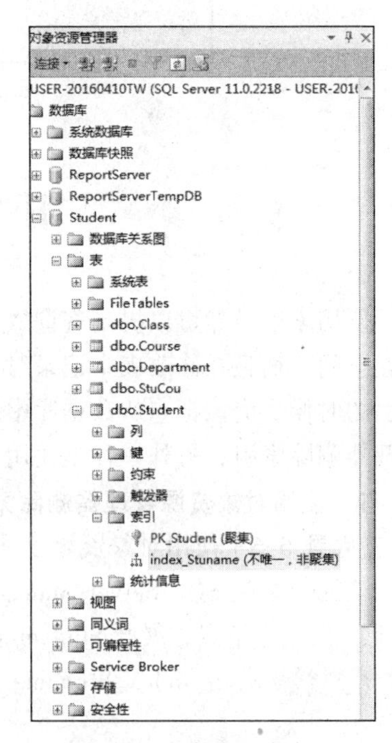

图 5-8　完成重命名

2. 使用 Transact-SQL 语句重命名索引

使用 Transact-SQL 语句实现重命名索引的语法格式如下：

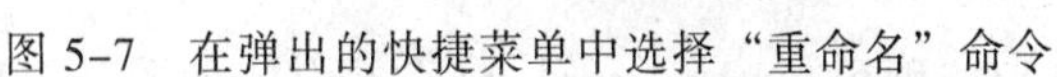

```
EXEC sp_rename  'table_name. object_name', 'new_name'
```

参数说明如下：

sp_rename 为系统存储过程。

table_name 是索引所在表的名称。

object_name 是需要更改的索引原名。

new_name 是索引更改后的名称。

【问题 5-4】使用 Transact-SQL 语句完成，将 Course 表 Couname 列上名称为 index_course 的非聚集索引重命名为“index_课程名”。

在查询窗口中执行如下 Transact-SQL 语句：

```
EXEC sp_rename 'Course. index_course', 'index_课程名'
```

执行该语句后，结果如图 5-9 所示。

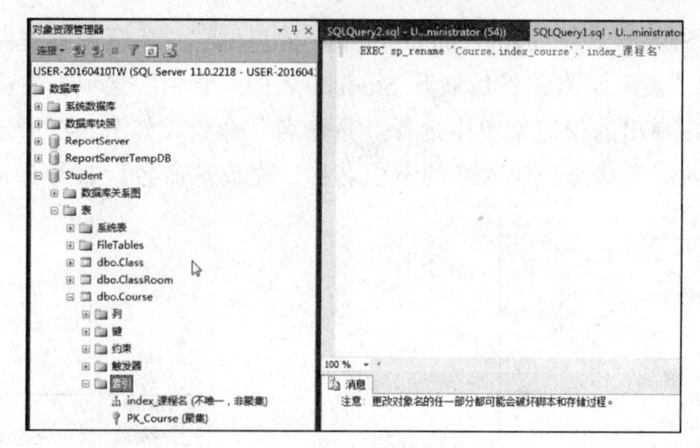

图 5-9　问题 5-4 的结果图

任务 5.3　删 除 索 引

使用索引虽然可以提高查询效率，但是对于一个表来说，如果索引过多，不但耗费磁盘空间，而且在修改表中记录时会增加服务器维护索引的时间。因此，在不需要某个索引的时候，应该把它从数据库中删除。删除索引也有两种方法，一种是使用对象资源管理器删除索引，另外一种是使用 Transact-SQL 语句删除索引。

1. 使用对象资源管理器删除索引

【问题 5-5】使用对象资源管理器删除 Student 表的 index_Stuname 索引。

step 01 在 SQL Server Management Studio 窗口的“对象资源管理器”窗格中展开 Student 数据库结点，展开 Student 表下的索引选项。

step 02 右击 index_Stuname 索引，在弹出的快捷菜单中选择“删除”命令，如图 5-10 所示。

step 03 打开“删除对象”窗口，单击“确定”按钮，确认删除索引，如图 5-11 所示。

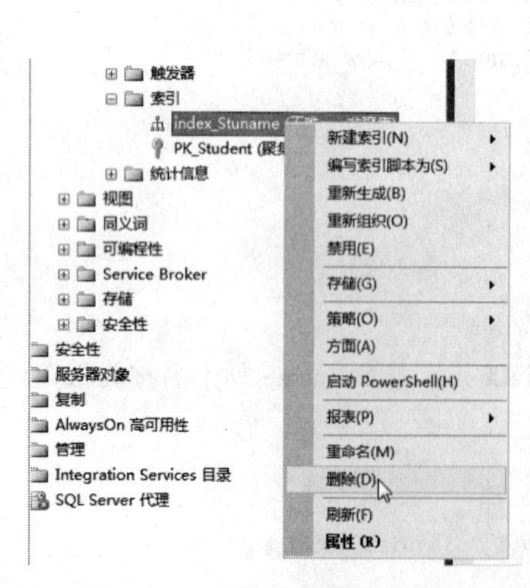

图 5-10　在弹出的快捷菜单中选择“删除”命令

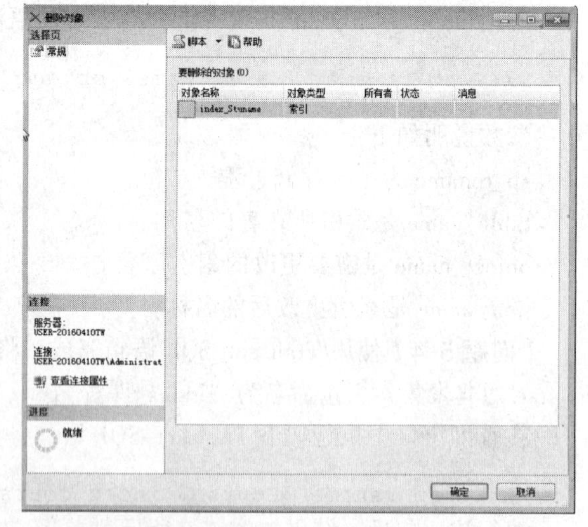

图 5-11　确认删除索引

2. 使用 Transact-SQL 语句删除索引

使用 Transact-SQL 语句中的 DROP INDEX 语句删除表中的索引。语法格式如下：

```
DROP INDEX 表名或视图名.索引名
```

【问题 5-6】通过 Transact-SQL 语句，删除 Course 表的“index_课程名”索引。

在查询窗口中执行如下 Transact-SQL 语句：

```
DROP INDEX Course.index_课程名
```

执行该语句的结果如图 5-12 所示。

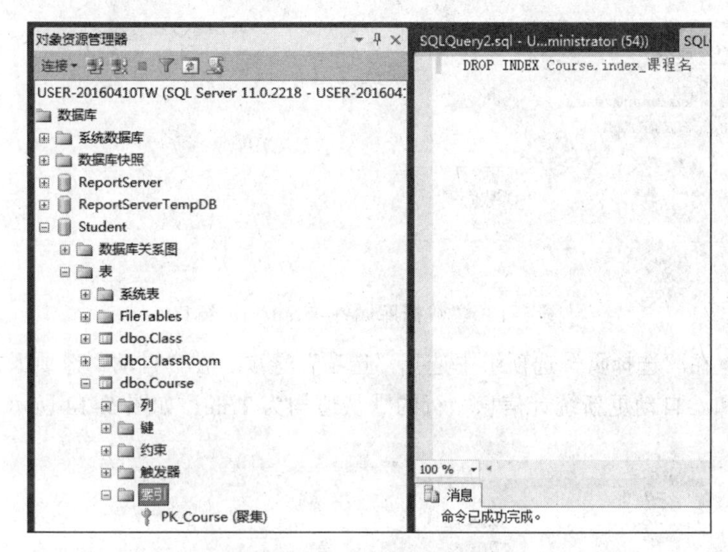

图 5-12　问题 5-6 的结果图

注意：在删除表时，表中存在的所有索引都被删除。

任务 5.3　维 护 索 引

索引创建后，由于数据的增加、删除和修改等操作产生表碎片，从而造成索引性能的下降，因此必须对索引进行维护。

1. 更新统计信息

随着数据的不断更新和变化，为了使查询优化器选择的查询处理方法达到最佳，必要时对数据库中的统计信息进行更新。

【问题 5-7】使用对象资源管理器，更新 Student 数据库的统计信息。

具体操作步骤如下：

step 01 在“对象资源管理器”窗口中展开数据库。

step 02 右击 Student 数据库，在弹出的快捷菜单中选择“属性”命令，打开“数据库属性-Student”窗口，如图 5-13 所示。

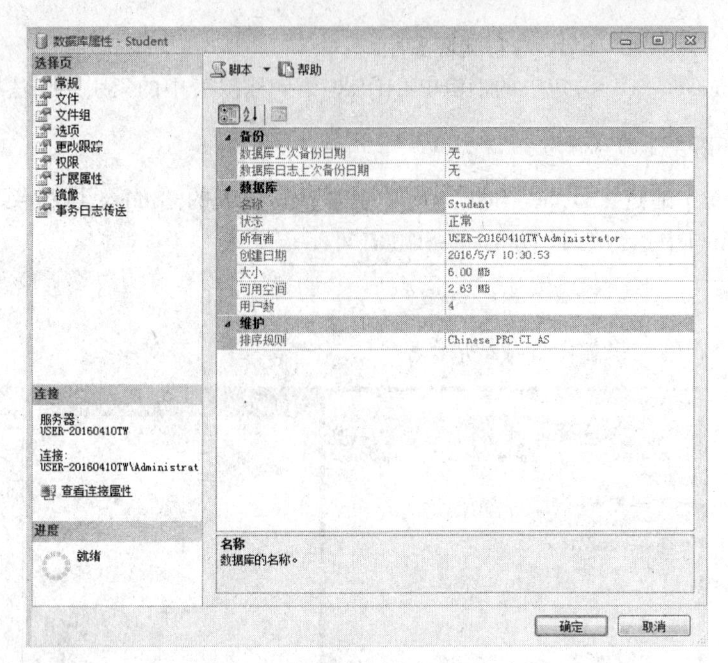

图 5-13 “数据库属性-Student”窗口

step 03 在“选择页”选项组中选择“选项”选项，在“自动”选项下，“自动创建统计信息”和“自动更新统计信息”行的默认值均为 True，如图 5-14 所示。

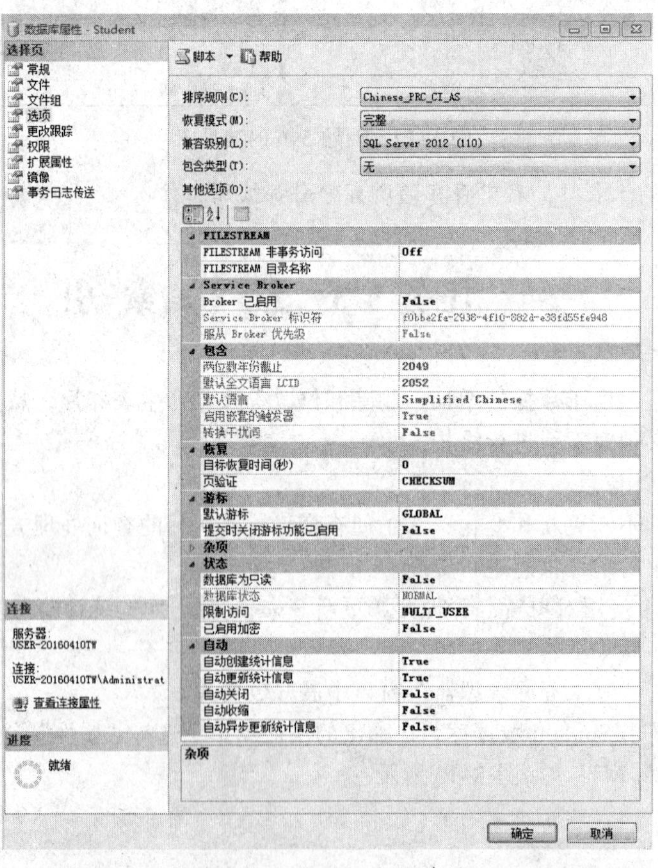

图 5-14 设置数据库的属性实现统计的自动更新

2. DBCC SHOWCONTIG 语句

DBCC SHOWCONTIG 语句用来显示指定表的数据和索引的碎片信息。当对表进行大量的修改或者添加操作之后，应该执行此语句查看有无碎片。其语法格式如下：

```
DBCC SHOWCONTIG[{table_id| table_ name| view_name|view,index_name|
index_id}]
```

其中，table_id| table_ name| view_name|view, index_name|index_id 是要对其碎片信息进行检查的表或者视图。如果未指定任何名称，则对当前数据库中的所有表和索引视图进行检查。

【问题 5-8】利用 DBCC SHOWCONTIG 语句获取 Student 数据库 Student 表的 PK_Student 索引碎片信息。

在查询窗口中执行如下 Transact-SQL 语句：

```
DBCC SHOWCONTIG (Student, PK_Student)
```

执行结果如图 5-15 所示。

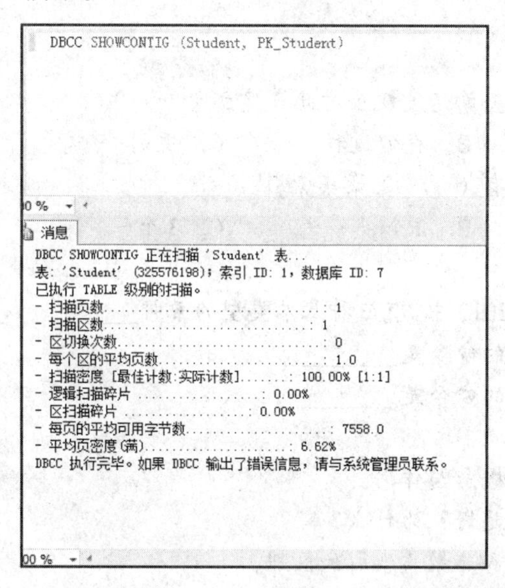

图 5-15　利用 DBCC SHOWCONTIG 语句实现维护

3. DBCC INDEXDEFRAG 语句

DBCC INDEXDEFRAG 语句的作用是整理指定的表或者视图的聚集索引和辅助索引的碎片。其语法格式如下：

```
DBCC INDEXDEFRAG
({database_name|database_id},
 {table_name|table_id|view_name|view_id},
 {index_name|index_id})
 [WITH NO_INFOMSGS]
```

参数说明如下：

database_name|database_id | 0 指对其索引进行碎片整理的数据库。数据库名称必须符合标识符的规则。如果指定 0，则使用当前数据库。

table_name|table_id|view_name | view_id 指对其索引进行碎片整理的表或者视图。

index_nameindex_id 是需要进行碎片整理的索引名称。

WITH NO_INFOMSGS 禁止显示所有信息性消息。

【问题 5-9】利用 DBCC INDEXDEFRAG 语句对 Student 数据库 Student 表的 PK_Student 索引进行碎片整理。

在查询窗口中执行如下 Transact-SQL 语句：

```
DBCC INDEXDEFRAG (Student, Student, PK_Student)
```

执行结果如图 5-16 所示。

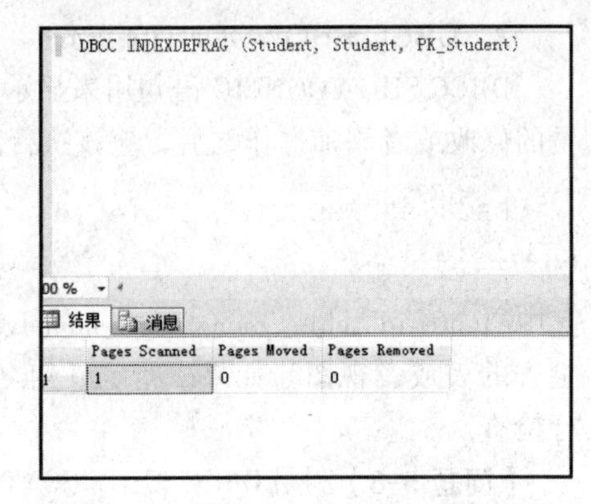

图 5-16　利用 DBCC INDEXDEFRAG 语句实现索引维护

思考与练习

一、选择题

1. 为了加快表的查询速度，应对此表建立（　　）。

   A. 约束　B. 存储过程　C. 规则　D. 索引

2. 每个表中只能有（　　）聚集索引。

   A. 1 个　B. 2 个　C. 3 个　D. 多个

二、填空题

1. 在 SQL Server 2012 中，有三种基本类型的索引________、________和________。
2. 创建索引使用的命令是________。
3. 删除索引使用的命令是________。

三、思考题

1. 试描述索引的概念与作用。
2. 索引是否越多越好？为什么？
3. 简述聚集索引和非聚集索引的区别。

跟我学上机

1. 为 Student 数据库 Student 表创建非聚集索引，索引名称为“xuesheng_name”，分别使用对象资源管理器和使用 Transact-SQL 语句完成创建。

2. 使用两种方法将 1 题中建立好的索引重命名为“StuName”，然后进行维护和删除。

3. 对商品销售数据库（各个表结构见第 2 章中的跟我学上机）创建对商品表的商品名称的非聚集索引、销售商表的客户编号的唯一索引，使用对象资源管理器和使用 Transact-SQL 语句创建完成，索引名称自拟。

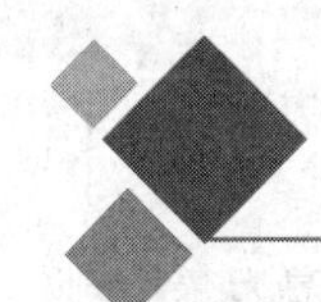

第6章 视 图

知识目标

- 理解视图的概念，了解视图的作用；
- 掌握创建视图、修改视图、删除视图的方法；
- 掌握重命名视图的方法；
- 掌握显示视图的方法。

技能目标

- 会根据需要创建、修改、删除视图；
- 会重命名视图；
- 会查看视图信息。

知识学习

1. 视图的概念

视图（View）是从一个或者多个数据表或视图中导出的逻辑上的虚拟数据表，常用于集中、简化和定制显示数据库中的数据。创建视图所基于的表称为基表，基表是数据库中真正存储数据的实体对象，是物理的数据源表，而视图对象只存放定义视图的SELECT语句。

2. 视图和表的关系

视图和表很相似，两者都是由一系列带有名称的行和列数据组成，用户对表数据的操纵方法同样适用于视图，即通过视图可以检索和更新数据。但是视图与表有本质区别：表中的数据是物理存储于磁盘上的，而视图并不存储任何数据，视图的数据来源于基表，在视图被引用时动态生成。对视图中数据的操纵，实际上是对基表中数据的操纵，当对通过视图看到的数据进行修改时，相应的基表的数据也会发生变化，同时，若基表的数据发生变化，这种变化也会自动反映到视图中。

3. 视图的数据源

视图查看的数据可以来源于以下情况：

（1）一个基表中的行的子集或列的子集。

（2）基表进行运算汇总的结果集。

（3）多个基表连接操作的结果集。

（4）一个视图的行的子集或列的子集。

（5）基表与视图连接操作的结果集。

提示：可以把那些比较复杂又经常使用的查询语句创建为视图对象，使用时只要给出视图的名字就可以直接调用，而不必重复书写复杂的 SELECT 语句。

4. 视图的特点

视图通常建立在基本表上，但是与基本表相比，视图有很多优点，主要表现在以下几方面。

（1）视图为用户集中了数据、简化了数据操作。视图的机制使用户把注意力集中到所关心的数据上，特别是当用户需要的数据分散在多个表中时，定义视图可以将它们集中在一起，作为一个整体进行查询和处理，对用户屏蔽了数据库内部组织的复杂性。

（2）视图对重构数据库提供了一定程度的逻辑独立性。视图的创建可以向最终用户隐藏复杂的表连接，按人们习惯的方式在逻辑上把数据组织在一起交给用户使用，简化了用户的 SQL 程序设计，在一定程度上提供了逻辑上的数据独立，当数据库中表的结构发生变化时，只需要重新定义视图就可以保持用户原来的关系。

（3）视图提供了一种安全机制，保护基表中的数据。数据表是某些相关数据的整体，如果不想让用户查看修改其中的一部分数据，则可以为不同用户创建不同的视图，只授予用户使用视图的权限而不允许访问基本表，增加了数据库的安全性。

任务 6.1　创 建 视 图

1. 使用 SSMS 创建视图

视图在数据库中是作为一个对象来存储的。创建视图前，要保证已被数据库所有者授权允许创建视图，并且有权操作视图所引用的表或其他视图。

【问题 6-1】基于表 Student 创建一个学生基本信息视图 v_s，由该视图能够查看除密码 Pwd 之外的其他所有信息，并为列设置别名。

step 01 启动 SQL Server Management Studio，在“对象资源管理器”中依次展开“数据库”→“Student”→“视图”结点。

step 02 右击“视图”结点，在弹出的快捷菜单中选择“新建视图”命令，界面如图 6-1 所示。

step 03 在弹出的“添加表”对话框中单击要添加到新视图中的表 Student，然后单击“添加”按钮，将表 Student 添加到视图中（如果涉及多张数据表的话，操作相同），如图 6-2 所示，然后单击“关闭”按钮。

step 04 在“关系图”窗格中选择添加到视图的列，在“条件”窗格中，输入列的别名，界面如图 6-3 所示。

step 05 单击工具栏中的“执行 SQL”按钮 ！（或右击创建视图区域，在弹出的快捷菜单中选择“执行 SQL”命令），可以查看到视图对应的结果集，如图 6-3 所示。

step 06 单击工具栏中的“保存”按钮 ，在“选择名称”对话框中输入视图名称“v_s”，单击“确定”按钮，完成视图的定义，如图 6-4 所示。

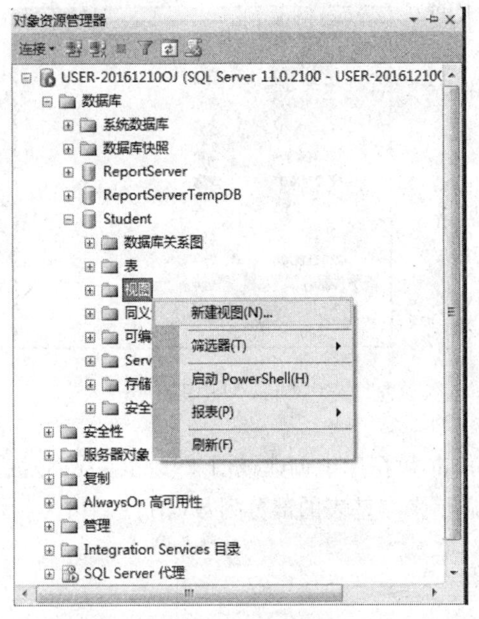

图 6-1 选择“新建视图”命令

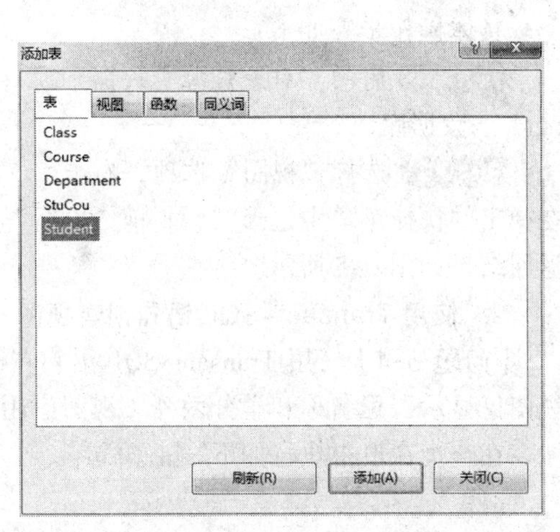

图 6-2 “添加表”对话框

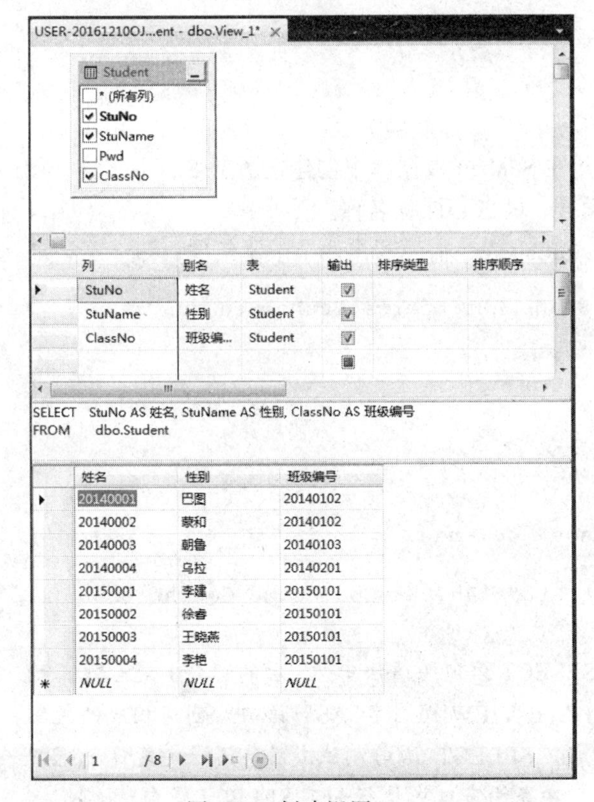

图 6-3 创建视图

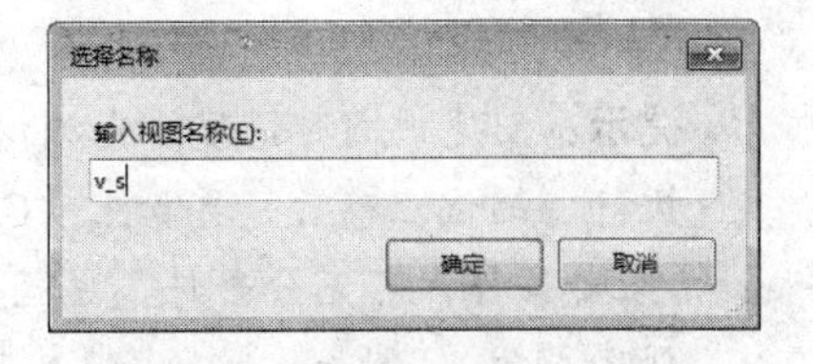

图 6-4 “选择名称”对话框

【问题 6-2】使用 SQL Server Management Studio 查看或修改视图属性。

具体操作步骤如下：

step 01 启动“对象资源管理器”窗口，展开 Student 数据库。

step 02 选择“视图”选项，在“视图”列表中可以看到名为 v_s 的视图。如果没有看到，单击“对象资源管理器”窗口工具栏中的“刷新”按钮进行刷新即可。

【问题 6-3】使用 SQL Server Management Studio 查看视图的返回结果。

具体操作步骤如下：

step 01 启动“对象资源管理器”窗口，展开 Student 数据库。

step 02 选择“视图”选项，右击 v_s 视图，在弹出的快捷菜单中选择“编辑前 200 行”命令，返回结果如图 6-5 所示。

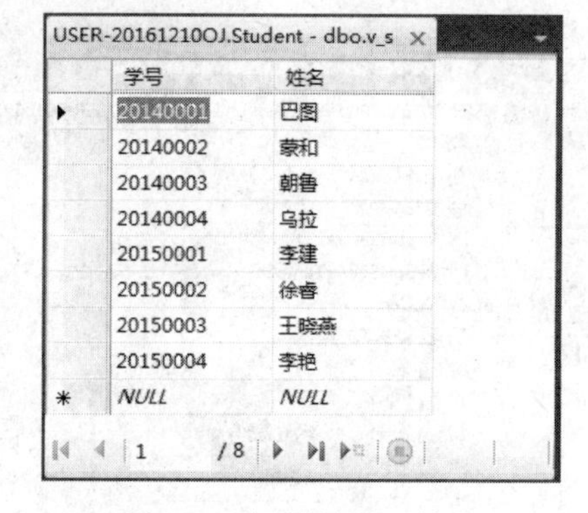

图 6-5　视图的返回结果

2. 使用 Transact-SQL 语句创建视图

【问题 6-4】使用 Transact-SQL 语句在 Student 数据库中创建视图 V_CourseSub。该视图仅显示课程名称和学分两列（视图应用：显示来自基表的部分列数据）。

在查询窗口中执行如下 SQL 语句：

```
USE Student
GO
CREATE VIEW V_CoruseSub
AS
  SELECT CouName,Credit
  From Course
GO
```

【问题 6-5】使用 Transact-SQL 语句在 Student 数据库中创建视图 V_StuCou。该视图显示学生选修课程的信息，内容包括学号、姓名、课程名称。

该题涉及 Student 表、Course 表与 StuCou 表，需要写出两个限制条件，即

```
WHERE Student.StuNo=StuCou.StuNo AND Course.CouNo=StuCou.CouNo
```

在查询窗口中执行如下 SQL 语句：

```
USE Student
GO
CREATE VIEW V_StuCou
AS
  SELECT Student.StuNo,StuName,CouName
  From StuCou,Student,Course
  WHERE StuCou.StuNo=Student.StuNo AND StuCou.CouNo=Course.CouNo
GO
```

提示：创建视图时，建议先测试 SELECT 语句（语法中 AS 后的部分）是否能正确执行。测试正确后，再加上“CREATE VIEW 视图名 AS”语句，创建相应的视图（必要条件，非充分条件，也就是说，SELECT 语句测试成功，不一定能保证视图创建成功）。例如，问题 6-3 中可先在查询窗口中执行如下 SELECT 语句：

```
SELECT Student.StuNo,StuName,CouName
From StuCou,Student,Course
  WHERE StuCou.StuNo=Student.StuNo AND StuCou.CouNo=Course.CouNo
```

测试成功后再加上 CREATE VIEW v_StuCou AS 语句。

【问题 6-6】使用 Transcact-SQL 语句创建视图 V_CouByDep。该视图可以显示各系部开设选修课程的门数（视图应用：将对基表的统计、汇总创建为视图）。

要统计各系部开设的选修课程的门数，需要按系部编号 DepartNo 分组统计。

在查询窗口中执行如下 SQL 语句：

```
CREATE VIEW V_CouByDep
AS
  SELECT DepartNo,Count(*) Amount
  FROM Course
  GROUP BY DepartNo
GO
```

在 SQL Server Management Studio 中查看该视图的返回结果，如图 6-6 所示。

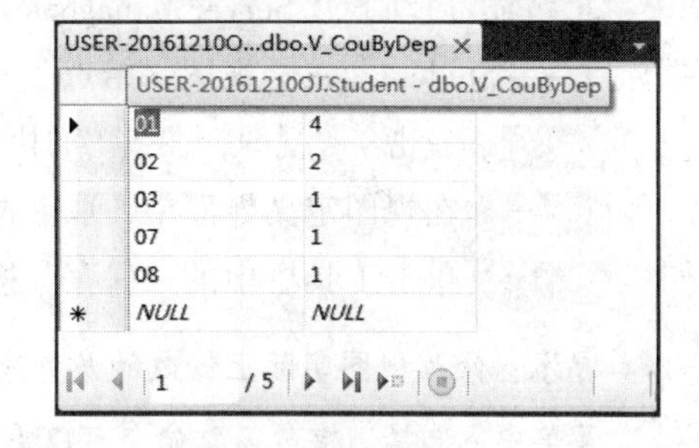

图 6-6　视图 V_CouByDep 的返回结果

【问题 6-7】在视图的 SELECT 语句中必须指定列名，若单独执行下面的 SQL 语句：

```
SELECT DepartNo,Count(*)
  FROM Course
  GROUP BY DepartNo
GO
```

可以正常执行，但在视图中，必须为 COUNT(*)列指定列名。问题 6-6 中将 COUNT(*) 指定为 Amount。若不指定列名，在查询窗口中执行如下 SQL 语句：

```
CREATE VIEW V_CouByDep1
AS
  SELECT DepartNo,Count(*)
  FROM Course
  GROUP BY DepartNo
GO
```

会给出如图 6-7 所示的错误提示。

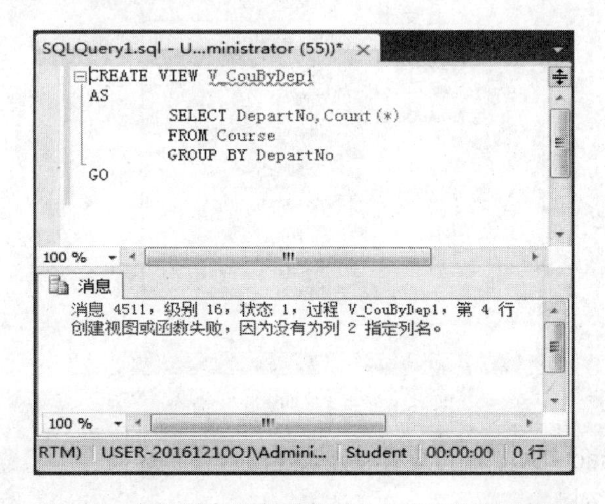

图 6-7　在视图中没有指定列名时给出的错误提示

任务 6.2 修改视图

1. 使用 SSMS 修改、删除视图

【问题 6-8】删除问题 6-1 创建的视图 v_s 中学分 ClassNo 列。

step 01 启动 SQL Server Management Studio，在“对象资源管理器”中依次展开“数据库”→“Student”→“视图”结点。

step 02 右击 v_s 视图，在弹出的快捷菜单中选择“设计”命令，界面如图 6-8 所示。

step 03 在视图定义界面中，取消选择 ClassNo 列。

step 04 单击工具栏中的“保存”按钮，保存修改后的视图定义。

提示： 修改视图实际上修改的是对应的 SELECT 查询语句。在图 6-8 所示的右键快捷菜单中，选择“重命名”命令可以重命名视图；选择“删除”命令可以删除当前视图。

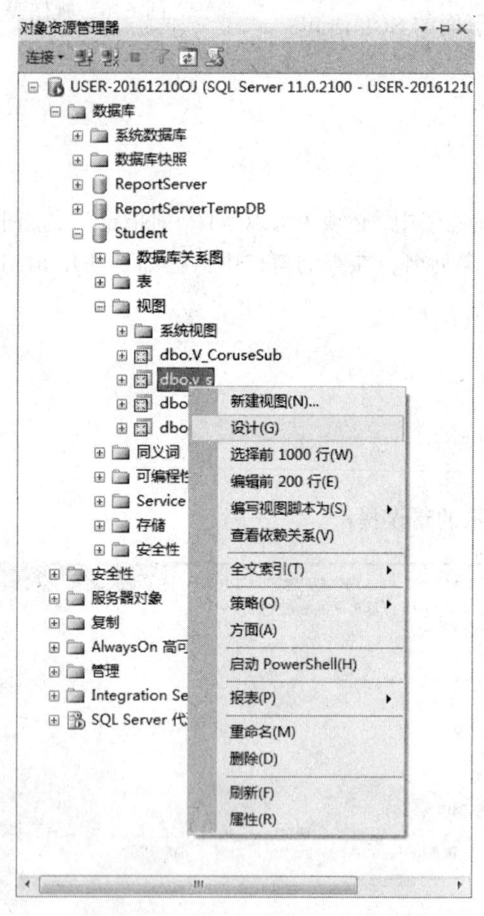

图 6-8 选择“设计”命令

2. 使用 Transact-SQL 语句查看、修改视图

（1）查看视图结构

【问题 6-9】使用系统存储过程 sp_help 查看视图 v_s 的结构。

```
sp_help v_s
```

运行结果如图 6-9 所示。

结果 | 消息

	Name	Owner	Type	Created_datetime
1	v_s	dbo	view	2016-12-13 19:00:09.290

	Column_name	Type	Computed	Length	Prec	Scale	Nullable	TrimTrailingBlanks	FixedLenNullInSource	Collation
1	学号	nvarchar	no	16			no	(n/a)	(n/a)	Chinese_PRC_CI_AS
2	姓名	nvarchar	no	20			no	(n/a)	(n/a)	Chinese_PRC_CI_AS

	Identity	Seed	Increment	Not For Replication
1	No identity column defined.	NULL	NULL	NULL

	RowGuidCol
1	No rowguidcol column defined.

图 6-9　视图 v_s 的结构

【问题 6-10】使用系统存储过程 sp_helptext 查看视图 v_s 的定义文本。

```
sp_helptext v_s
```

运行结果如图 6-10 所示。

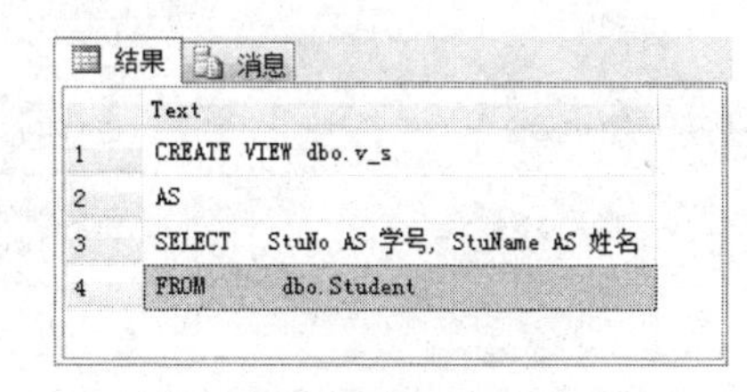

	Text
1	CREATE VIEW dbo.v_s
2	AS
3	SELECT　StuNo AS 学号, StuName AS 姓名
4	FROM　　dbo.Student

图 6-10　视图 v_s 的定义文本

（2）修改视图

利用 ALTER VIEW 语句修改视图定义的基本语法格式如下：

```
ALTER VIEW <视图名>[(列名 1,列名 2[,n])]
[WITH ENCRYPTION]
AS
<SELECT 查询语句>
[WITH CHECK OPTION]
```

【问题 6-11】使用 Transcact-SQL 语句修改视图 V_CouByDep，使其能显示各系部开设选修课程的门数。要求显示系部名称，并要求对视图的定义进行加密。

该题需要使用 Course 表、Department 表，限制条件为 Department.DepartNo=Course.DepartNo。

在查询窗口中执行如下 SQL 语句：

```
USE Student
GO
ALTER VIEW v_CouByDep
WITH ENCRYPTION
AS
  SELECT DepartName,COUNT(*) Amount
  FROM Course,Department
  WHERE Course.DepartNo=Department.DepartNo
  GROUP BY DepartName
GO
```

这时，如果在 SQL Server Management Studio 中试图修改该视图，则该视图呈灰色显示。

任务 6.3　重命名视图

【问题 6-12】将视图 V_StuCou 重命名为 V_StuCou1。

具体操作步骤如下：

step 01 在“对象资源管理器”窗口中展开 Student 数据库。

step 02 选择“视图”选项，右击 V_StuCou 视图，在弹出的快捷菜单中选择“重命名”命令，如图 6-11 所示。

step 03 输入视图的新名称“V_StuCou1”。

step 04 按【Enter】键确定。

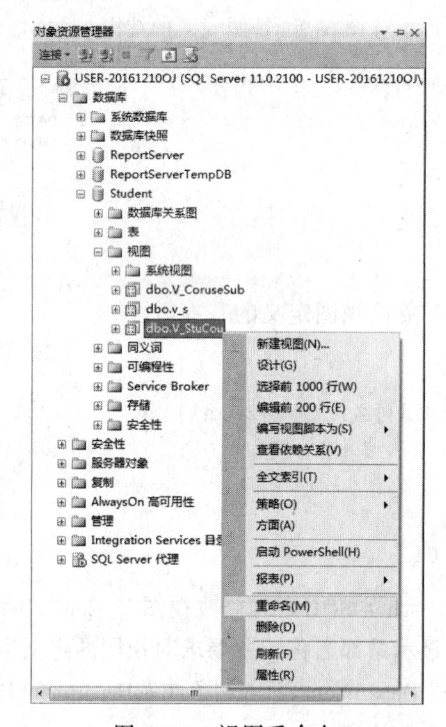

图 6-11　视图重命名

任务 6.4　删 除 视 图

删除视图可使用 DROP VIEW 语句。

【问题 6-13】使用 Transact-SQL 语句删除视图 v_s1。

在查询窗口中执行如下 Transact-SQL 语句：

```
USE  Student
GO
DROP VIEW v_s1
GO
```

【问题 6-14】使用 SQL Server Management Studio 删除视图 V_CourseSub。

具体操作步骤如下：

step 01 在“对象资源管理器”窗口中展开 Student 数据库。

step 02 选择“视图”选项，右击 V_CourseSub 视图，在弹出的快捷菜单中选择“删除”命令，如图 6-12 所示。

step 03 在弹出的对话框中单击“确定”按钮。

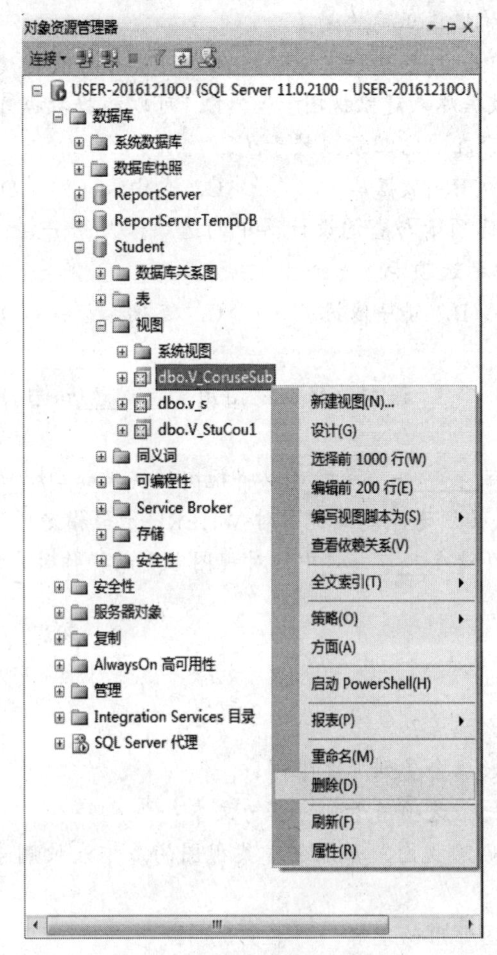

图 6-12　选择“删除”命令

思考与练习

一、选择题

1. 为数据库中一个或多个表中的数据提供另一种查看方式的逻辑表被称为(　　)。

A. 聚簇索引　　B. 存储过程　　C. 视图　　D. 索引

2. 某图书馆有图书销售数据库，其中有的数据表包含几十万条记录，下面(　　)方法能够最好地提高查询速度。

A. 收缩数据库　　B. 为数据库建立视图

C. 更换高档服务器　　D. 在数据库表上建立索引

3. 关于视图，以下说法错误的是（　　）。

A. 使用视图，可以简化数据的使用

B. 使用视图，可以保护敏感数据

C. 视图是一种虚拟表，视图中的数据只能来源于物理数据表，不能来源于其他视图

D. 视图中只存储了查询语句，并不包含任何数据

4. 以下关于视图的描述正确的是（　　）。

A. 可以根据自由表建立视图　　B. 可以根据查询建立视图

C. 可以根据数据库表建立视图　　D. 可以根据数据库表和自由表建立视图

5. 视图不能单独存在，它必须依赖于（　　）。

A. 视图　　B. 数据库　　C. 自由表　　D. 查询

6. 视图设计器的选项卡与查询设计器中的选项卡几乎一样，只是视图设计器中的选项卡比查询设计器中的选项卡多一个（　　）。

A. 字段　　B. 排序依据　　C. 连接　　D. 更新条件

二、填空题

1. 创建视图用________语句，修改视图用________语句，删除视图用________语句。

2. 创建视图时，带________参数可以将视图的定义语句加密：带________参数对视图执行修改操作时，必须遵守定义视图时 WHERE 子句指定的条件。

3. 视图中的数据存储在________中，对视图做更新操作时，实际操作的是________中的数据。

三、简答题

1. 什么是视图？

2. 使用视图有什么优点？

3. 修改视图中的数据会受到那些限制？

4. 创建视图的哪一个选项用于加密语句文本？

5. 可用什么语句删除视图？如果创建某视图的基本表被删除了，该视图也一起被删除了吗？

6. 谈谈自己对视图作用的理解，并举例说明。

7. 通过在视图中的 SELECT 语句后跟“*”取所有列好不好？为什么？

跟我学上机

1. 使用 Transcact-SQL 语句在 Student 数据库中创建视图 v_Student。该视图显示 Student 表除密码列的所有信息。

2. 使用 SQL Server Management Studio 修改视图 v_Student，删除 ClassNo 列。

3. 使用 SQL Server Management Studio 重命名视图 v_Student 为 v_Student1。

4. 使用 Transcact-SQL 语句删除视图 v_Student1。

第 7 章 Transact-SQL 编程

知识目标

- 掌握 Transact -SQL 的标识符、表达式、运算符、常量与变量的使用;
- 掌握常用函数的使用;
- 掌握常用系统存储过程。

技能目标

- 会使用流控语句;
- 会运用 Transact -SQL 编写程序代码;
- 能根据实际需要综合运用 Transact –SQL 的函数、系统存储过程等编写程序。

知识学习

1. Transact-SQL

Transact-SQL 是 Microsoft 公司在关系型数据库管理系统 SQL Server 的 SQL-3 标准的实现，是微软对 SQL 的扩展，具有 SQL 的主要特点，同时增加了变量、运算符、函数、流程控制和注释等语言元素，使得其功能更加强大。Transact-SQL 对 SQL Server 十分重要，SQL Server 中使用图形界面能够完成的所有功能，都可以利用 Transact-SQL 来实现。使用 Transact-SQL 操作时，与 SQL Server 通信的所有应用程序都通过向服务器发送 Transact-SQL 语句来进行，而与应用程序的界面无关。

2. Transact-SQL 语法元素

（1）标识符

标识符用来标识服务器、数据库和数据库对象（如表、视图、列、索引、触发器、过程、约束、规则等）。Transact-SQL 的保留字不能作为标识符。

SQL Server 的标识符有两种：常规标识符和分隔标识符。

① 常规标识符的第一个字符必须是下列字符之一：26 个大小写字母 a~z、A~Z，来自其他语言的字母字符，还可以是下画线（ _ ）、@或者#。

其他字符可为大小写字母，也可以为其他国家/地区字符中的十进制数字。

常规标识符中不允许嵌入空格或者其他特殊字符。

② 分隔标识符用双引号“”或者方括号[ ]分隔。

对于不符合常规标识符定义的标识符，如 MY ID，因为 MY 与 ID 之间有空格，所以不能作为标识符，必须用上引号“”或方括号[ ]分隔标识符，即[MY ID]，这样才可以作为标识符。

例如，[ORDER]可以作为分隔标识符，但是 ORDER 为 Transact-SQL 关键字，所以不推荐使用这样的标识符。

在 SQL Server 中，以@开始的编号字符，表示局部变量或者参数；以@@开始的标识符，表示全局变量，或者为配置函数；以#开始的标识符，表示临时表或过程；以##开始的标识符，表示全局临时对象。

标识符的字符长度不能超过 128，临时表标识符的长度不能超过 116。

（2）数据类型

数据类型可用来定义数据对象（如列、变量和参数）。

（3）运算符

运算符是表达式的组成部分之一。它可与一个或多个简单表达式一起使用，以便构成一个更为复杂的表达式。

（4）表达式

表达式是标识符、值和运算符的组合。

在查询或修改数据时，可将表达式作为要查询的内容，也可以作为限制查询的条件。

（5）函数

与其他程序设计语言中的函数相似，它可以有 0 个、1 个或多个参数，并返回一个值或值的集合。

（6）注释

SQL Server 支持两种注释字符：--（双连字符）和 /*…*/。SQL Server 不执行所注释的内容。

--（双连字符）：注释一行代码。

例如：

```
--查询 Student 表的内容
SELECT * FROM Student
GO
```

/*… */：使用时以 /*开始，表示紧随其后的为注释内容，以 */结束注释。

例如：

```
/*
--查询 Student 表的内容
该示例使用多行注释
*/
SELECT * FROM Student
GO
```

（7）保留关键字

保留关键字是 SQL Server 使用的 Transact-SQL 语句语法的一部分，用于分析和理解 Transact-SQL 语句和批处理。

3. 常量

常量是程序设计中不可缺少的元素，下面进行介绍。

Transact-SQL 的常量主要有以下几种。

（1）字符串常量

字符串常量包含在单引号内，由字母字符、数字字符（a~z、A~Z 和 0~9）及特殊字符（如!、@和#）组成。

如果字符串常量中包含一个单引号，如 I'm a Student，可以使用两个单引号表示这个字符串常量内的单引号，即表示为'I'm a Student'。

在字符串常量前面加上字符 N，表明该字符串常量是 Unicode 字符串常量。例如：N'Mary'是 Unicode 字符串常量：'Mary'是字符串常量。

Unicode 数据中的每个字符都使用 2 字节存储。字符数据中的每个字符则都使用 1 字节进行存储。

（2）数值常量

数值常量有二进制常量（binary）、位常量（bit）、时间常量（datetime、smalldatetime）、整型常量（bigint、int、smallint、tinyint）、带有精度的常量（decimal、numeric）、浮点型常量（float）、实型常量（real）、货币型常量（money、smallmoney）。数值型常量不需要使用引号。

binary：固定长度的二进制数据，前缀用 0X 表示，用十六进制数字表示。如 0X12EF、0XFF。

bit：值只能为 0 或 1 的整数数据。如果使用一个大于 1 的数字，则将被转换为 1。

datetime：范围为 1753 年 1 月 1 日—9999 年 12 月 31 日的日期和时间数据。

smalldatetime：范围为 1900 年 1 月 1 日—2079 年 6 月 6 日的日期和时间数据。

bigint：范围为-9 223 372 036 854 775 808（即-2^{63}）~ 9 223 372 036 854 775 807（即$2^{63}-1$）的整数。

int：范围为-2 147 483 648（即-2^{31}）~ 2 147 483 647（$2^{31}-1$）的整数。

smallint：范围为-32 768（即-2^{15}）~ 32 767（$2^{15}-1$）的整数数据。

tinyint：0~225 范围内的整数。

decimal：范围为$-10^{38}+1 \sim 10^{38}-1$ 的可以带有小数位的数值常量，例如 1 876.21。

float：使用科学计数法表示 -1.79E+308~1.79E +308 范围的数据。

real：使用科学计数法表示 -3.40E+38~3.40E+38 范围的数据。例如 101.5E6、54.8E10 等。

money：货币常量，范围为 $-2^{63} \sim 2^{63}-1$，存储大小为 8 字节，以$作为前缀，可以包含小数点。如$12.54、$786.32。

smallmoney：范围为-214 748.364 8 ~ +214.748 364 7，存储大小为 4 字节。

在数字前面添加 + 或 -，指明一个数是正数还是负数。例如+16 542、+123E-3、-￥45.35。

（3）日期常量

日期常量使用特定格式的字符日期表示，并用单引号括起来。如'19831231'、'1976/04/23'、'14:30:24'、'04:24PM'、'May04,1998'。

4. Transact-SQL 变量

变量是 SQL Server 2012 用来在语句之间传递数据的方式之一，是一种语言中必不可少的组成部分。

（1）局部变量

Transact-SQL 变量又称局部变量，或用户自定义变量，一般用于临时存储各种类型的数据，以便在 SQL 语句之间传递。例如，作为循环变量控制循环次数，暂时保存函数或存储过程返回的值，也可以使用 table 类型代替临时表临时存放一张表的全部数据。

局部变量的作用范围是在一个批处理、一个存储过程、触发器的结尾结束，即局部变量只在当前的批处理、存储过程、触发器中有效。

局部变量必须在同一个批处理或过程中被声明和使用。

用 DECLARE 语句声明定义局部变量的命令格式如下：

```
DECLARE {@变量名 数据类型[(长度)] } [,…n]
```

用 SET、SELECT 给局部变量赋值的命令格式如下：

```
SET  @局部变量=表达式
SELECT { @局部变量=表达式} [,…n]
```

说明： SET 只能给一个变量赋值，而 SELECT 可以给多个变量赋值。建议首选使用 SET，而不推荐使用 SELECT 语句。

SELECT 也可以直接使用查询的单值结果给局部变量赋值。例如：

```
SELECT @局部变量=表达式或字段名
FROM 表名 WHERE 条件
```

用 PRINT、SELECT 显示局部变量的值得命令格式：

```
PRINT 表达式
SELECT 表达式 [,…n]
```

说明：

① 使用 PRINT 必须有且只有一个表达式，其值在查询分析器的“消息”子窗口显示。

② 使用 SELECT 实际是无数据源检索格式，可以有多个表达式，其结果是按数据表的格式在查询分析器的“网络”子窗口显示，若不指定别名，显示标题“(无名列)”。

（2）全局变量

全局变量以@@开头，只能直接使用，无须定义，也不能修改。

@@SERVERNAME：返回运行 SQL Server 本地服务器的名称。

@@ROWCOUNT：返回受上一语句影响的行数，任何不返回行的语句将这个变量设置为 0。

@@ERROR：返回最后执行的 Transact-SQL 语句的错误代码。没有错误则为零。

5. 运算符

表达式可以是列名、字符、运算符或函数的任意组合。运算符用来指定要在一个或多个表达式中执行的操作。SQL Server 2012 提供了算术运算符、比较运算符、逻辑运算符、一元运算符、赋值运算符、位运算符和字符串连接运算符。

（1）一元运算符

一元运算符只对一个表达式执行操作，表达式可以是数值数据类型。一元运算符及其描述如表 7-1 所示。

表 7-1　一元运算符

运　算　符	描　　述
+（正）	返回数值表达式的正值
-（负）	返回数值表达式的负值
~（按位 NOT）	将给定的整型数值转换为二进制形式，然后按位进行逻辑非运算

（2）字符串连接运算符

字符串连接运算符（+）用来连接字符串。例如：

```
SELECT 'SQL Server 2012'+'数据库技术'
--显示结果为'SQL Server 2012数据库技术'
```

（3）赋值运算符

Transact-SQL 的赋值运算符为 =，它通常与 SET 语句或 SELECT 语句一起使用，用来为局部变量赋值。例如：

```
DECLARE  @MyCounter INT
SET  @MyCounter = 1
```

当多个运算符参与运算时，会按照优先顺序进行运算，运算符的优先级由高到低排列如下。

① -（负号）和+（正号）。

② *（乘号）、/（除号）、%（求余）。

③ +（加法）、-（减法）和 +（连接符）。

④ =、>、<、>=、<=、<>、!=、!>、!<（比较运算符）。

⑤ NOT。

⑥ AND。

⑦ OR。

⑧ =（赋值）。

6. 流程控制语句

流程控制语句是控制程序执行的命令，是指那些用来控制程序执行和流程分支的命令，流程控制语句主要用来控制 SQL 语句、语句块或者存储过程的执行流程。比如条件控制语句、循环语句等，可以实现程序的结构性和逻辑性，以完成比较复杂的操作。

（1）语句块

BEGIN…END 语句能够将多个 Transact-SQL 语句组合成一个语句块，并将它们视为一个单元处理。在条件语句和循环等控制流程语句中，当符合特定条件便要执行两个或者多个语句时，就需要使用 BEGIN…END 语句，将多个 Transact-SQL 语句组合成一个语句块。

（2）选择 IF/ELSE 条件语句和 CASE 语句

IF…ELSE 语句是条件判断语句，其中，ELSE 子句是可选的，最简单的 IF 语句没有 ELSE 子句部分。IF…ELSE 语句用来判断当某一条件成立时执行某段程序，条件不成立时执行另一段程序。SQL Server 允许嵌套使用 IF…ELSE 语句，而且嵌套层数没有限制。

语法格式如下：

```
IF  逻辑条件表达式
    语句块 1
{ELSE
    语句块 2}
```

IF 语句执行时先判断逻辑条件表达式的值（只能取 TRUE 或 FLASE），若为真则执行语句块 1，为假则执行语句块 2，没有 ELSE 则直接执行后继语句。语句块 1、语句块 2 可以是单个 SQL 语句，如果有两个以上语句，则必须放在 BEGIN…END 语句块中。

CASE 表达式可以根据不同的条件返回不同的值，CASE 不是独立的语句，只用于 SQL 语句中允许使用表达式的位置。

语法格式如下：

```
CASE 测试表达式
WHEN 常量值 1 THEN 结果表达式 1
{ { WHEN 常量值 2 THEN 结果表达式 2} [...n]}
ELSE  结果表达式 n
END
```

（3）循环

在程序中当需要多次重复处理某项工作时，就需要使用 WHILE 循环语句。WHILE 语句通过布尔表达式来设置一个循环条件，当条件为真时，重复执行一个 SQL 语句或语句块，否则退出循环，继续执行后面的语句。

语法格式如下：

```
WHILE 循环条件表达式
BIGIN
   循环体语句系列...
   [BREAK]
   ...
   [CONTINUE]
   ...
END
```

先计算判断条件表达式的值。若条件为真，则执行 BEGIN…END 之间的循环体语句系列，执行到 END 时返回到 WHILE，再次判断条件表达式的值。若值为假（条件不成立），则直接跳过 BEGIN…END 不执行循环。在执行循环体时遇到 BREAK 语句，则无条件跳出 BEGIN…END。在执行循环体时遇到 CONTINUE 语句，则结束本轮循环，不再执行之后的循环体语句，返回到 WHILE 再次判断条件表达式的值。

（4）转移

GOTO 用来改变程序执行的流程，使程序跳到标有标签的程序处继续执行，不执行 GOTO 语句和标签之间的语句。

语法格式如下：

```
Llabel_name:
GOTO Llabel_name
```

标签是 GOTO 的目标，它仅标识了跳转的目标。标签不隔离其前后的语句。执行标签前面语句的用户将跳过标签并执行标签后的语句。除非标签前面的语句本身是控制流语句（如 RETURN），这种情况才会发生。

提示：尽量少使用 GOTO 语句。过多使用 GOTO 语句可能会使 Transact-SQL 批处理的逻辑难以理解，使用 GOTO 实现的逻辑几乎完全可以使用其他控制流语句实现。GOTO 最好用于跳出深层嵌套的控制流语句。

（5）等待

WAITFOR 语句用于暂时停止执行 SQL 语句、语句块或者存储过程等，直到所设定的时间已过或者所设定的时间已到才继续执行。

语法格式如下：

```
WAITFOR { DELAY '时间'|TIME '时间'}
```

使程序暂停指定的时间后再继续执行。

DELAY 指定暂停的时间长短——相对时间。

TIME 指定暂停到什么时间再重新执行程序——绝对时间。

“时间”参数必须是 datetime 类型的时间，格式为 hh:mm:ss，不能含有日期部分。

（6）返回

RETURN 语句用于无条件地终止一个查询、存储过程或者批处理，此时位于 RETURN 语句之后的程序将不会被执行。当在存储过程中使用 RETURN 语句时，此语句可以指定返回该调用的应用程序。批处理或过程的整数值。如 RETURN 未指定值，则存储过程返回 0。大多数存储过程按常规使用返回代码表示存储过程的成功或失败。没有发生错误存储过程返回 0。任何非零值表示有错误发生。

语法格式如下：

```
RETURN [integer_expression]
```

参数 integer_expression 为返回的整型值。存储过程可以给调用过程或应用程序返回整型值。

任务 7.1　SQL Sever 编程

【问题 7-1】计算 1+2+3+…+100 的和，并显示计算结果。

首先定义两个局部变量，即@i 和@sum，两者均为 int。其中，@i 为计数单元，@sum 用来存放运算结果。然后需要给局部变量赋值，@i 的初值为 1，@sum 的初值为 0。该题需要使用循环，循环终止条件为@i>100。

在查询窗口中执行如下 SQL 语句：

```
DECLARE @i int,@sum int        --定义整型变量，@i 用来计数，@sum 为求和单元
   SELECT @i=1,@sum=0          --为变量赋值，可以使用两个 SET 语句
WHILE @i<=100                  --当@i 小于或等于 100 时，执行循环体
   SELECT @sum=@sum+@i,@i=@i+1
SELECT '1+2+3+…+100 的和'=@sum
```

```
PRINT @sum
GO
```

执行结果如图 7-1 所示。

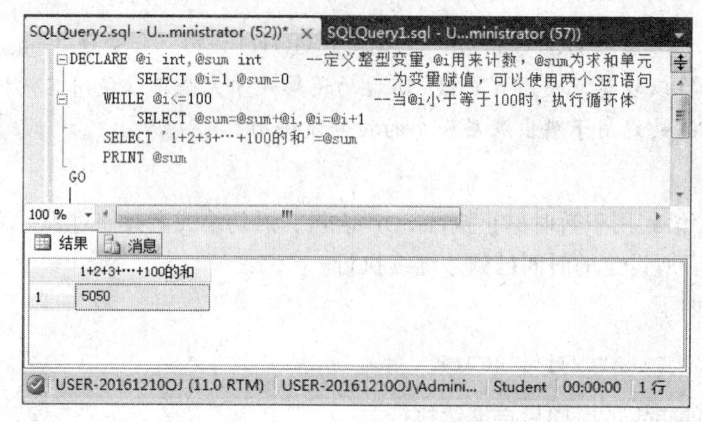

图 7-1　计算 1+2+3+…+100 的程序的执行结果

【问题 7-2】显示 Course 表中有多少类课程，要求声明局部变量并进行赋值，然后显示局部变量的值。

计算 Course 表中有多少类课程，就是消除 Kind 列的重复值后进行统计。统计需要使用函数 COUNT()，括号内为要统计的列名 Kind，使用 DISTINCT 消除重复值，表示为 COUNT(DISTINCT Kind)。如果使用 PRINT 语句显示结果，则需要先将统计结果转为字符型数据。

在查询窗口中执行如下 SQL 语句：

```
USE Student
GO
DECLARE @KindCount int
SELECT @KindCount =(SELECT COUNT(DISTINCT Kind) FROM Course)
PRINT '在 Course 表中有'+
    CONVERT(varchar(3),@KindCount)+
    '种类型的课程。'
GO
```

执行结果如图 7-2 所示。

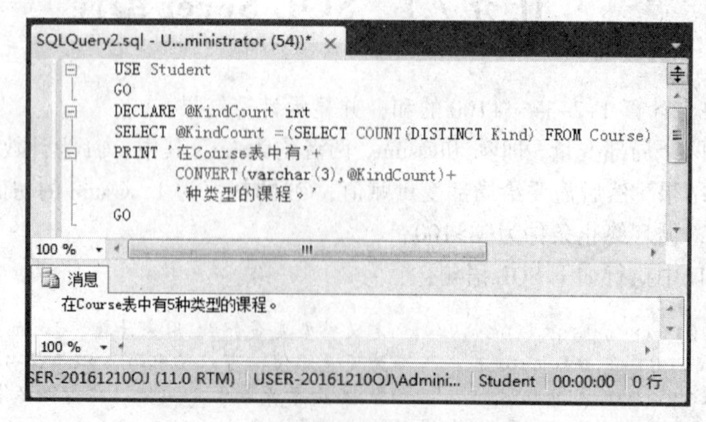

图 7-2　使用局部变量的实例执行结果

任务 7.2　使用系统函数

SQL Server 提供了两种函数，即系统函数内置函数和用户定义函数。

SQL Server 系统内置函数包括字符串函数、日期函数、数学函数、系统函数、元数据函数、安全函数、配置函数、聚合函数和排名函数等。

1. 字符串函数

字符串函数用于对字符串进行各种操作。表 7–2 所示为常用的字符串函数及其功能。

表 7-2　字符串函数及其功能

字符串函数	功　能
ASCII(字符表达式)	返回字符表达式最左边字符的 ASCII 码
CHAR(整型表达式)	将一个 ASCII 码转换为字符，ASCII 码应在 0~255 之间
SPACE(整型表达式)	返回由 *n* 个空格组成的字符串，*n* 是整型表达式的值
LEN(字符表达式)	返回字符表达式的字符（而不是字节）个数，不计算尾部的空格
RIGHT(字符表达式,整型表式式)	从字符表达式中返回最右边的 *n* 个字符，*n* 是整型表达式的值
LEFT(字符表达式,整型表达式)	从字符表达式中返回最左边的 *n* 个字符，*n* 是整型表达式的值
SUBSTRING(字符表达式,起始点,n)	返回字符串表达式中从“起始点”开始的 *n* 个字符
STR(浮点表达式[,长度[,小数]])	将浮点表达式转换为给定长度的字符串，小数点后的位数由给出的“小数”决定
LTRIM(字符表达式)	去掉字符表达式的前导空格
RTRIM(字符表达式)	去掉字符表达式的尾部空格
LOWER(字符表达式)	将字符表达式的字母转换为小写字母
UPPET(字符表达式)	将字符表达式的字母转换为大写字母
REVERSE(字符表达式)	返回字符表达式的逆序
CHARINDEX(字符表达式 1,字符表达式 2,[开始位置])	返回字符表达式 1 在字符表达式 2 的开始位置，可从所给出的“开始位置”进行查找。如果没指定开始位置，或者指定为负数或 0，则默认从字符表达式 2 的“开始位置”查找
REPLICATE(字符表达式,整型表达式)	将字符表达式重复多次，整型表达式给出重复的次数
STUFF(字符表达式 1,start,length,字符表达式 2)	在字符表达式 1 中从 start 开始的 length 个字符换成字符表达式 2
+	将字符串进行连接

【问题 7–3】查看“数据库”在“大型数据库技术”中的位置。

本题使用 CHARINDEX 函数，不使用表。

在查询窗口中执行如下 SQL 语句：

```
SELECT CHARINDEX('数据库','大型数据库技术')
GO
```

执行结果如图 7–3 所示。

【问题 7–4】通过编写 SQL 语句显示信息，使 SQL Server 2012 显示一次，然后间隔 10 个空格，再将“数据库”显示一次。

本题使用 REPLICATE 函数。

在查询窗口中执行如下 SQL 语句：

```
SELECT REPLICATE('SQL Server 2012',1),SPACE(10),REPLICATE('数据库',1)
GO
```

执行结果如图 7-4 所示。

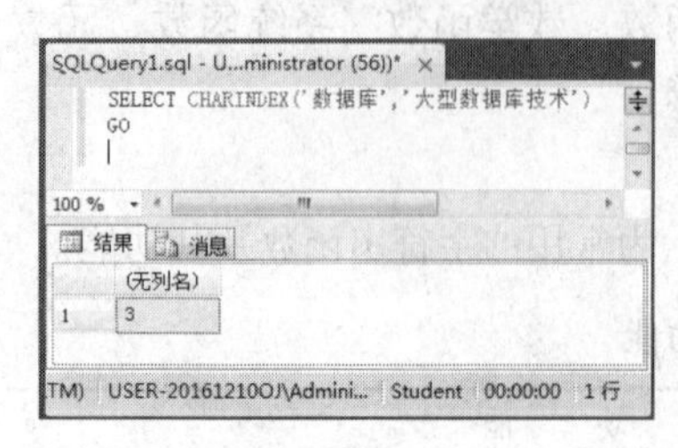

图 7-3 CHARINDEX 函数运行结果

图 7-4 REPLICATE 函数运行结果

2. 日期函数

日期函数用于显示日期和时间的信息。它们处理 datatime 和 smalldatatime 的值，并对其进行算术运算。表 7-3 所示为日期函数及其功能。

表 7-3 日期函数

日 期 函 数	功 能
GETDATE()	返回服务器的当前系统日期和时间
DATENAME(日期元素,日期)	返回指定日期的名称，返回值为字符串
DATEPART(日期元素,日期)	返回指定日期的一部分，以整数返回
DATEDIFF(日期元素,日期 1,日期 2)	返回两个日期间的差值并转换为指定日期元素的形成
DATEADD(日期元素,数值,日期)	将“日期元素”加上“日期”，产生新的日期
YEAR(日期)	返回年份（整数）
MONTH(日期)	返回月份（整数）
DAY(日期)	返回某月几号的整数值
GETUTCDATE()	返回当前时间的 UTC 时间(世界时间坐标或格林尼治标准时间）日期值

日期元素及其缩写和取值范围如表 7-4 所示。

表 7-4 日期元素及其缩写和取值范围

日 期 元 素	缩 写	取 值 范 围
YEAR	YY	1 753 ~ 9 999
MONTN	MM	1 ~ 12
DAY	DD	1 ~ 31
DAY OF YEAR	DY	1 ~ 366
WEEK	WK	0 ~ 52
WEEKDAY	DW	1 ~ 7
HOUR	HH	0 ~ 23
MINUTE	MI	0 ~ 59
QUARTER	QQ	1 ~ 4
SECOND	SS	0 ~ 59
MILLISECOND	MS	0 ~ 999

【问题 7-5】显示服务器当前系统的日期与时间

本题使用 GETDATE 函数，表示 GETDATA()。

在查询窗口中执行如下 SQL 语句：

```
SELECT GETDATE()
GO
```

【问题 7-6】小明的生日为 2000/11/25，使用日期函数显示小明的年龄。

在查询窗口中执行如下 SQL 语句：

```
SELECT '年龄'=DATEDIFF(yy,'2000/11/25',GETDATE())
GO
```

执行结果如图 7-5 所示。

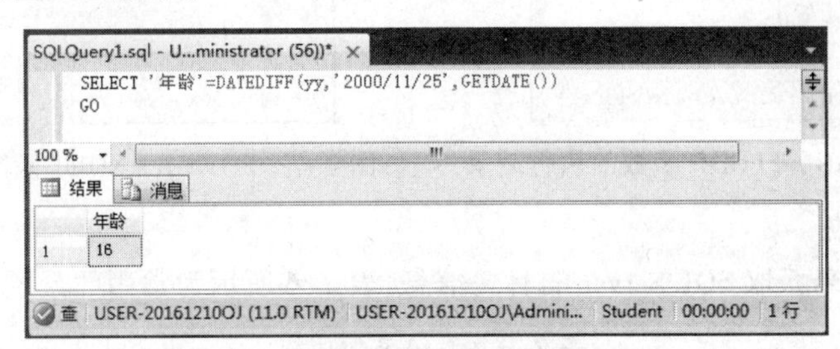

图 7-5　DATEDIFF 函数的执行结果

3. 数学函数

数学函数用来对数值型数据进行数学运算。表 7-5 所示为常用的数学函数及其功能。

表 7-5　数学函数

数 学 函 数	功　　能
ABS(数值表达式)	返回表达式的绝对值（正值）
CEILING(数值表达式)	返回大于或等于数值表达式值的最小整数
FLOOR(数值表达式)	返回大于或等于数值表达式值的最大整数，CEILING 的反函数
PI()	返回 π 的值 3.141 592 653 589 793 1
POWER(数字表达式,幂)	返回数字表达式值的指定次幂的值
RAND([整型表达式])	返回一个 0～1 之间的随机十进制数
ROUND(数值表达式,整型表达式)	将数值表达式四舍五入为整型表达式所给定的精度
SQRT(浮点表达式)	返回一个浮点表达式的平方根

【问题 7-7】返回大于或等于 134.393 的最小整数；返回小于或等于 134.393 的最大整数。

该题分别使用 CEILING 函数和 FLOOR 函数。

在查询窗口中执行如下 SQL 语句：

```
SELECT CEILING(134.393)
SELECT FLOOR(134.393)
GO
```

执行结果如图 7-6 所示。

【问题 7-8】分别计算 34 的值和 16 的平方根。

本题使用 POWER 函数、SQRT 函数。

在查询窗口中执行如下 SQL 语句：

```
SELECT POWER(3,4)
SELECT SQRT(16)
GO
```

执行结果如图 7-7 所示。

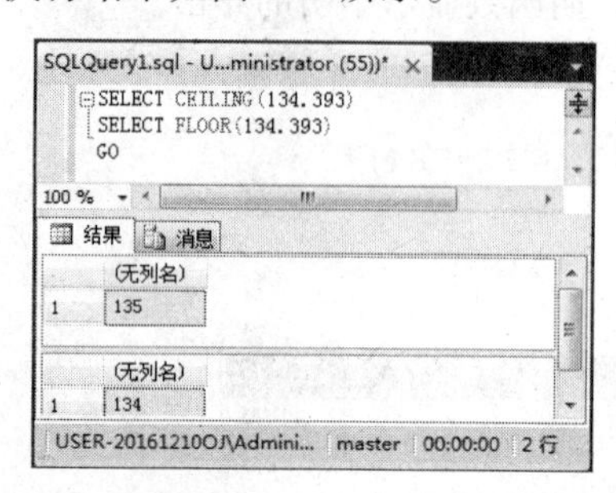

图 7-6　CEILING、FLOOR 函数的执行结果

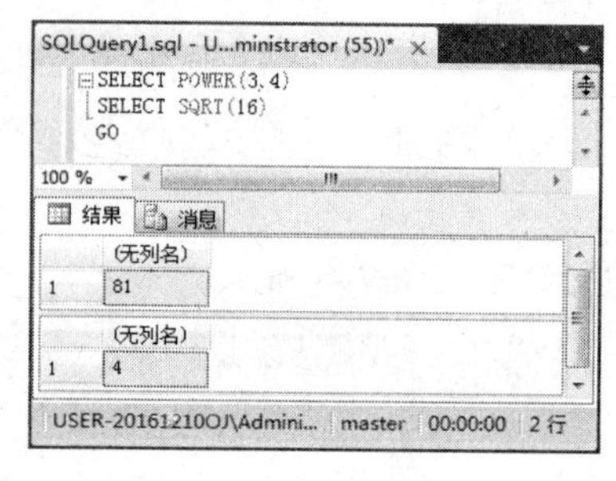

图 7-7　POWER、SQRT 函数的执行结果

4. 系统函数

系统函数用来获取 SQL Server 的有关信息。表 7-6 所示为常用的系统函数及其功能。

表 7-6　系统函数功能

系统函数	功能
APP_NAME()	返回当前会话的应用程序名称（如果应用程序进行了设置）
CASE 表达式	计算条件列表，并返回表达式的多个可能结果之一
CAST(expression AS data_type)	将表达式显示转换为另一种数据类型
CONVERT(data_type[(length)],expression [,style])	将表达式显示转换为另一种数据类型。CAST 和 CONVERT 提供相似的功能
COALESCE(expression [,...n])	返回列表清单中的第一个非空表达式
DATALENGTH(expression)	返回表达式所占用的字节数
HOST_NAME()	返回主机名称
ISDATE(expression)	表达式为有效日期格式时返回 1，否则返回 0
ISNULL(check_expression,replacement_value)	表达式的值为 NULL 时，用指定的值进行替换
ISNUMERIC(expression)	表达式为数值类型时返回 1，否则返回 0
NEWID()	生成全局唯一标识符
NULLIF(expression, expression)	如果两个指定的表达式相等，则返回空值

【问题 7-9】显示主机名称。

在查询窗口中执行如下 SQL 语句：

```
SELECT HOST_NAME()
GO
```

执行结果为 USER-20161210OJ

【问题 7-10】将字符串 11.3456 转换为数字。

在查询窗口中执行如下 SQL 语句：

```
SELECT CONVERT(Decimal(10,4),'11.3456')
GO
```

执行结果为 11.3456。

在查询窗口中执行如下 SQL 语句：

```
SELECT CONVERT(Decimal(10,2),'11.3456')
GO
```

执行结果为 11.35，从该结果可看出，该函数在截断数字位数时进行了四舍五入。

5. 元数据函数

元数据函数返回有关数据库和数据库对象的信息，是一种查询系统表的快捷方法。表 7-7 所示为常用的元数据函数及其功能。

表 7-7　元数据函数

元数据函数	功　能
COL_LENGTH('table','column')	返回列的长度（以字节为单位）
COL_NAME(table_id,column_id)	返回数据库列的名称
DB_ID('db_name')	返回数据库的标识 ID

【问题 7-11】查看 Student 表第一列的名称。

在查询窗口中执行如下 SQL 语句：

```
USE Student
SET NOCOUNT OFF
SELECT COL_NAME(OBJECT_ID('Student'),1)
GO
```

执行结果为 StuNo。

6. 安全函数

表 7-8 所示为常用的安全函数及其功能。

表 7-8　安全函数

安 全 函 数	功　能
USER	返回当前用户的数据库名
HAS_DBACCESS('database_name')	返回用户是否可以访问所给定的数据库，1 为可以，0 为不可以，数据库名无效则返回 NULL

【问题 7-12】返回当前用户的数据库名。

在查询窗口中执行如下 SQL 语句：

```
SELECT USER
GO
```

执行结果为 dbo。

7. 配置函数

表 7-9 所示为常用的配置函数及其功能。

表 7-9　配置函数

配置函数	功　能
@@LANGUAGE	返回当前使用语言的名称
@@LOCK_TIMEOUT	返回当前会话锁定的超时设置，单位为毫秒
@@MAX_CONNECTIONS	返回允许用户同时连接的最大数
@@VERSION	返回 SQL Server 当前安排的日期、版本和处理器类型

【问题 7-13】显示 SQL Server 当前所使用的语言。

在查询窗口中执行如下 SQL 语句：

```
SELECT @@LANGUAGE
GO
```

执行结果为简体中文。

【问题 7-14】给出 SQL Server 用户同时连接的最大数。

在查询窗口中执行如下 SQL 语句：

```
SELECT @@MAX_CONNECTIONS
GO
```

执行结果为 32 767。

任务 7.3　自定义函数

SQL Server 不但提供了系统内置函数，还允许用户自己定义函数。

用户定义函数是由一个或多个 Transact-SQL 语句组成的子程序，一般是为了方便重用。

用户定义函数可以有输入函数并有返回值，但没有输出参数。当函数的输入参数有默认值时，调用该函数时必须明确指定 DEFAULT 关键字，才能获取默认值。

使用 CREATE FUNCTION 语句可创建用户定义函数，使用 ALTER FUNCTION 语句可修改用户定义函数，使用 DROPFUNCTION 语句可删除用户定义函数。

【问题 7-15】使用 Transact-SQL 语句在 Student 数据库中创建名为 Student_zc 的用户函数，根据参数返回学生的姓名。

```
USE Student
GO
CREATE FUNCTION Studnet_zc(@para char(10))
RETURNS  TABLE
AS
RETURN(SELECT StuNo FROM Student
     WHERE StuName=@para )
```

【问题 7-16】使用 Transact-SQL 语句删除用户自定义函数 Student_zc。

```
USE Student
GO
DROP FUNCTION dbo.Student_zc
GO
```

【问题 7-17】使用 SQL Server Management Studio 删除用户自定义函数 Student_zc。

step 01 在“对象资源管理器”窗口中展开 Student 数据库。

step 02 展开“可编程性”→“函数”→“表值函数”选项，显示名为 Student_zc 的函数。

step 03 右击 Student_zc 函数，在弹出的快捷菜单中选择“删除”命令，此时便可以删除，如图 7-8 所示。

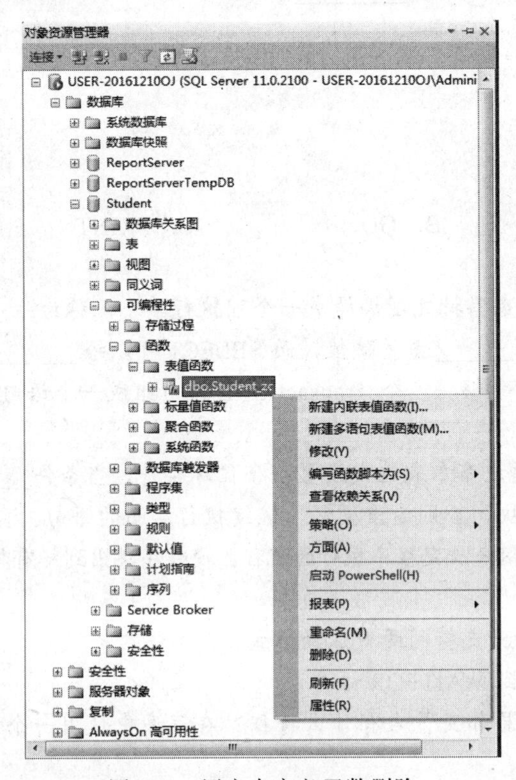

图 7-8 用户自定义函数删除

思考与练习

一、选择题

1. 返回 SQL Server 当前安排的日期、版本和处理器类型的全局变量是（ ）。

   A. @@DBTS　　B. @@VERSION

   C. @@NESTLEVEL　　D. @@REMSERVER

2. 在 SQL Server 数据库中，下列不属于 Transact-SQL 事务管理语句的是（ ）。

   A. BEGIN TRANSACTION　　B. ENTRANSACTION

   C. COMMIT TRANSACTION　　D. ROLLBACK TRANSACTION

3. 有关 Transact-SQL 中变量的使用，以下说法错误的是（ ）。

   A. 变量的使用必须先声明，后使用

   B. 变量的赋值只能使用 SET 语句

   C. 可以使用 PRINT 语句和 SELECT 语句输出结果

D. 局部变量的命名必须以@打头

4. 局部变量不许以（　　）开头以区别字段名变量。

A. @　　B. #　　C. ￥　　D. &

5. RETURN 语句用于无条件地终止一个（　　）。

A. 查询　　B. 存储过程　　C. 批处理　　D. 程序

6. 下列代码横线处应补充________语句。

```
DECLARE @x INT,@y INT
SELECT @x=1,@y=2
IF @x>@y
PRINT'x>y'
________
PRINT'y>x'
```

A. ELSE　　B. GO　　C. PRINT　　D. SELECT

二、填空题

1. SQL Server 服务器批处理编译成一个可执行单元，称为________。

2. SET 只能给________变量赋值，而 SELECT 可以给________变量赋值。

3. ________语句能够将多个 Transact-SQL 语句组成一个语句块，并将它们视为一个单元处理。

4. WHILE 语句通过布尔表达式设置一个循环条件，当条件________时，重复执行一个 SQL 语句或语句块，否则退出循环，继续执行后面的语句。

5. ________语句用来改变程序执行的流程，使程序跳出到标有标识和程序继续执行。

三、简答题

1. 简述 SQL Server 支持的两种注释方式。

2. 什么情况下用到 WAITFOR 语句。

3. SQL Server 的局部变量名有什么特征？在程序中使用一个局部变量时，应该完成哪几步操作？

4. 如何使用用户定义函数？

5. 以@@开始的变量是什么变量？是否可以改变它的值？

跟我学上机

1. 编写计算 $n!$（n=10）的程序，并显示计算结果。

2. 显示 Class 表中有多少个班级，要求声明局部变量并进行赋值，然后显示局部变量的值。

3. 计算有多少种产品（假设为 x），然后显示一条信息：共有 x 种产品。（表结构如第 2 章跟我学上机）

4. 定义两个整型数据，并赋值。编程显示两个数中较大的那个数。

5. 使用数学函数计算 2^8 和 $\sqrt{64}$ 的值。

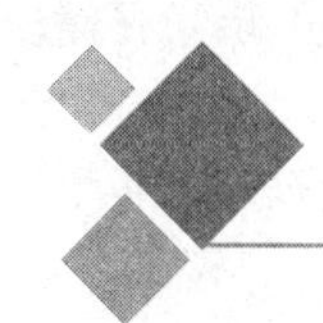

第8章 存储过程

知识目标

- 理解存储过程的作用；
- 学会根据需要创建、修改和删除存储过程；
- 在实际应用开发时能够灵活运用存储过程，以提高开发效率。

技能目标

- 能根据需要创建、修改和删除存储过程。
- 能根据实际需要在存储过程中定义并使用输入参数、输出参数。

知识学习

1. 存储过程

存储过程是一组为了完成特定功能的SQL语句集，经编译后存储在数据库中，并在用户发出调用命令后在服务器端执行，并将执行的结果返回给调用它的用户。一个存储过程完成一项相对独立的功能，用户可以在应用程序中调用存储过程执行相应功能，调用时可以向存储过程传递参数，存储过程也可以返回参数值给用户。

2. 存储过程的优点

从存储过程的概念可知，存储过程作为SQL Server中的一类数据库对象，它具备以下优点。

（1）存储过程支持模块化程序设计，可增强代码的重用性和共享性

一个存储过程是为了完成某一个特定功能而编写的一个程序模块，这一点符合结构化程序设计的思想。存储过程创建好后被存储在数据库中，可以被重复调用，实现了程序模块的重用和共享。所以，存储过程增加了代码的重用性和共享性。

提示： 模块化。模块化有些类似于实际生活中的机械制造，一个大型机械可以被划分为几大部件，而每一部件又是由若干零件组装成的，零件可以再进行细分，各个零件既相互独立又相互联系，共同组成了一个整体。模块化是在程序开发过程中变复杂为简单的一种程序设计思想。数据库应用程序的功能越强，所编写程序的复杂程度就越高，为了降低编程的复杂度，可以按功能对整个系统进行分割，每一独立

的功能由一个独立的模块完成，这种分块模式可以组织成一个层次结构，上一层的每个模块由其下层的若干个子模块共同完成其功能，这样越下层模块功能越简单，实现起来也越容易，特别是有些下层模块可以被多个不同的上层模块调用，从而实现模块的重用和共享，存储过程可以作为这样的一个底层模块实现结构化程序设计。

（2）使用存储过程可以提高程序的运行速度

存储过程可以提高程序的运行速度，主要是因为完成操作的 Transact-SQL 语句存储在服务器端，并可预先编译形成执行计划。

当应用程序存储在客户机上时，执行程序中数据库操作语句，一般要经过以下 4 个步骤。

① 查询语句通过网络发送到服务器。

② 服务器编译 Transact-SQL 语句，优化并产生可执行的代码。

③ 执行查询 1。

④ 执行结果发回客户机的应用程序。

存储过程是存储在服务器端的，调用存储过程只需从客户端发送一条包含存储过程名的执行命令，并且存储过程在创建的同时被编译和优化，当第一次执行存储过程时，SQL Server 产生可执行代码并将其保存在内存中，这样以后再调用该存储过程时就可以直接执行内存中的代码，即以上 4 个步骤中的第 1 步和第 2 步都被简化了，这能大大改善系统的性能。

提示：编译是将 Transact-SQL 语句翻译成二进制目标代码的过程。只有二进制的目标程序才能被计算机执行。优化是 SQL Server 为了提高 Transact-SQL 语句的执行效率而对语句执行过程中的顺序和处理方式所做的更改。

（3）使用存储过程可以减少网络流量

完成一个模块的功能如果直接使用 Transact-SQL 语句，那么每次执行程序时都需要通过网络传输全部 Transact-SQL 语句。若将其组织成存储过程，则只需要通过网络传输的数据量将大大减少。

（4）存储过程可以提高数据库的安全性

通过授予对存储过程的执行权限而不是授予数据库对象的访问权限，可以限制对数据库对象的访问，在保证用户通过存储过程操纵数据库中数据的同时，可以保证用户不能直接访问存储过程中涉及的表及其他数据库对象，从而保证了数据库中数据的安全性。另外，由于存储过程的调用过程隐藏了访问数据库的细节，也增加了数据库中数据的安全性。

3. 存储过程的种类

SQL Server 2012 主要支持 3 种不同类型的存储过程：用户定义的存储过程、系统存储过程和扩展存储过程。

（1）用户定义的存储过程

用户定义的存储过程在用户数据库中创建，通常与数据库对象进行交互。用户定义的存储过程是指保存的 Transact-SQL 语句集合中，可以接受输入参数，调用数据定义语言（DDL）和数据操作语言（OML）语句，然后返回输出参数。

（2）系统存储过程

系统存储过程是 SQL Server 2012 内置在产品中的存储过程，SQL Server 中的许多管

理工作是通过执行系统存储过程完成的。用户可以在应用程序中直接调用系统存储过程完成相应的功能，系统存储过程名称以 sp_为前缀。

（3）扩展存储过程

扩展存储过程是以在 SQL Servers 2012 环境外执行的动态链接库（DLL 文件）来实现的，可以加载到 SQL Server 2012 实例运行的地址空间中执行，扩展存储过程可以使用 SQL Server 2012 扩展存储过程 API 完成编程。扩展存储过程以前缀 xp_来标识，对于用户来说，扩展存储过程和普通存储过程一样，可以用相同的方式来执行。

任务 8.1　创建和执行不带参数的存储过程

1. 创建不带参数的存储过程 fd

创建存储过程的基本语法如下：

```
CREATE PROC[EDURE] <存储过程名>
[<参数定义>][OUTPUT]
[WITH {RECOMPILE |ENCRYPTION} ]
AS
[BEGIN]
<T_SQL 语句块>
[END]
```

其中，WITH ENCRYPTION 表示对存储过程进行加密；WITH ENCRYPTION 表示对存储过程的重新编译。

【问题 8-1】使用 Transact-SQL 语句在 Student 数据库中创建存储过程 p_Student。该存储过程返回 Student 表中班级编号为 20150101 的所有数据行。

在查询窗口中执行如下 SQL 语句：

```
USE Student
GO
CREATE PROCEDURE p_Student
AS
SELECT  * FROM Student WHERE ClassNo='20150101'
GO
```

2. 执行不带参数的存储过程

在存储过程创建成功后，用户可以通过执行存储过程检查存储过程的返回结果。

执行存储过程的基本语法如下：

```
EXEC p_Student
```

【问题 8-2】使用 Transact-SQL 语句执行存储过程 p_Student。

在查询窗口中执行如下 SQL 语句：

```
USE Student
GO
EXEC p_Student
```

执行结果如图 8-1 所示。

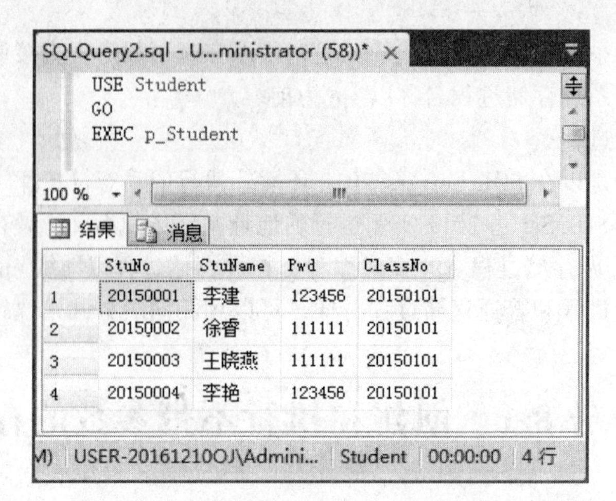

图 8-1　通过执行存储过程显示存储过程是否建立及其结果

【问题 8-3】使用 SQL Server Management Studio 查看存储过程 p_Student 的属性。

具体操作步骤如下：

step 01 在“对象资源管理器”窗口中展开 Student 数据库。

step 02 展开“可编程性”→“存储过程”选项，显示名为 p_Student 的存储过程。

step 03 右击 p_Student 存储过程，在弹出的快捷菜单中选择“修改”命令，此时便可以修改存储过程，如图 8-2 所示。

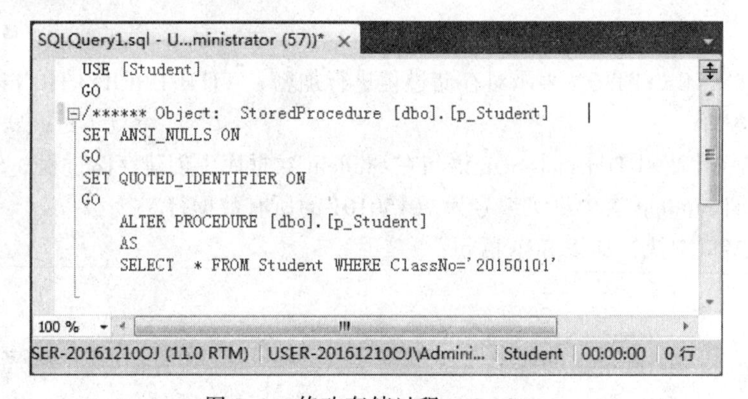

图 8-2　修改存储过程 p_Student

任务 8.2　创建和执行带参数的存储过程

在存储过程中可以定义输入参数、输出参数。读者可以多次使用同一个存储过程并按要求查找所需要的结果。

1. 创建带输入参数的存储过程

输入参数指由调用程序向存储过程传递的参数。在创建存储过程语句中要定义输入参数，在执行存储过程中要给出输入参数的值，为了定义接收输入参数的存储过程，需要在 CREATE PROCEDURE 语句中声明一个或多个变量作为参数。

声明输入参数的语法格式如下：

```
CREATE PROCEDURE procedure_name
```

```
@procedure_name datatype=[default]
[WITH ENCRYPTION]
[WITH RECOMPILE]
AS
   sql_statement
```

其中，@parament_name 表示存储过程的参数名，必须以符号@开头；datatype 表示参数的数据类型；default 表示参数的默认值，如果执行存储过程时提供该参数的变量值，则使用 default 值。

存储过程 p_Student 只能查询班级编号为 20150101 的学生信息。要是用户能够灵活地按照自己的需要查询指定班级编号的学生信息，使存储过程更加实用，查询的班级编号应该是可变的，这里就需要定义一个输入参数。

【问题 8-4】使用 Transact-SQL 语句创建存储过程 p_StudentPara。该存储过程能根据给定的班级编号返回所对应的所有学生的信息。

这里使用@ClassNo 表示要查询的编辑编号，它是一个 8 位的字符串，需要先进行声明，声明语句为@ClassNo nvarchar(8)。

在查询窗口中执行如下 SQL 语句：

```
CREATE PROCEDURE p_StudentPara
@ClassNo nvarchar(8)
AS
   SELECT * FROM Student WHERE ClassNo=@ClassNo
GO
```

2. 执行带输入参数的存储过程

（1）使用参数名传递参数值

在执行存储过程的语句中，通过语句@parameter_name=value 给出参数的传递值。当存储过程含有多个输入参数时，参数值可以按任意顺序设置，对于允许空值和具有默认值的输入参数，可以不给出参数的传递值。

语法格式如下：

```
EXECUTE procedure_name
[@parameter_name=value]
[,...n]
```

【问题 8-5】使用参数名传递参数值的方法执行存储过程 p_StudentPara，分别查找班级编号为 20150101、20140102 的学生信息。

在查询窗口中执行如下 SQL 语句：

```
EXEC p_StudentPara @ClassNo='20150101'
GO
EXEC p_StudentPara @ClassNo='20140102'
GO
```

执行结果如图 8-3 所示。

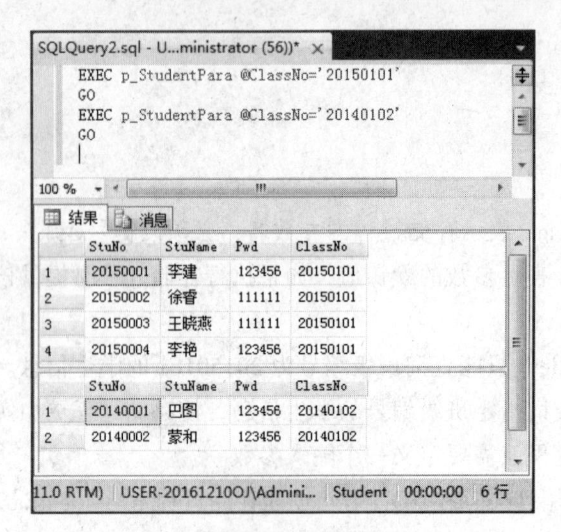

图 8-3　执行带参数的存储过程的返回结果

（2）按位置传递参数值

在执行存储过程的语句中，可按照输入参数的位置直接给出参数值。当存储过程含有多个输入参数时，参数值的顺序必须与存储过程中定义的输入参数顺序一致。按位置传递参数时，也可以忽略允许空值和具有默认值的输入参数，但不能因此破坏输入参数的指定顺序。比如，在一个含有 4 个输入参数的存储过程中，用户可以忽略第三和第四个输入参数，但不能在忽略第三个输入参数的情况下指定第四个输入参数的输入值。

语法格式如下：

```
EXECUTE procedure_name
[valur1,value2,...]
```

【问题 8-6】按位置传递参数值执行存储过程 p_StudentPara，别查找班级编号为 20150101、20140102 的学生信息。

在查询窗口中执行如下 SQL 语句：

```
EXEC p_StudentPara '20150101'
GO
EXEC p_StudentPara '20140102'
GO
```

可以看出，按位置传递参数值比按参数名传递参数值简洁。按位置传递参数值适合参数值较少的情况。而按参数名传递参数值可使程序的可读性增强，特别是在输入参数数量较多时。这里建议读者使用按参数名传递数值的方法，这样的程序易读、易维护。

3. 创建和执行带输出参数的存储过程

当需要从存储过程中返回一个或多个值时，可以在创建存储过程的语句中定义这些输出参数，此时需要在 CREATE PROCEDURE 语句中使用 OUTPUT 关键字说明是输出参数。

声明输出参数的语法格式如下：

```
@parameter_name datatype=[default] OUTPUT
```

【问题 8-7】创建存储过程 p_ClassNum，使它能够根据用户给定的班级编号统计该班的学生人数，并将学生人数返回给用户。

在查询窗口中执行如下 SQL 语句：

```
CREATE PROCEDURE p_ClassNum
@ClassNo nvarchar (8),@ClassNum smallint OUTPUT
AS
  SET @ClassNum=
  (
     SELECT COUNT(*) FROM Student
     WHERE ClassNo=@ClassNo
  )
PRINT @ClassNum
GO
```

【问题 8-8】执行存储过程 p_ClassNum。

由于在存储过程 p_ClassNum 中定义了输入参数@ClassNo、输出参数@ClassNum，所以在测试时需要先定义这两个局部变量，并需要为输入参数@ClassNo 进行赋值。对于输出参数@ClassNum 则不需要赋值，它可从存储过程中获得返回值，以供用户进一步使用。

在查询窗口中执行如下 SQL 语句：

```
DECLARE @ClassNo nvarchar (8),@ClassNum smallint
SET @ClassNo='20150101'
EXEC p_ClassNum @ClassNo,@ClassNum OUTPUT
SELECT @ClassNum
```

任务 8.3 修改存储过程

使用 ALTER PROCEDURE 语句可修改存储过程，基本语法如下：

```
ALTER PRICEDURE procedure_name
[WITH ENCRYPTION]
[WITH RECOMPILE]
AS
   sql_statement
```

【问题 8-9】使用 Transact-SQL 语句修改存储过程 p_StudentPara，使其能根据用户提供的班级名称进行模糊查询，并要求加密存储过程。

```
ALTER PROCEDURE p_StudentPara
@ClassName nvarchar(20)
WITH ENCRYPTION
AS
   SELECT ClassName,StuNo,StuName,Pwd
   FROM Student,Class
   WITH Student.ClassNo=Class.ClassNo
     AND
```

```
    ClassName LIKE '%+@ClassName+% '
GO
```

因为对该存储过程进行了加密，所以在 SQL Server Management Studio 中不能进行修改，如图 8-4 所示，“修改”命令变为灰色的禁用状态。

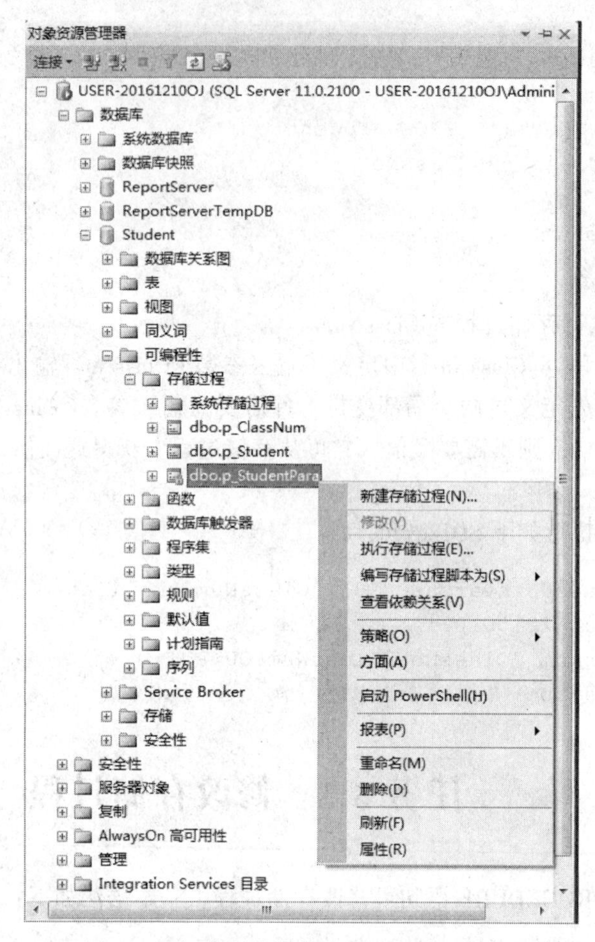

图 8-4　加密后的存储过程 p_StudentPara

任务 8.4　重命名存储过程

【问题 8-10】将存储过程 p_ClassNum 重命名为 p_CalcClassNum。

具体操作步骤如下：

step 01 在“对象资源管理器”窗口中展开 Student 数据库。

step 02 展开“可编程性”→“存储过程”选项，右击名为 p_ClassNum 的存储过程，在弹出的快捷菜单中选择“重命名”命令，如图 8-5 所示。

step 03 输入存储过程的新名称为“p_CalcClassNum”。

step 04 按【Enter】键完成修改。

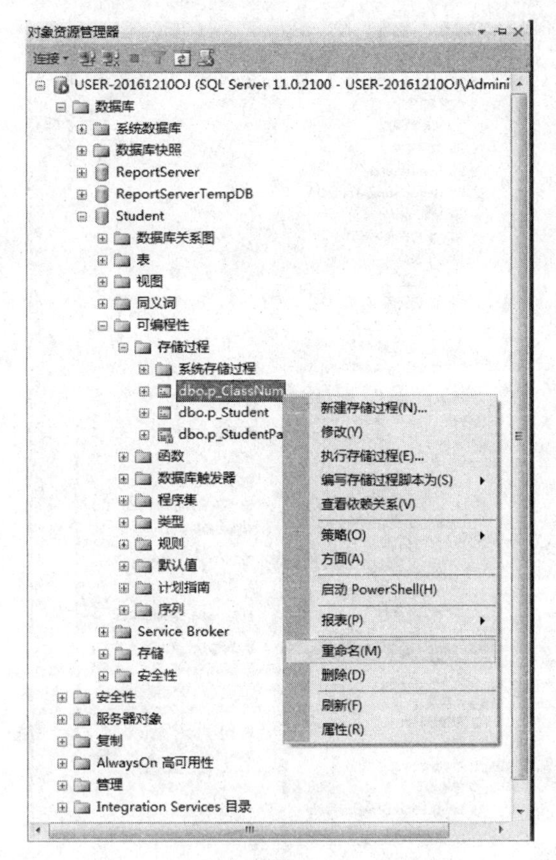

图 8-5 重命名存储过程 p_ClassNum

任务 8.5 删除存储过程

删除存储过程可使用 DROP PROCEDURE 语句。

【问题 8-11】使用 Transact-SQL 语句删除存储过程 p_Student。

在查询窗口中执行如下 SQL 语句：

```
USE Student
GO
DROP PROCEDURE p_Student
GO
```

【问题 8-12】使用 SQL Server Management Studio 删除存储过程 p_StudentPara。

具体操作步骤如下：

step 01 在“对象资源管理器”窗口中展开 Student 数据库。

step 02 展开“可编程性”→“存储过程”选项，右击 p_StudentPara 存储过程，在弹出的快捷菜单中选择“删除”命令，如图 8-6 所示。

step 03 在弹出的对话框中单击“确定”按钮。

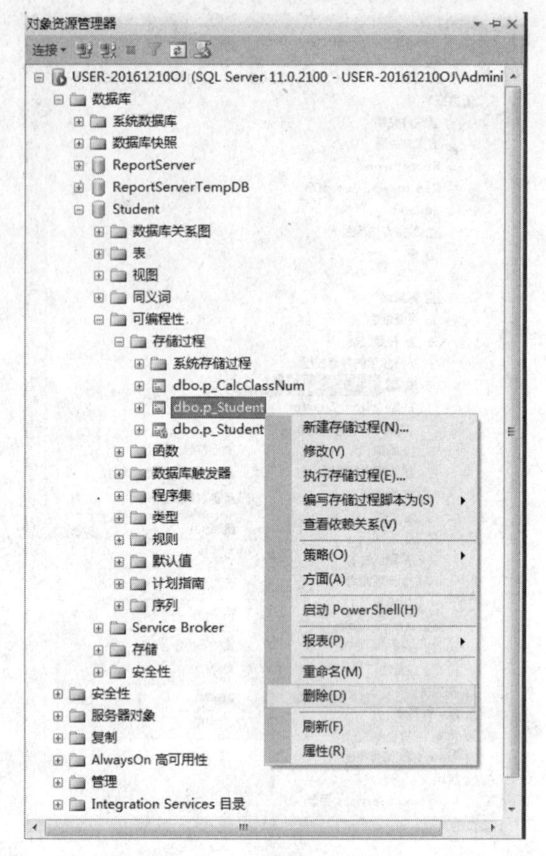

图 8-6　删除存储过程

任务 8.6　重新编译存储过程

存储过程所涉及的查询只在编译时进行优化。对数据库进行了索引或其他会影响数据库统计的更改后，必须对存储过程进行重新编译，以重新优化查询。

SQL Server 为用户提供了 3 种重新编译存储过程的方法。

（1）在创建存储过程时，使用 WITH RECOMPILE 子句指明 SQL Server 不将该存储过程的查询计划保存在缓存中，而是在每次执行时重新编译和优化，并创建新的查询计划。

【问题 8-13】使用 WITH RECOMPILE 句子创建存储过程 p_StudentPara。该存储过程能根据给定的班级编号返回其对应的所有学生信息，要求每次执行时进行重新编译和优化。

在查询窗口中执行如下 SQL 语句：

```
USE Student
GO
CREATE PROCEDURE p_StudentPara
@ClassNo nvarchar(8)
WITH RECOMPILE
AS
  SELECT * FROM Student WHERE ClassNo=@ClassNo
GO
```

这种方法并不常用，因为每次执行存储过程时都要重新编译，在整体上降低了存储过程的执行速度。除非存储过程本身进行的是一个比较复杂、耗时的操作，编译的时间相对执行存储过程的时间而言较少。

（2）在执行存储过程时设定重新编译选项。通过在执行存储过程时设定重新编译选项，使 SQL Server 在执行存储过程时从新编译存储过程，执行完后，新的查询计划将保存在缓存中。

语法格式如下：

```
EXECUTE procedure_name WITH RECOMPILE
```

【问题 8-14】以重新编译的方式执行存储过程 p_StudentPara。

在查询窗口中执行如下 SQL 语句：

```
USE Student
GO
EXECUTE p_StudentPara
GO
```

此方法一般是在创建存储过程后且数据发生了显著变化时使用。

（3）通过系统存储过程设定重新编译选项。语法格式如下：

```
EXECUTE sp_recompile OBJECT
```

其中，OBJECT 为当前数据库中的存储过程、表或视图的名称。

思考与练习

一、选择题

1. 下面（　　）不能作为存储过程名。

   A. abc　　B. q_e　　C. qw12　　D. aqz

2. 有关存储过程说法不正确的是（　　）。

   A. 存储过程是由 Transact-SQL 语句编写的

   B. 存储过程在客户端执行

   C. 存储过程可以反复多次执行

   D. 存储过程可以提高数据库的安全性

3. 下面（　　）不是对存储过程操作的语句。

   A. CREATE PROCEDURE　　B. ALTER PROCEDURE

   C. DROP PROCEDURE　　D. DELETE PROCEDURE

4. 关于系统存储过程，下列说法正确的是（　　）。

   A. 只能由系统使用　　B. 用户可以调用

   C. 需要用户编写程序　　D. 用户无权使用

5. 下面（　　）是加密存储过程的关键字。

   A. WITH ENCRYPTION　　B. WITH RECOMPILE

   C. WITH DISABLE　　D. WITH ENABLE

6. 常用的系统存储过程不包括（　　）

A. sp_tables　　B. sp_columns

C. sp_stored_procedures　　D. sp_renametable

7. 银行系统中有账户表和交易表，账户表中存储了各存款人的账户余额，交易表中存储了各存款人每次的存取款金额，为保证存款人每进行一次存、取款交易，都需要更新该存款人的账户余额，以下选项中正确的做法是（　　）。

A. 创建查看两张表的视图　　B. 创建一个带事务的存储过程

C. 在账户表上创建检查约束　　D. 在交易表上创建检查约束

8. 关于存储过程，以下说法正确的是（　　）。

A. 不能在存储过程中使用 CREATE VIEW 命令

B. Transact-SQL 批代码的执行速度要快于存储过程

C. 存储过程必须带有参数

D. 存储过程不能返回结果集

二、填空题

1. 存储过程是完成特定功能的一组________的集合，其功能有些类似于高级语言中的________和________。

2. SQL Server 主要支持两种不同类型的存储过程：________存储过程和________存储过程。

3. 使用 Transact-SQL 语句________可以创建存储过程，语句________可以修改存储过程，语句________删除存储过程。

4. 执行带输入参数的存储过程时，在 SQL Server 提供了两种传递参数的方式________和________。

5. 在创建存储过程时，对存储过程的定义文本加密要使用________关键字，表示每次执行存储过程时都要重新编译存储过程使用________关键字。

三、简答题

1. 存储过程有哪些优点？

2. 存储过程的定义中主要包含哪几部分的内容？

3. 重新编译存储过程有什么作用？在什么情况下需要重新编译存储过程？

4. 可用什么语句修改存储过程？可用什么语句删除存储过程？

5. 在 SQL 查询分析器的对象浏览器窗口中可以修改存储过程吗？举例说明操作过程。

跟我学上机

1. 使用 Transact-SQL 语句创建一个名为 p_Student1 的存储过程。

2. 通过存储过程可以查看 Student 表中所有学生的信息。

3. 重命名存储过程为 p_Student2。

4. 使用 Transact-SQL 语句删除存储过程 p_Student2。

第9章 触 发 器

知识目标

- 了解 SQL Server 中触发器的概念、作用和用途；
- 掌握触发器的分类和特点；
- 掌握各类触发器的创建和管理。

技能目标

- 会根据需要创建、修改、删除触发器；
- 会根据需要禁用、启用触发器。

知识学习

1. 触发器（trigger）的定义

如果希望向一个表中插入一条记录，并且得到插入后的相关提示信息，使用存储过程无法解决这个问题，因为存储过程不是由用户通过其名字调用。

此时就要使用触发器。触发器是个特殊的存储过程，它的执行不是由程序调用，也不是手工启动，而是由事件来触发。

触发器和存储过程非常相似，但触发器是一种特殊的存储过程，触发器不能使用 EXECUTE 语句，由用户使用 Transact-SQL 语句自动触发。它的特点为：是一种在基本表被修改时自动执行的内嵌过程，主要通过事件或动作进行触发而被执行；它不像存储器能通过名称被直接调用，更不允许带参数；它主要用于 SQL Server 约束、默认值和规则的完整性检查，实施更为复杂的业务规则。

2. 触发器的作用

触发器的主要作用是能够实现主键和外键所不能保证的复杂的参照完整性和数据一致性。除此之外，触发器还具有以下几个作用。

（1）强化约束：触发器可以实现比 CHECK 约束更为复杂的数据完整性约束。例如，在 CJGL 数据库中，向 Student 表中插入记录时，当输入该学生所在班级的编号时，必须要先检查在 Class 表中是否存在该班级。这就只能通过触发器来实现，而不能通过 CHECK

约束完成。

（2）跟踪变化：当用户对数据表进行了 INSERT、UPDATE 和 DELETE 操作后，可以通过触发器对其数据状态前后的变化进行访问。

（3）级联运行：能对数据库中相关表进行级联修改。例如，可以在 Class 表的 Number（人数）字段上建立一个插入类型的触发器，当向 Student 表中添加一条记录后，就在 Class 表的“人数”上自动加 1。

3. 触发器的分类

SQL Server 包括两大类触发器：DML 触发器和 DDL 触发器。其中 DML 触发器用于 SQL Server 和以前的版本，而 DDL 触发器是 SQL Server 新增的功能。

（1）DML（数据操纵语言）触发器

当数据库表中的数据发生变化时，包括任意 INSERT、UPDATE、DELETE 操作，DML 触发器将自动执行。通常说的 DML 触发器包括 INSERT 触发器、UPDATE 触发器或 DELETE 触发器。DML 触发器可以查询其他表，还可以包含复杂的 Transact-SQL 语句。将触发器和触发它的语句作为可在触发器内回滚的单个事务对待。如果检测到错误，则整个事务即自动回滚。

DML 触发器在以下方面非常有用：

① DML 触发器可通过数据库中的相关表实现级联更改。不过，通过级联引用完整性约束可以更有效地进行这些更改。

② DML 触发器可以防止恶意或错误的 INSERT、UPDATE 以及 DELETE 操作，并强制执行比 CHECK 约束定义的限制更为复杂的其他限制。

③ DML 触发器可以评估数据修改前后表的状态，并根据该差异采取措施。

④ 一个表中的多个同类 DML 触发器（INSERT、UPDATE 或 DELETE）允许采取多个不同的操作来响应同一个修改语句。

（2）DDL（数据定义语言）触发器

DDL 触发器在服务器或者数据库中发生数据定义语言（DDL）事件时调用。是 SQL Server 的新增特性，像常规触发器一样，DLL 触发器也将激发存储过程以响应事件。但是与 DML 不同的是，它们不会响应针对表或视图的 UPDATE、INSERT 和 DELETE 语句而激发。如果要执行以下操作可以使用 DDL 触发器：

① 防止对数据库架构进行某些更改。如修改、删除数据表。

② 要记录数据库架构中的更改或事件。

③ 希望数据库架构中发生某种情况以响应数据库架构的更改。

任务 9.1 创建触发器

只有数据库的所有者才能定义触发器，因为给表增加触发器时，将改变表的访问方式，以及对象的关系，等同于修改了数据库模式。本书中仅介绍使用 CREATE TRIGGER 命令创建 DML 触发器，创建一个触发器必须指定以下几项内容：

- 触发器的名称。
- 在其定义上触发器的表。
- 触发器的激活时机。
- 执行触发器的编程代码。

其基本语法格式如下：

```
CREATE TRIGGER <触发器名>
ON { 表名 | 视图名 }
FOR { | AFTER | INSTEAD OF }  { [ INSERT ] [ , ] [ UPDATE ] [ , ] [ DELETE ] }
AS {SQL 语句}
```

参数说明如表 9-1 所示。

表 9-1　触发器语法参数说明

参 数 名 称	解　　释
<触发器名>	触发器的名称
表名 | 视图名	对其执行 DML 触发器的表或视图，有时称为触发器表或触发器视图。可以根据需要指定表或视图的完全限定名称。视图只能被 INSTEAD OF 触发器引用
FOR | AFTER | INSTEAD OF	指定触发器触发的时机，其中 FOR 也创建 AFTER 触发器。如果仅指定 FOR，则 AFTER 为默认设置。不能在视图上定义 AFTER 触发器
FOR{ [DELETE] [,] [INSERT] [,] [UPDATE] }	指定数据修改语句，这些语句可在 DML 触发器对此表或视图进行尝试时激活该触发器。必须至少指定一个选项。在触发器定义中允许使用各选项的任意顺序组合
SQL 语句	触发器要执行的 Transact-SQL 语句

触发器的类型根据操纵的类型可分为四种类型，分别是 INSERT 触发器、DELETE 触发器、UPDATE 触发器、INSTEAD OF 触发器。

1. INSERT 触发器

INSERT 触发器在每次往基本表中插入数据时触发，该数据同时复制到基本表和内存中的 INSERTED 表中。

【问题 9-1】创建一个 INSERT 触发器，在对表 Student 进行数据插入后，输出所影响的行数信息。

INSERT 触发器的创建代码如下：

```
CREATE TRIGGER tri_insert
ON Student
FOR INSERT
AS PRINT'(所影响的行数: '+cast(@@rowcount AS VARCHAR(10))+'行)'
```

执行下列 Transact-SQL 代码，即向表 Student 插入一行数据后，将激活 INSERT 触发器，数据库服务器将输出以下内容，如图 9-1 所示。

```
USE Student
INSERT INTO Student
VALUES('20150005','李来','112233','20150101')
```

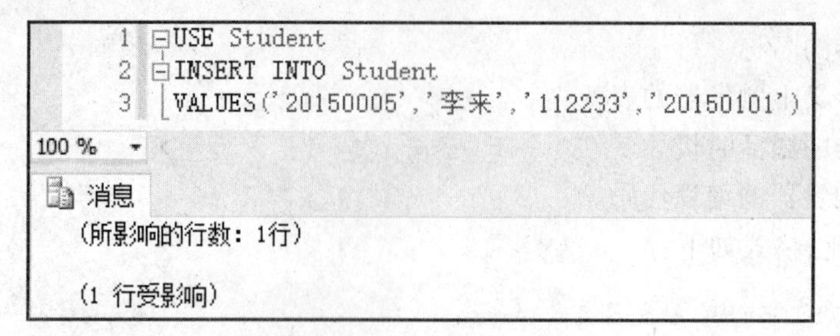

图 9-1　问题 9-1 运行结果

2. DELETE 触发器

DELETE 触发器在从基本表中删除数据时触发执行，执行 DELETE 触发器后，SQL Server 将被用户删除的数据行存放在 DELETED 表中，数据行没有真正消失，可以在 SQL 语句中被引用。

【问题 9-2】创建一个 DELETE 触发器，当删除表 Student 中的数据时触发执行。DELETE 触发器的创建代码如下：

```
CREATE TRIGGER tri_delete
ON Student
AFTER
DELETE
AS
SELECT StuNo 学生编号,StuName 被删除的学生姓名, Pwd 密码, ClassNo 班级编号
FROM deleted
```

执行下列 Transact-SQL 代码，删除表 Student 中某行数据，将激活 DELETE 触发器，数据库服务器将输出下列内容，如图 9-2 所示。

```
USE Student
DELETE FROM Student WHERE StuNo=20150005
```

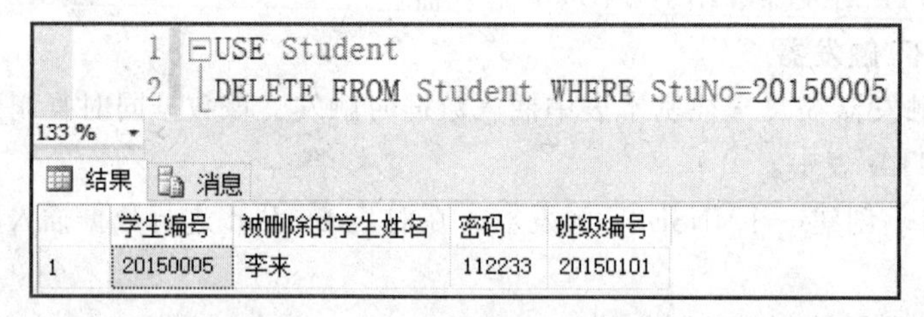

图 9-2　问题 9-2 运行结果

3. UPDATE 触发器

UPDATE 触发器在用户发出 UPDATE 语句后触发执行，为用户修改数据行增加限制规则。实际上 UPDATE 触发器合并了 DELETE 触发器和 INSERT 触发器的作用。

【问题 9-3】创建一个 UPDATE 触发器，当用户更新表 Student 中的数据后，从表 INSERTED 中读取修改新的值（下面用例将以修改表 Student 中的属性 Pwd 的属性值进行测试），从表 DELETED 中识别未修改前的属性值。UPDATE 触发器的创建代码如下：

```
CREATE TRIGGER tri_update
ON Student
FOR
UPDATE
```

```
AS
IF UPDATE(Pwd)
BEGIN
UPDATE Student
SET Pwd=(SELECT Pwd FROM inserted)
WHERE Pwd=(SELECT Pwd FROM deleted)
END
```

执行下列 Transact-SQL 代码，修改表 Student 中某行特定列的属性值，这里的特定列为 Pwd，修改列 Pwd 的属性值，将激活 UPDATE 触发器，数据库服务器将输出下列内容，如图 9-3 所示。

```
UPDATE Student
SET Pwd='112233'
WHERE StuNo='20150006'
SELECT * FROM Student
WHERE StuNo='20150006'
```

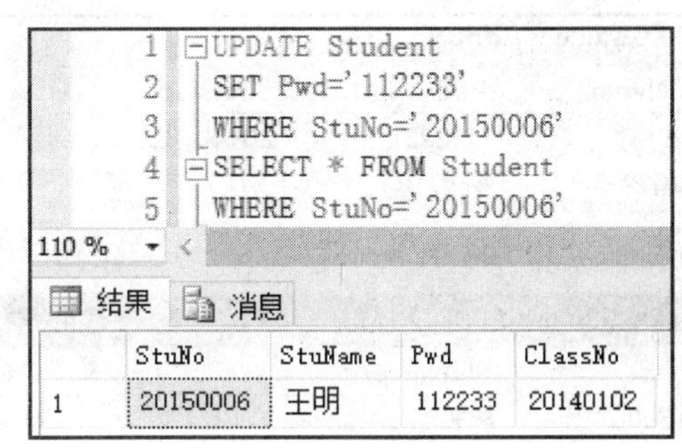

图 9-3　问题 9-3 运行结果

4. INSTEAD OF 触发器

INSTEAD OF 触发器用于视图操作，是替代操作触发器。其主要优点是可以使不能更新的视图支持更新。INSTEAD OF 触发器指定执行触发器而不是执行触发的 SQL 语句，从而替代触发语句的操作。在表或视图上，每个 INSERT、UPDATE 或 DELETE 语句最多可以定义一个 INSTEAD OF 触发器。然而，可以在每个具有 INSTEAD OF 触发器的视图上定义视图。

【问题 9-4】创建一个 INSTEAD OF 触发器，在视图往表 Student 中插入数据行时，会触发 INSTEAD OF 触发器所指定的触发器，示例中当视图表有新行插入时，INSTEAD OF 触发器会触发 INSERT 触发器，并向表 Student 同步更新数据。

创建一个基于表 Student 的视图 view_student，代码如下：

```
CREATE VIEW view_student
AS
SELECT StuName,Pwd,ClassNo
FROM Student
```

INSTEAD OF 触发器的创建代码如下：

```
CREATE TRIGGER tri_insteadof
ON view_student
INSTEAD OF INSERT
AS
```

```
DECLARE @StuNo nvarchar(8), @StuName nvarchar(10),
       @Pwd nvarchar(8), @ClassNo nvarchar(10)
SELECT  @StuName=StuName ,@Pwd=Pwd, @ClassNo=ClassNo FROM inserted
SET @StuNo='20150007'
INSERT
INTO Student(StuNo,StuName,Pwd,ClassNo)
VALUES (@StuNo,@StuName,@Pwd,@ClassNo)
```

执行下列Transact-SQL代码,向视图view_student插入数据,并观察视图view_student和表Student。

```
USE Student
INSERT
INTO view_student
VALUES ('李来','111222','20140102')
```

最终比较视图view_student和表Student的变化，如图9-4所示。

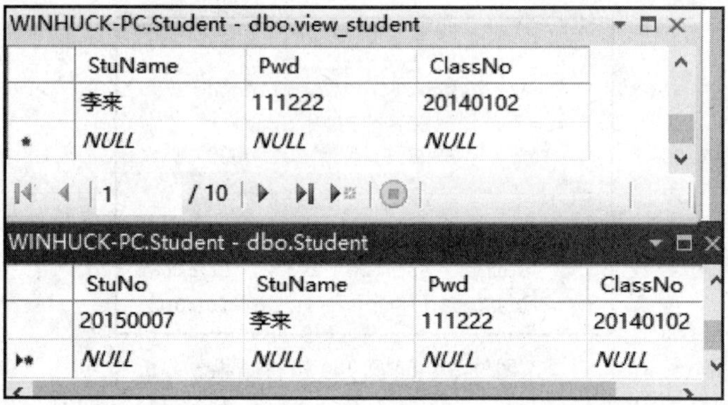

WINHUCK-PC.Student - dbo.view_student

	StuName	Pwd	ClassNo
	李来	111222	20140102
*	NULL	NULL	NULL

1 / 10

WINHUCK-PC.Student - dbo.Student

	StuNo	StuName	Pwd	ClassNo
	20150007	李来	111222	20140102
▶*	NULL	NULL	NULL	NULL

图9-4　视图view_student和表Student的比较

任务9.2　修改触发器

只有数据库所有者才能修改触发器。修改触发器包括重命名触发器和修改触发器的定义两种。重命名触发器只能用系统存储过程SP_RENAME进行，而修改触发器定义可以用“ALTER TRIGGER”命令和“对象资源管理器”进行。

（1）重命名触发器。修改触发器的名称不能在对象资源管理器中进行，只能通过存储过程SP_RENAME进行，其基本语法格式如下：

```
SP_RENMA OLDNAME , NEWNAME
```

（2）修改触发器定义信息。语法格式如下：

```
ALTER TRIGGER TRIGGER_NAME
ON   {TABLE_NAME |VIEW_NAME}
{FOR |AFTER| INSTEAD OF }
[ INSERT, UPDATE,DELETE ]
AS
[SQL 语句]
```

从命令格式上看出，它实际上相当于先删除旧的触发器，然后在同样的基本表或者视图上创建一个同名的新触发器。

任务 9.3　删除触发器

删除触发器可以使用“DROP TRIGGER”命令，同样，也可以在“对象资源管理器”中进行操作。当然，只有存储某触发器时此触发器才能被删除。当删除表时，其中的所有触发器也同时被删除。

删除某一触发器的时候应该先检查该触发器是否存在，当执行“DROP TRIGGER”命令删除不存在的触发器时，系统会给出错误警告。所以建议问题 9-4 使用下面的语句：

```
USE Student
GO
IF EXISTS(SELECT NAME
FROM SYSOBJECTS
WHERE NAME='tri_update' AND TYPE='TR')
DROP TRIGGER  tri_update
```

用 DROP TRIGGER 命令删除触发器。其基本语法格式如下：

```
DROP TRIGGER TRIGGER_NAME
```

如删除名为 tri_update 的触发器，使用的语句如下：

```
USE Student
GO
DROP TRIGGER tri_update
```

任务 9.4　禁止和启动触发器

在用户使用触发器时，可能用到禁止触发器的场合，比如，本书数据库 CJGL 中的 Student 表、Course 表和 Score 表存在外键约束，但并不强制外键约束。当要清空 Score 表中记录时，会建立 DELETE 触发器同时删除 Student 表和 Course 表中的记录，那么如果只想删除 Score 表而不删除其他表中的记录又该怎么办呢？禁止 DELETE 触发器。被禁止后该触发器在表中依然存在，只是不能再被触发，直到下次启用为止。

禁止和启用触发器的操作很简单，用 SQL 命令和“对象资源管理器”都可以实现，这里只用简单的例子进行说明。

（1）用 SQL 命令禁止和启用触发器：

```
ALTER TABLE Student DISABLE ALL    --禁止 Student 表上的所有触发器
ALTER TABLE Student ENABLE ALL     --启用 Student 表上的所有触发器
```

（2）用“对象资源管理器”禁止和启用触发器。

在“对象资源管理器”中右击需要禁止或启用的触发器，在弹出的快捷菜单中选择“禁止”或“启用”命令即可。

任务 9.5　查看触发器信息

在 SQL Server 中查看触发器的信息有很多种方式，具体分为：

使用系统的存储过程查看；

使用系统视图 sys.sysobjects 查看；

使用“对象资源管理器”查看。

以下分别针对这几种查看方式进行举例解释。

1. 使用系统的存储过程查看触发器信息

通过 SP_HELP 系统存储过程，可以了解触发器的名字、属性、类型、创建时间等一般信息。基本语法格式如下：

```
SP_HELP TRIGGER_NAME
```

SP_HELP：报告有关数据库对象（sys.sysobjects 兼容视图中列出的所有对象）、用户定义数据类型或某种数据类型的信息。

注意：SP_HELP TRIGGER 返回对当前数据库的指定表定义的 DML 触发器的类型。SP_HELP TRIGGER 不能用于 DDL 触发器。

【问题 9-5】查看问题 9-2 中建立的触发器 tri_delete 的一般信息。在“新建查询”窗口中输入以下代码并执行：

```
USE Student
GO
EXEC sp_help tri_delete
GO
```

执行上述命令后的结果如图 9-5 所示。

结果　消息

	Name	Owner	Type	Created_datetime
1	tri_delete	dbo	trigger	2016-04-17 17:29:56.717

图 9-5　查看触发器 tri_delete 的一般信息

通过 SP_HELPTEXT 系统存储过程，能查看触发器的定义信息。其基本语法格式如下：

```
SP_HELPTEXT TRIGGER_NAME
```

SP_HELPTEXT：显示规则、默认值、未加密的存储过程、用户定义函数、触发器或视图的文本。

【问题 9-6】查看问题 9-2 中建立的触发器 tri_delete 的定义信息。在“新建查询”窗口中输入以下代码并执行：

```
USE Student
GO
EXEC sp_helptext tri_delete
```

```
GO
```

执行上述命令后的结果如图 9-6 所示。

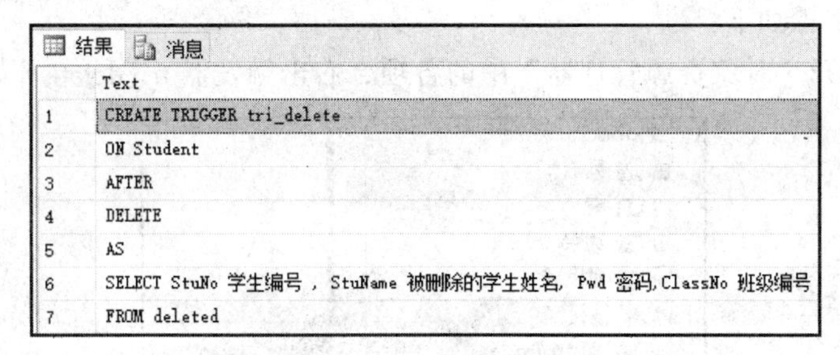

结果 | 消息

	Text
1	CREATE TRIGGER tri_delete
2	ON Student
3	AFTER
4	DELETE
5	AS
6	SELECT StuNo 学生编号 , StuName 被删除的学生姓名, Pwd 密码,ClassNo 班级编号
7	FROM deleted

图 9-6 查看 tri_deletel 的定义信息

2. 使用系统视图 sys.sysobjects 查看触发器信息

系统视图 sys.sysobjects 是 SQL Server 中的称谓，在 SQL Server 2000 中 sys.sysobjects 称为系统表。既然是系统视图，那么就不能正常查看其中存放的信息，必须通过 Transact-SQL 的相关命令才能进行查看。

使用 sys.sysobjects 查看触发器的相关信息，必须给定其所在的数据库，因为任何一个数据库下都会存在一个名为 sys.sysobjects 的系统视图。sys.sysobjects 系统视图如图 9-7 所示。

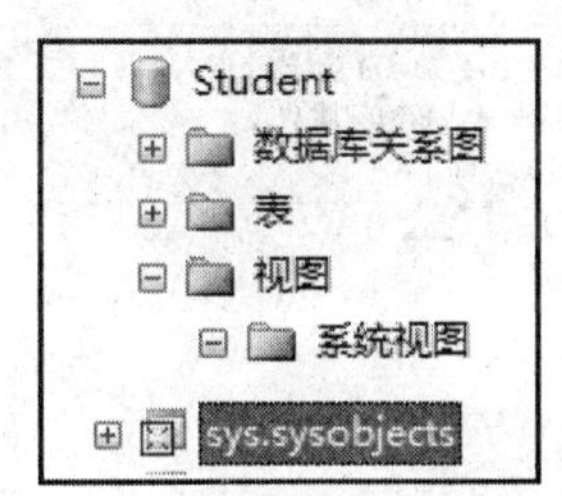

图 9-7 sys.sysobjects 系统视图

【问题 9-7】使用 sys.sysobjects 查看 Student 数据库上的触发器的名称。

在“新建查询”窗口中输入以下命令并执行：

```
USE Student
GO
SELECT NAME FROM sysobjects
WHERE type='tr'
GO
```

执行上述命令后的结果如图 9-8 所示。

结果 | 消息

	NAME
1	tri_update
2	tri_insteadof
3	tri_delete

图 9-8 用 sysobjects 系统视图查看触发器信息

3. 使用“对象资源管理器”查看触发器信息

SQL Server 的对象资源管理器并不能完成上面的所有查看功能。

【问题 9-8】用“对象资源管理器”查看问题 9-2 中的 tri_delete 触发器和表的依赖关系（依赖关系等同于用 sp_depends 系统存储过程查看引用表或触发器的信息）。

具体操作步骤如下：

① 依次展开“对象资源管理器”中的各项，右击触发器 tri_delete，如图 9-9 所示。

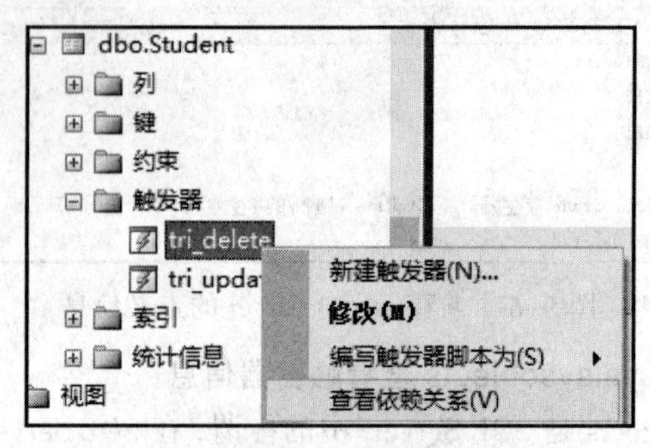

图 9-9 展开触发器所在项并右击

② 在弹出的快捷菜单中选择“查看依赖关系”命令，弹出“对象依赖关系”窗口，在其中可以看到相应的依赖信息，如图 9-10 所示。

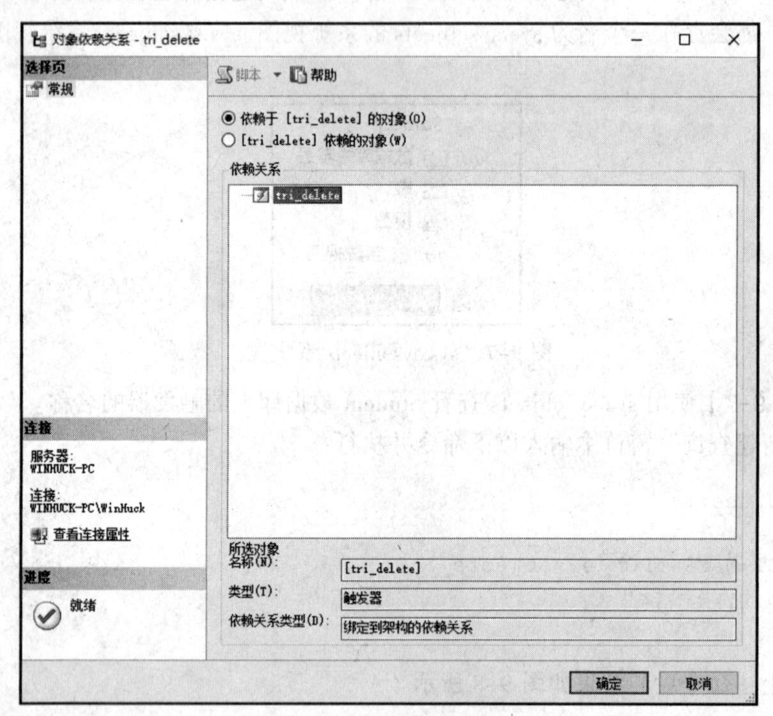

图 9-10 “对象依赖关系”窗口

思考与练习

一、填空题

1. 触发器是一种特殊的__________，它是一种在基本表被修改时自动执行的内嵌过程，主要通过__________进行触发而被执行；它不能通过名称被直接调用。

2. 当数据库中发生数据操作语言（DML）事件时将调用 DML 触发器。DML 事件包括在指定表或视图中修改数据的________语句、________语句或________语句。

3. 在 Score 表上建立名为 NoUpdate 的触发器，该触发器不允许用户修改学生的成绩。请完成以下 Transact-SQL 代码：

```
use CJGL
go
create trigger NoUpdate
for update
as
if ______________
begin
print '成绩不许被修改！'
_____________________
end
go
```

二、设计题

删除 Score 表中的某一成绩信息，使用触发器 tri_InfoSafty 检查删除的成绩是否为及格。如果成绩不及格就阻止删除，并提示相应安全信息，否则就提示删除成功的信息。

提示：用 deleted 虚表设计该程序。

三、思考题

SQL Server 中触发器的概念与作用？触发器和存储过程的区别与联系？

跟我学上机

对商品销售数据库（各个表结构见第 2 章跟我学上机）进行触发器的应用，写出正确的触发器语法。

1. 为商品表创建一个触发器 insert_trigger，触发器在执行插入语句后，新插入商品数据的编号将自动更新商品销售情况表的商品编号字段。

2. 为商品表创建一个触发器 delete_trigger，触发器在执行删除语句后，商品表的数据删除成功的同时移除商品销售情况表中对应的数据。

3. 为商品表创建一个触发器 update_trigger，触发器在执行更新语句后，自动更新商品销售情况表中列名为数量的所有数据，设置更新所有数量值为 100。

4. 修改触发器 update_trigger，触发器在执行更新语句后，显示提示信息：“更新成功”。

第 10 章　创建与使用游标

知识目标

- 掌握服务器游标的创建和使用方法；
- 掌握游标与其他 Transact-SQL 语句配合使用的方法；
- 理解游标的基本概念。

技能目标

- 会根据需要创建和使用游标；
- 会创建与使用@@FETCH_STATUS 游标。

知识学习

1. 游标的基本概念

使用 SELECT 语句返回的结果集包括所有满足条件的数据行，但在实际开发应用程序时，往往每次需要处理一行或一部分行，此时可以使用游标。

游标支持以下功能：

（1）在 SELECT 结果集中定位特定的数据行。

（2）查询 SELECT 结果集当前位置的数据行。

（3）修改 SELECT 结果集当前位置数据行的数据。

SQL Server 支持两种类型的游标，具体如下：

（1）Transact-SQL 服务器游标：Transact-SQL 语言支持根据 SQL-92 游标语法制定的游标语法。

（2）数据库应用程序编程接口（API）游标函数：支持 ADO、OLE DB、ODBC 数据库 API 的游标功能。

2. Transact-SQL 服务器游标

一般按照下述步骤使用 Transact-SQL 服务器游标。

（1）首先使用 DECLARE CURSOR 语句声明一个游标。该语句指定产生该游标结果集的 SELECT 语句，其语法格式如下：

```
DECLARE cursor_name CURSOR
FOR select_statement
```

```
[FOR {READ ONLY|UPDATE [OF column_name[,...n]]}]
```

参数说明如下：

cursor_name：游标名称。

select_statement：定义产生游标结果集的 SELECT 语句。在 select_statement 中不允许使用关键字 COMPUTE、COMPUTE BY、FOR BROWSE 和 INTO。

READ ONLY：定义游标为只读，UPDATE 或 DELETE 语句的 WHERE CURRENT OF 子句不能引用只读游标。

UPDATE[OF column_name[,...n]]：定义游标可修改。如果给出 OF column_name[,...n] 参数，则只允许修改所给出的列。如果在 UPDATE 中未给出指定的列，则可以对所有列进行修改。没有指定的情况下，默认可以修改所有列。

（2）使用 OPEN 语句打开该游标，语法格式如下：

```
OPEN cursor_name
```

（3）使用 FETCH 语句从 SELECT 结果集中查询单独的数据行，语法格式如下：

```
FETCH [NEXT| PRIOR |FIRST |LAST]
FROM cursor_name
[INTO @variable_name [,...n]]
```

参数说明如下：

NEXT：返回紧跟当前行之后的数据行，并且当前数据行递增为结果行。如果 FETCH NEXT 为对游标进行第一次提取操作，则返回结果集中的第一行。NEXT 为默认的游标提取选项。

PRIOR：返回当前行的前一行数据，并且当前数据行递减为结果行。如果 FETCH PRIOR 为对游标进行第一次提取操作，则没有行返回，并且游标置于第一行之前。

FIRST：返回游标中的第一行并将其作为当前行。

LAST：返回游标中的最后一行并将其作为当前行。

INTO @variable_name [,...n]：存入变量。允许将当前行的指定列的数据存放到所给出的局部变量中。列表中的每个局部变量从左到右要与游标 SELECT 结果集中的相应列对应，数据类型必须与对应列的数据类型相同或兼容，局部变量的数目必须与游标选择列表中列的数目相同。

（4）如果需要，可以使用 UPDATE 或 DELETE 语句修改游标位置的数据行。

如果将游标定义为可更新，那么当定位在游标中的某个数据行时，可以执行修改或删除操作。修改或删除操作只针对在游标中建立当前行的基表，称为定位修改。

读者可以使用 UPDATE 或 DELETE 语句中的 WHERE CURRENT OF cursor_name 子句执行定位更新。

（5）使用 CLOSE 语句关闭游标，结束动态游标的操作并释放资源，语法格式如下：

```
CLOSE cursor_name
```

如果需要，在 CLOSE 后还可以使用 OPEN 语句重新打开游标。

（6）使用 DEALLOCATE 语句从当前的会话中删除对游标的引用，以释放分配给游标的所有资源。游标释放后不可以用 OPEN 语句重新打开，必须使用 DECLARE 语句重建游标，语法格式如下：

```
DECLARE cursor_name
```

3. 关于@@FETCH_STATUS

@@FETCH_STATUS：返回 FETCH 语句执行后的游标状态。

返回类型：integer。

返回值说明如下：

0：表明 FETCH 语句成功。

-1：表明 FETCH 语句失败，或者此数据行不在结果集中。

-2：表明被提取的数据行不存在。

在未执行任何提取操作之前，@@FETCH_STATUS 的值是未知的。

注意：由于@@FETCH_STATUS 对于一个连接上的所有游标是全局性的，因此注意@@FETCH_STATUS 值的状态。在执行一条 FETCH 语句后，若要对另一个游标执行另一条 FETCH 语句，则必须首先测试@@FETCH_STATUS。

例如，用户对一个游标执行一条 FETCH 语句，然后调用一个过程，被调用的过程打开并处理另一个游标。当控制从被调用的存储过程返回后，@@FETCH_STATUS 反映的是在存储过程中执行的最后一个 FETCH 语句的结果，而不是在存储过程被调用之前的 FETCH 语句的结果。

任务 10.1　创建基本游标

【问题 10-1】声明一个名为 CrsCourse 的游标，该游标从 Course 表中查询所有数据行。

知识点：学习从声明游标到最后释放游标的基本过程。

step 01 使用 DECLARE CURSOR 语句声明游标，在查询窗口中执行 Transact-SQL 语句：

```
USE Student
GO
DECLARE CrsCourse CURSOR
FOR
SELECT * FROM Course ORDER BY CouNo
GO
```

执行结果如图 10-1 所示。

step 02 使用 OPEN 语句打开游标。

```
OPEN CrsCourse
```

执行结果如图 10-2 所示。

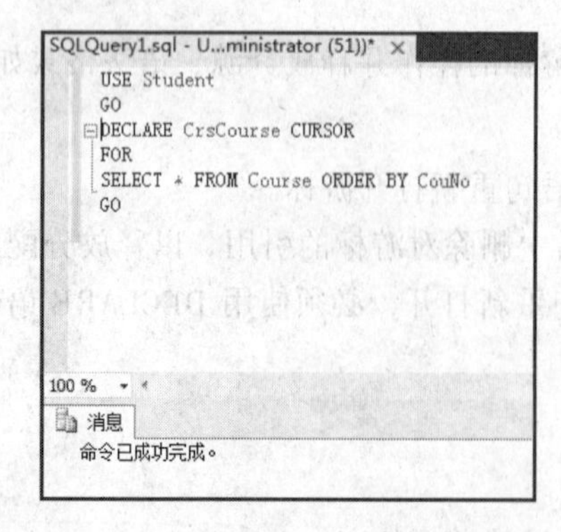

图 10-1　使用 DECLARE CURSOR 语句声明游标

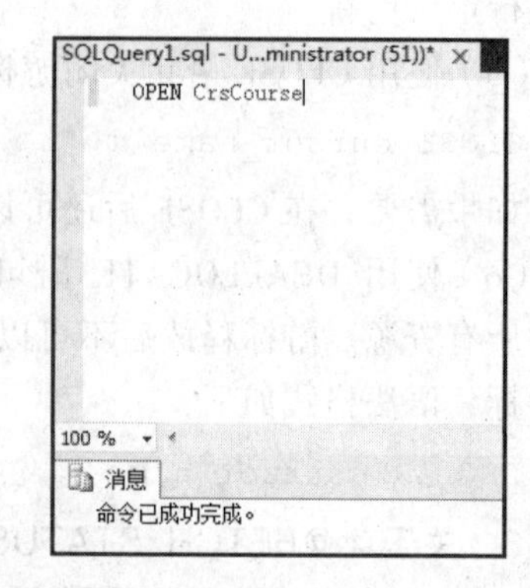

图 10-2　使用 OPEN 语句打开游标

step 03 使用 FETCH 语句从游标中查询并返回数据行。

```
FETCH NEXT FROM CrsCourse
```

执行结果如图 10-3 所示。

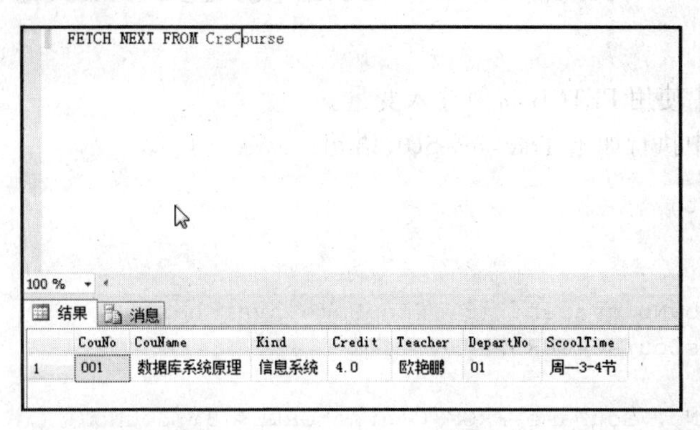

	CouNo	CouName	Kind	Credit	Teacher	DepartNo	ScoolTime
1	001	数据库系统原理	信息系统	4.0	欧艳鹏	01	周一3-4节

图 10-3 第一次使用 FETCH NEXT 语句从游标当前位置查询并返回数据行的执行结果

该语句从结果集的当前位置查询下一行数据。首次执行 FETCH NEXT 语句时查询的是第一行数据，所以返回的数据行将是结果集中的第一行（课程编号为 001 的数据行）。

如果再次执行 FETCH NEXT FROM CrsCourse 语句，则返回当前数据行的下一行（课程编号为 002 的数据行），如图 10-4 所示。

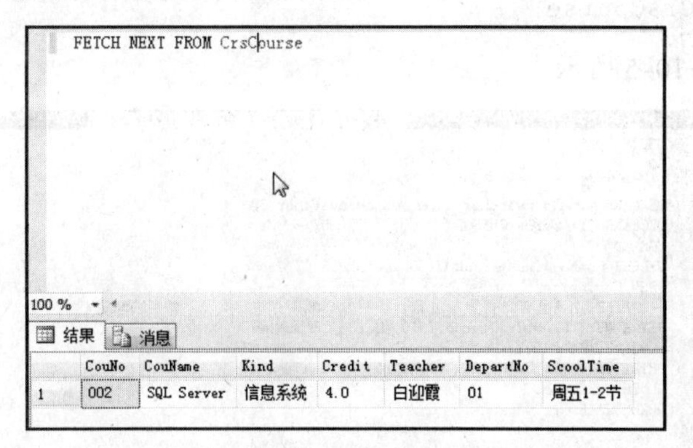

	CouNo	CouName	Kind	Credit	Teacher	DepartNo	ScoolTime
1	002	SQL Server	信息系统	4.0	白迎霞	01	周五1-2节

图 10-4 再次执行 FETCH NEXT FROM CrsCourse 语句的执行结果

step 04 将当前数据行的学分修改为 3。

```
UPDATE Course SET Credit=3 WHERE CURRENT OF CrsCourse
```

因为定义的游标基本表为 Course 表，所以 UPDATE 操作的表也为 Course 表。与定义的游标相对应，此时修改的是 Course 表中课程编号为 001 的数据行。

如果要删除当前数据行，可以使用如下命令：

```
DELETE FROM Course WHERE CURRENT OF CrsCourse
```

此时暂不执行该语句。

step 05 使用 CLOSE 语句关闭游标。

```
CLOSE CrsCourse
```

step 06 使用 DEALLOCATE 语句释放游标。

```
DEALLOCATE CrsCourse
```

任务 10.2　创建使用变量的游标

【问题 10-2】使用 FETCH 将值存入变量。

在查询窗口中执行如下 Transact-SQL 语句：

```
USE Student
GO
--定义变量
DECLARE @CouNo nvarchar(3),@CouName nvarchar(30)
DECLARE CrsCourse CURSOR
FOR
SELECT CouNo, CouName FROM Course ORDER BY CouNo
OPEN CrsCourse
--使用 FETCH 将值存入变量，注意，各变量的顺序、数据类型、数目应与游标相一致
FETCH NEXT FROM CrsCourse INTO @CouNo, @CouName
--利用变量打印输出
PRINT '课程号：'+@CouNo+'课程名称：'+@CouName
CLOSE CrsCourse
DEALLOCATE CrsCourse
```

执行结果如图 10-5 所示。

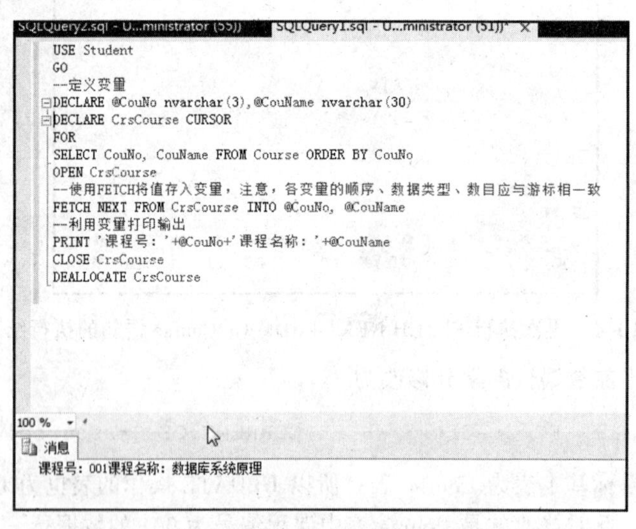

图 10-5　使用 FETCH 将值存入变量的执行结果

任务 10.3　创建与使用@@FETCH_STATUS 的游标

【问题 10-3】使用游标逐行显示查询结果集的每一行，学会使用@@FETCH_STATUS。

在查询窗口中执行如下 Transact-SQL 语句：

```
USE Student
GO
--定义游标
DECLARE @CouNo nvarchar(3),@CouName nvarchar(30)
DECLARE CrsCourse CURSOR
FOR
SELECT CouNo, CouName FROM Course ORDER BY CouNo
--打开游标
OPEN CrsCourse
--打开第一行数据
FETCH NEXT FROM CrsCourse INTO @CouNo, @CouName
--通过判断@@FETCH_STATUS进行循环
WHILE @@FETCH_STATUS=0
BEGIN
--利用变量打印输出
PRINT '课程号: '+@CouNo+'课程名称: '+@CouName
--取得下一行数据
FETCH NEXT FROM CrsCourse INTO @CouNo, @CouName
END
--关闭游标
CLOSE CrsCourse
--释放游标
DEALLOCATE CrsCourse
```

执行结果如图 10-6 所示。

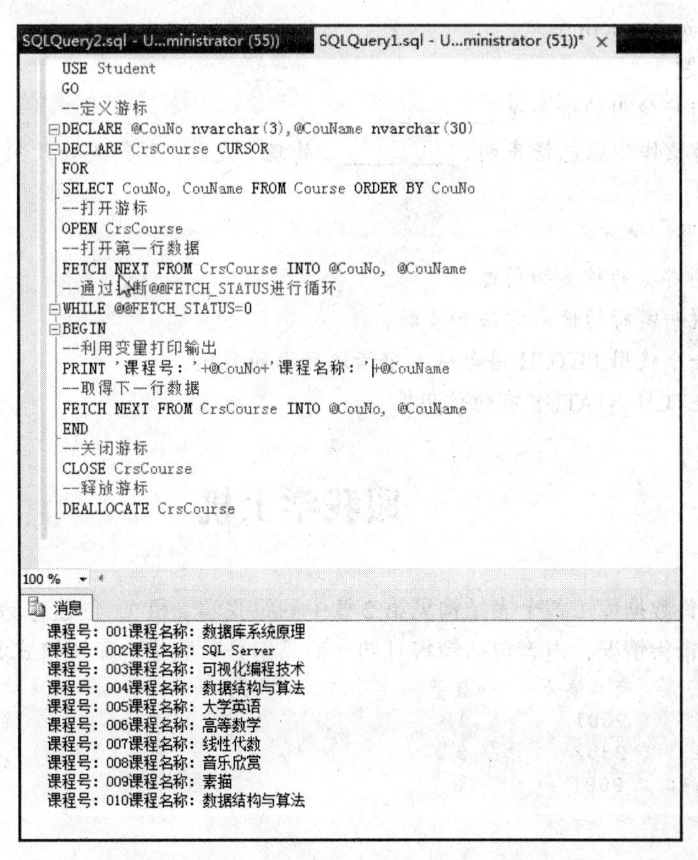

图 10-6　通过@@FETCH_STATUS 值循环读取游标位置数据行的执行结果

思考与练习

一、选择题

1. 声明游标的语句是（　　）。

A. CREATE CURSOR　　B. DECLARE　CURSOR

C. OPEN CURSOR　　D. DELLOCATE　CURSOR

2. 关闭游标使用的命令是（　　）。

A. DELETE　CURSOR　　B. DROP CURSOR

C. DELLOCATE　　D. CLOSE CURSOR

3. 以下哪种情况，FETCH_STATUS 全局变量的取值为-2（　　）。

A. FETCH 语句执行成功　　B. FETCH 语句执行失败

C. 被读取的数据行不存在　　D. 被读取的数据行存在

4. 通过游标对表进行删除或者更新操作时，WHERE CURRENT OF 的作用是（　　）。

A. 为了提交请求　　B. 释放游标当前的操作数据行

C. 允许更新或删除当前游标的数据行　　D. 锁定游标当前的操作数据行

5. 在游标的 WHILE 循环中，下列（　　）的值为 0 时，可以继续执行循环。

A. @@cursor_rows　　B. @@errors

C. @@connections　　D. @@fetch_status

二、填空题

1. 打开游标使用的命令是_________。

2. 游标的操作步骤包括声明、_________、处理（提取、删除或修改）、_________和_________游标。

三、思考题

1. 试说明游标的种类和用途。

2. 举例说明游标的使用方法和步骤。

3. 列举一个使用 FETCH 语句从表中读取数据的实例。

4. @@FETCH_STATUS 有何作用？

跟我学上机

对商品销售数据库（各个表结构见第 2 章中的跟我学上机），创建存储过程 P_Sale，逐行显示商品销售情况，内容包括销售日期、商品编号、数量。显示格式如下：

```
销售日期      商品编号      数量
2016.1.1      P001          10
2016.1.1      P302          5
2016.12.10    P001          6
```

第 11 章　处理事务与锁

知识目标

- 掌握失误的概念和特性；
- 了解使用事务的方法；
- 了解锁的类型和锁的作用。

技能目标

- 会在程序中使用事务；
- 会查看锁。

知识学习

1. 事务的基本概念

事务是作为单个逻辑工作单元执行的一系列操作。这一系列操作或者都被执行，或者都不被执行。

事务作为一个逻辑工作单元，有 4 个属性，称为 ACID（原子性、一致性、隔离性和持久性）属性。

（1）原子性（Atomicity）：事务必须是原子工作单元，对于其数据修改，要么全都执行，要么全都不执行。

（2）一致性（Consistency）：事务在完成时，不许使所有的数据都保持一致状态。在相关数据库中，所有规则都必须应用于事务的修改，以保持所有数据的完整性。事务结束时，所有的内部数据结构都必须是正确的。

（3）隔离性（Isolation）：由并发事务所进行的修改必须与任何其他并发事务所进行的修改隔离。事务查看数据时数据所处的状态只能是另一并发事务修改它之前的状态或者是另一事务修改它之后的状态，而不能是查看中间的状态。

（4）持久性（Durability）：事务完成之后对系统的影响是永久性的。

2. 事务操作

对事务进行的操作如下：

① 使用 BEGIN TRANSACTION 定义一个事务的开始。

② 使用 COMMIT TRANSACTION 提交一个事务。

③ 使用 ROLLBACK TRANSACTION 回滚事务。

BEGIN TRANSACTION 表示一个事务的开始，每个事务继续执行直到使 COMMIT TRANSACTION 提交，从而正确地完成对数据库所进行的永久性修改，或者出现错误后由 ROLLBACK TRANSATION 语句撤销所有修改。

在事务中，不能使用以下 Transact-SQL 语句：

```
ALTER DATABASE
BACKUP LOG
CREATE DATABASE
DISK INIT
DROP DATABASE
DUMP TRANSACTION
LOAD DATABASE
LOAD TRANSACTION
RECONFIGURE
RESTORE DATABASE
RESTORE LOG
UPDATE STATISTICS
```

下面对事务操作的语句进行介绍。

① BEGIN TRANSACTION：标记一个显示本地事务的开始，语法格式如下：

```
BEGIN TRANSACTION [transaction_name]
```

其中，transaction_name 为事务名称。

② COMMIT TRANSACTION：标志一个事务的结束，提交事务，语法格式如下；

```
COMMIT TRANSACTION [transaction_name]
```

其中，transaction_name 为在 BEGIN TRANSACTION 语句中给出的事务名称。

实际上，SQL Server 将忽略该事务名称，但能通过指明 COMMIT TRANSACTION 与 BEGIN TRANSACTION 中相同的 transaction_name 提高代码可读性。

因为数据已经永久修改，所以执行 COMMIT TRANSACTION 语句后不能回滚事务。

当在嵌套事务中使用 COMMIT TRANSACTION 时，内部事务的提交并不释放资源，也没有执行永久修改。只有在提交了外部事务时，数据修改才具有永久性，而且资源才会被释放。

③ ROLLBACK TRANSACTION：回滚事务，将显性事务或隐性事务回滚到事务的起点或事务内的某个保存点，语法格式如下：

```
ROLLBACK TRANSACTION [transaction_name]
```

其中，transaction_name 为在 BEGIN TRANSACTION 语句中给出的事务名称。

不带 transaction_name 的 ROLLBACK TRANSATION 可回滚到事务的起点。嵌套事务时，该语句将所有内层事务回滚到最外层的 BEGIN TRANSACTION 语句，transaction_name 也只能来自最外层的 BEGIN TRANSACTION 语句。

如果在触发器中使用 ROLLBACK TRANSATION 语句，将回滚对当前事务所进行的所有数据修改，包括触发器所进行的修改。

如果在事务执行过程中出现任何错误，则 SQL Server 实例将回滚事务。

某些错误（如死锁）会自动回滚事务。

如果在事务活动时由于某种原因（如客户端应用程序终止：客户端计算机关闭或重

新启动；客户端网络连接中断等）中断了客户端和 SQL Server 实例之间的通信，则 SQL Server 实例将在收到网络或操作系统发生的中断通知时自动回滚事务。在发生错误的情况下，将回滚任何未完成的事务，以保护数据库的完整性。

3. 并发问题

如果没有锁定且多个用户同时访问一个数据库，则当他们的事务同时使用相同行的数据时可能会发生以下问题。

（1）丢失或覆盖修改

当两个或多个事务选择同一行，然后基于最初选定的值更新该行时，会发生丢失更新问题。每个事务都不知道其他事务的存在。最后的更新将重写由其他事务所进行的更新，这会导致数据丢失。

（2）未确认的相关项（脏读）

当第二个事务选择其他事务正在更新的行时，会发生未确定的相关性问题，第二个事务正在读取的数据还没有确认，可能会被更新此行的事务所更改。

（3）不一致的分析（不能重复读）

当第二个事务多次访问同一行且每次读取不同的数据时，会发生不一致的分析问题。

（4）幻像读

当对某数据行执行插入或删除操作，而该数据行属于某个事务正在读取的行的范围时，会发生幻像读问题。

4. SQL Server 的锁

在 SQL Server 中使用锁定来控制并发操作，对事务进行隔离，确保事务完整性和数据库的一致性。锁定可以防止用户读取正在由其他用户更改的数据，并可以防止多个用户同时更改相同的数据。如果不能用锁定，则数据库中的数据可以在逻辑上不正确，并且对数据的查询可能会产生意想不到的结果。

SQL Server 实现了多粒度锁定，允许一个事务以不同的级别锁定不同类型的资源，从而实现事务间的隔离。为了将锁定的成本减至最少，SQL Server 自动将资源锁定在适合任务的级别。锁定在较小的粒度，可以增加并发，但需要较大的开销，因为如果锁定了许多行，则需要控制更多的锁。锁定在较大的粒度，就并发而言是相当昂贵的，因为锁定整个表限制了其他事务对表中任意部分进行访问，但要求的开销较低，因为需要维护的锁较少。SQL Server 可以锁定的资源如表 11-1 所示（按粒度增加的顺序列出）。

表 11-1　SQL Server 可以锁定的资源

资　源	描　　　　述
RID	行标识符，用于单独锁定表中一行
KEY	键，索引中的行锁，用于保护可串行事务中的键范围
PG	页，8 KB 的数据页或索引页
EXT	扩展盘区，相邻的 8 个数据页或索引页构成一组
TAB	表，包括所有数据和索引内的整个表
DB	数据库

5. SQL Server 锁模式

SQL Server 使用不同的锁模式来锁定资源，这些锁模式确定了并发事务访问资源的方式，以下着重介绍几种不同的锁模式。

（1）共享锁

共享（S）锁允许并发事务读取（SELECT）一个资源。资源上存在共享锁时，任何其他事务都不能修改锁定的数据。共享锁用于只读操作，一旦已经读取数据便立即释放资源上的共享锁，除非将事务隔离级别设置为可重复读或更高级别，或者在事务生存周期内用锁定提示保留共享锁。

（2）排他锁

排他（X）锁又称互斥锁，可以防止并发事务对资源进行访问。当需要进行 INSERT、UPDATE 或 DELETE 操作时，应该使用排他锁。排他锁用于数据修改操作，在排他锁锁定期间，其他事务不能读取或修改由它锁定的数据，确保不会同时对同一资源进行多重更新。

强调：在同一时刻只能有一个事务有排他锁，别的事务在此期间不能查看数据。

（3）更新锁

更新（U）锁可以防止通常形式的死锁。一般更新模式由一个事务组成，此事务读取记录，获取资源（页或行）的共享锁，然后修改行，此操作要求锁转换为排他锁。如果两个事务都获得了资源上的共享模式锁，然后试图同时更新数据，则一个事务尝试将锁转为排他锁。从共享模式到排他锁的转换必须等待一段时间，因为一个事务的排他锁与其他事务的共享模式锁不兼容，发生锁等待。第二个事务试图获取排他锁以进行更新。由于别的事务都要转换为排他锁，并且每个事务都等待另一个事务释放共享模式锁，因此发生死锁。

若要避免这种潜在的死锁问题，可使用更新锁。在同一时刻只允许一个事务可以获得资源的更新锁。如果事务修改资源，则更新锁转换为排他锁。否则转换为共享锁。

（4）意向锁

意向锁表示 SQL Server 需要在层次结构中的某些底层资源上获取共享锁或排他锁。例如，放置在表级的共享意向锁表示事务打算在表中的页或行上放置共享锁。在表级设置意向锁可防止另一个事务随后在包含那一页的表上获取排他锁。意向锁可以提高性能，因为 SQL Server 仅在表级检查意向锁来确定事务是否可以安全地获取该表上的锁，而无须检查表中的每行或每页上的锁以确定事务是否可以锁定整个表，其主要目的是提高性能。

意向锁包括意向共享（IS）、意向排他（IX），以及与意向排他共享（SIX）。

（5）架构锁

架构锁用于保护数据库的模式，又称模式锁。执行表的数据定义语言（DDL）操作（如添加或删除表）时使用架构修改（Sch-M）锁。当编译查询时，使用架构稳定性（Sch-S）锁来防止数据定义语句（DDL）命令修改数据库的结构。架构稳定性锁不阻塞任何事务锁，包括排他锁。因此在编译查询时，其他事务（包括在表上有排他锁的事务）都能继续运行。

（6）大容量更新锁

当将数据大容量复制到表，且指定了 TABLOCK 提示或者使用 sp_tableoption 设置了 table lock on bulk 表选项时，将使用大容量更新（BU）锁。大容量更新（BU）锁允许进程将数据并发地大容量复制到同一表中，同时防止其他不进行大容量复制数据的进程访

问该表。

锁定提示：可以使用 SELECT、INSERT、UPDATE 和 DELETE 语句指定表级锁定提示范围，以引导 SQL Server 使用所需的锁类型。SQL Server 的锁定提示及描述如表 11-2 所示。

表 11-2　SQL Server 的锁定提示及描述

锁定提示	描述
HOLDLOCK	将共享锁保持到事务结束
NOLOCK	不加任何锁，有可能发生"脏读"。仅应用于 SELECT 语句
PAGLOCK	对数据页加共享锁
REPEATABLEREAD	对运行在可重复读隔离级别的事务相同的锁语义执行扫描
ROWLOCK	使用行级锁，而不使用粒度更粗的页级锁和表级锁
TABLOCK	对表加共享锁，直到命令结束
TABLOCKX	对表加排他锁，在语句或事务结束前一直持有
UPDLOCK	读取表时对表加更新锁，并将锁一直保留到语句或事务的结束
XLOCK	使用排他锁并一直保持到由语句处理的所有数据上的事务结束时

任务 11.1　定义事务/提交事务

【问题 11-1】将 Student 数据库中 Student 表中的学号由 20150001 修改为 20159999。

因为学号出现在 Student 表和 StuCou 表中，所以要将两个表中的学号都修改，而不能只修改其中的一个表。用户必须通知 SQL Server，通知方法是将两个表的更新定义成一个事务，通过事务保证 Student 表和 StuCou 表的学号同时修改，达到保持数据一致性的目的。

step 01 在查询窗口中执行如下 SQL 语句：

```
USE Student
GO
--开始事务，修改学生学号
BEGIN TRAN stu_updata_transaction
UPDATE Student SET StuNo='20159999' WHERE StuNo='20150001'
UPDATE StuCou SET StuNo='20159999' WHERE StuNo='20150001'
--提交事务，保存在Student和StuCou表中
COMMIT TRAN stu_updata_transaction
```

step 02 测试，查询 Student 表中学号是否被修改。

```
SELECT *
FROM Student
WHERE StuNo='20159999'
GO
```

执行结果如图 11-1 所示。

step 03 测试，查询 StuCou 表中学号是否被修改。

```
SELECT *
FROM StuCou
WHERE StuNo='20159999'
GO
```

执行结果如图 11-2 所示。

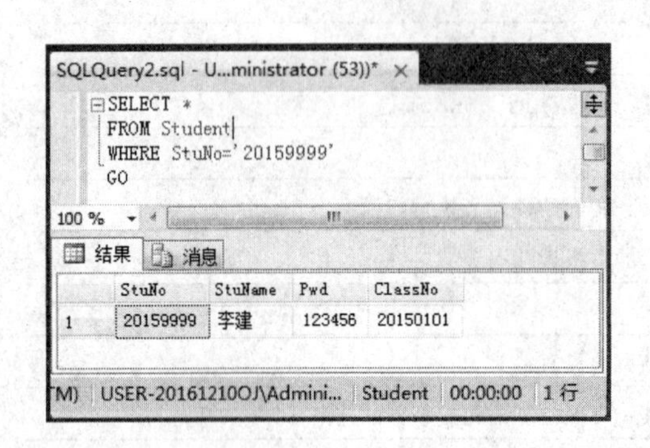

图 11-1　查询 Student 表执行结果

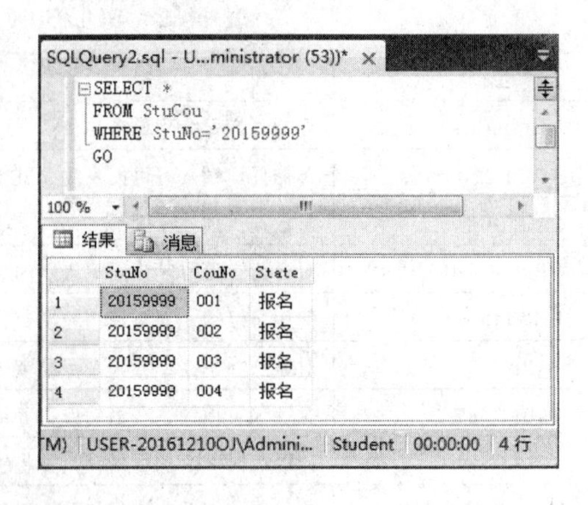

图 11-2　查询 StuCou 表执行结果

任务 11.2　回滚事务

【问题 11-2】使用 ROLLBACK TRANSACTION 回滚事务。定义一个事务，将 Student 数据库中 Student 表中的学号由 20150001 修改为 20159999，并撤销回滚。

step 01 在查询窗口中执行如下 SQL 语句：

```
USE Student
GO
--开始事务，修改学生学号
BEGIN TRANSACTION
UPDATE Student SET StuNo='20159999' WHERE StuNo='20150001'
UPDATE StuCou SET StuNo='20159999' WHERE StuNo='20150001'
--撤销事务，撤销对Student和StuCou表中的学号的修改
ROLLBACK TRANSACTION
```

step 02 测试，查询 StuCou 表中学号是否被修改。

```
SELECT *
FROM StuCou
WHERE StuNo='20150001'
GO
```

执行结果如图 11-3 所示。

可以看出，StuCou 表中学号为 20150001 的数据行没有被改变。

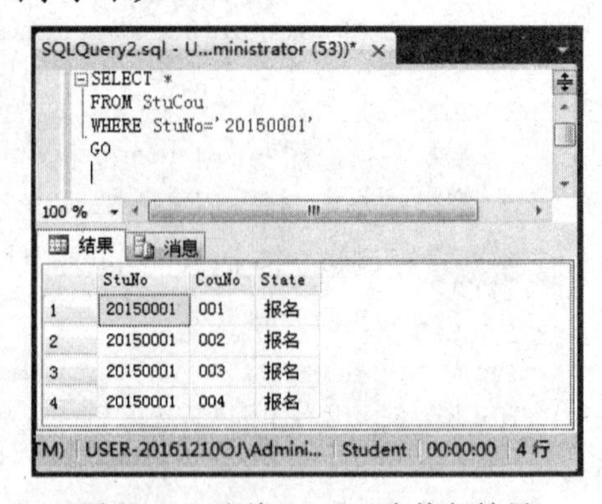

图 11-3　查询 StuCou 表执行结果

任务 11.3　定义事务/回滚事务/提交事务

【问题 11-3】定义一个事务，向 StuCou 表中插入多行数据，若报名课程超过 3 门，则回滚事务，即报名无效，否则成功提交。

step 01 在查询窗口中执行如下 SQL 语句：

```
USE Student
GO
BEGIN TRANSACTION
INSERT StuCou(StuNo,CouNo,State) VALUES('20160001','001','报名')
INSERT StuCou(StuNo,CouNo,State) VALUES('20160001','002','报名')
INSERT StuCou(StuNo,CouNo,State) VALUES('20160001','003','报名')
DECLARE @CountNum INT
SET @CountNum=(SELECT COUNT(*) FROM StuCou WHERE StuNo='20160001')
IF @CountNum>3
BEGIN
  ROLLBACK TRANSACTION
  PRINT '报名的课程门数超过所规定的 3 门，所以报名失效。'
  END
  ELSE
  BEGIN
     COMMIT TRANSACTION
     PRINT '恭喜，选修课程报名成功！'
  END
```

执行结果如图 11-4 所示。

图 11-4　执行结果

step 02 测试。

```
SELECT *
FROM StuCou
WHERE StuNo='20160001'
GO
```

执行结果如图 11-5 所示。

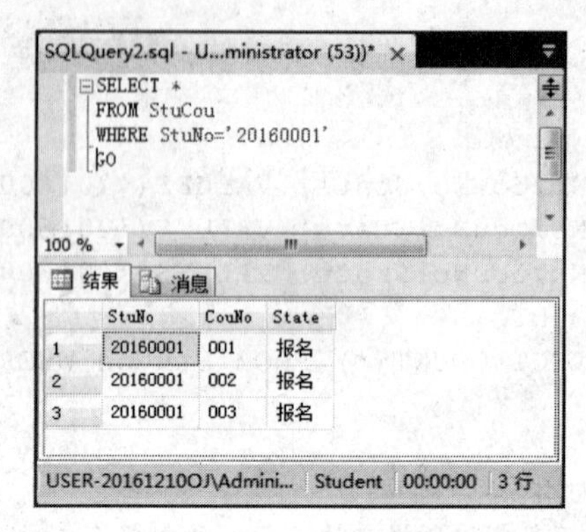

图 11-5 执行结果

step 03 为了便于后面测试数据，需将前面添加的 StuNo='20160001'数据删除。

```
DELETE
FROM StuCou
WHERE StuNo='20160001'
GO
```

step 04 在查询窗口中执行如下 SQL 语句：

```
USE Student
GO
BEGIN TRANSACTION
INSERT StuCou(StuNo,CouNo,State) VALUES('20160001','001','报名')
INSERT StuCou(StuNo,CouNo,State) VALUES('20160001','002','报名')
INSERT StuCou(StuNo,CouNo,State) VALUES('20160001','003','报名')
INSERT StuCou(StuNo,CouNo,State) VALUES('20160001','004','报名')
INSERT StuCou(StuNo,CouNo,State) VALUES('20160001','005','报名')
DECLARE @CountNum INT
SET @CountNum=(SELECT COUNT(*) FROM StuCou WHERE StuNo='20160001')
IF @CountNum>3
BEGIN
  ROLLBACK TRANSACTION
  PRINT '报名的课程门数超过所规定的3门，所以报名失效。'
  END
  ELSE
  BEGIN
     COMMIT TRANSACTION
     PRINT '恭喜，选修课程报名成功！'
  END
```

执行结果如图 11-6 所示。

```
USE Student
GO
BEGIN TRANSACTION
INSERT StuCou(StuNo,CouNo,State) VALUES ('20160001','001','报名')
INSERT StuCou(StuNo,CouNo,State) VALUES ('20160001','002','报名')
INSERT StuCou(StuNo,CouNo,State) VALUES ('20160001','003','报名')
INSERT StuCou(StuNo,CouNo,State) VALUES ('20160001','004','报名')
INSERT StuCou(StuNo,CouNo,State) VALUES ('20160001','005','报名')
DECLARE @CountNum INT
SET @CountNum=(SELECT COUNT(*) FROM StuCou WHERE StuNo='20160001')
IF @CountNum>3
BEGIN
    ROLLBACK TRANSACTION
    PRINT '报名的课程门数超过所规定的3门，所以报名失败。'
    END
    ELSE
    BEGIN
        COMMIT TRANSACTION
        PRINT '恭喜，选修课程报名成功！'
    END
```

```
消息
(1 行受影响)
(1 行受影响)
(1 行受影响)
(1 行受影响)
(1 行受影响)
报名的课程门数超过所规定的3门，所以报名失败。
```

图 11-6　执行结果

step 05 测试。

```
SELECT *
FROM StuCou
WHERE StuNo='20160001'
GO
```

通过验证，确实没有添加 5 行数据。

任务 11.4　事 务 嵌 套

【问题 11-4】嵌套事务。

首先在"对象资源管理器"窗口中创建一个名为 D_time 的表。其中包括字符型列 StuName、日期型列 StuTime。并插入数据。创建三个级别的嵌套事务，然后提交该嵌套事务，如图 11-7 所示。

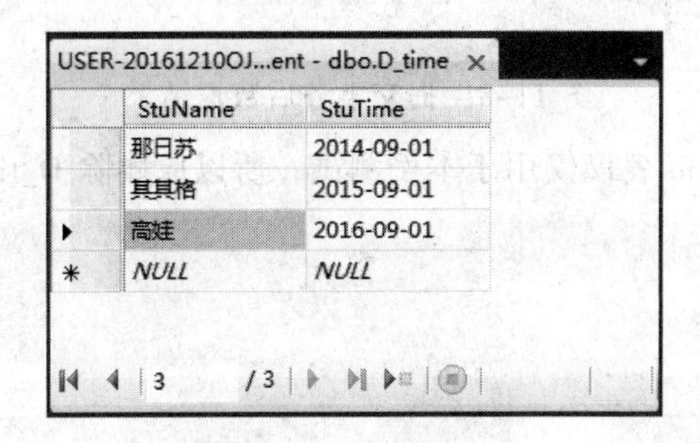

USER-20161210OJ...ent - dbo.D_time

	StuName	StuTime
	那日苏	2014-09-01
	其其格	2015-09-01
▶	高娃	2016-09-01
*	NULL	NULL

图 11-7　添加数据结果

step 01 创建最外层事务 A。

```
BEGIN TRANSACTION A
GO
INSERT INTO D_time VALUES ('宏伟','2016-9-1')
GO
```

step 02 创建内层事务 B。

```
BEGIN TRANSACTION B
GO
UPDATE D_time SET StuTime='2016-9-1' WHERE StuTime='2015-9-1'
GO
```

step 03 创建最内层事务 C。

```
BEGIN TRANSACTION C
GO
UPDATE D_time SET StuTime='2016-9-1' WHERE StuTime='2014-9-1'
GO
```

step 04 依次提交事务 C、事务 B、事务 A。

```
COMMIT TRANSACTION C
GO
COMMIT TRANSACTION B
GO
COMMIT TRANSACTION A
GO
```

最外层事务 C 提交完毕，UPDATE D_time SET StuTime='2016-9-1' WHERE StuTime='2014-9-1'语句、UPDATE D_time SET StuTime='2016-9-1' WHERE StuTime='2015-9-1'语句、INSERT INTO D_time VALUES('宏伟','2016-9-1')语句成功执行。

执行结果如图 11-8 所示。

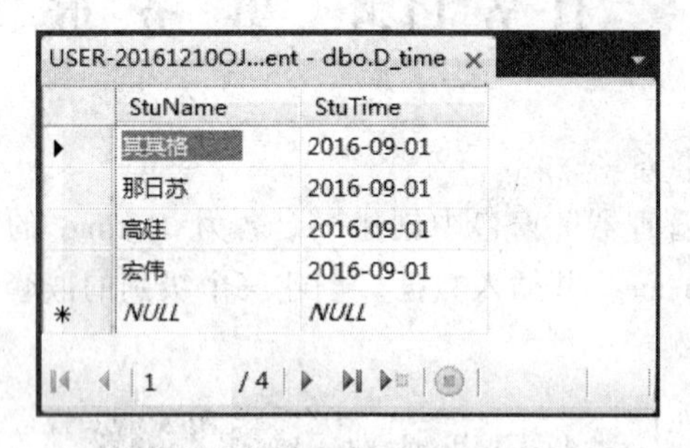

USER-20161210OJ...ent - dbo.D_time

	StuName	StuTime
▶	莫其格	2016-09-01
	那日苏	2016-09-01
	高娃	2016-09-01
	宏伟	2016-09-01
*	NULL	NULL

1 /4

图 11-8　提交事务后数据结果

step 05 由于 D_time 表仅仅用于本例测试，所以应删除 D_time 表。

```
DROP TABLE D_time
GO
```

任务11.5　查　看　锁

【问题 11-5】使用 sp_lock 系统存储过程显示 SQL Server 中当前持有的所有锁的信息。

```
USE Student
GO
EXEC sp_lock
GO
```

执行结果如图 11-9 所示。

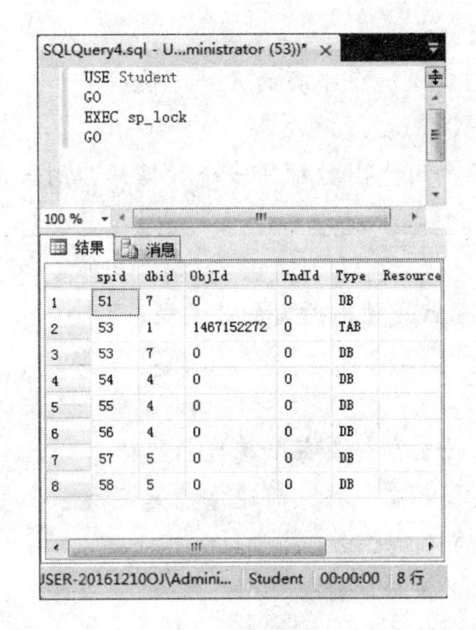

	spid	dbid	ObjId	IndId	Type	Resource
1	51	7	0	0	DB	
2	53	1	1467152272	0	TAB	
3	53	7	0	0	DB	
4	54	4	0	0	DB	
5	55	4	0	0	DB	
6	56	4	0	0	DB	
7	57	5	0	0	DB	
8	58	5	0	0	DB	

图 11-9　SQL Server 中当前持有的所有锁信息的返回结果

思考与练习

一、选择题

1. SQL Server 的默认事务模式是（　　）。

   A. 显性事务模式　　B. 隐性事务模式

   C. 自动提交事务模式　　D. 组合事务模式

2. 事务中包含的所有操作要么都执行，要么都不执行，这一特性称为事务的（　　）。

   A. 完整性　　B. 隔离性　　C. 原子性　　D. 永久性

3. 事务的 ACID 性质中，关于原子性（atomicity）的描述正确的是（　　）。

   A. 指数据库的内容不出现矛盾的状态

   B. 若事务正常结束，即使发生故障，新结果也不会从数据库中消失

   C. 事务中的所有操作要么都执行，要么都不执行

   D. 若多个事务同时进行，与顺序实现的处理结果是一致的

4. 事务的 ACID 特性中 C 的含义是（　　）。

   A. 一致性（Consistency）　　B. 领接性（Contiguity）

C. 连续性（Continuity） D. 并发性（Concurrency）

5. SQL 中 ROLLBACK 语句的作用是（ ）。

A. 终止程序 B. 保存数据 C. 事务提交 D. 事务回滚

6. 在数据库恢复时，对尚未完成的事务执行（ ）操作。

A. UNDO B. REDO C. COMMIT D. ROLLBACK

7. 下列不属于事务的特性的是（ ）。

A. 隔离型 B. 一致性 C. 完整性 D. 原子性

二、填空题

1. 死锁产生的原因是________和________。

2. 产生死锁的四个必要条件是________、________、________、________。

3. 使用________语句定义一个事务的开始，使用________语句提交一个事务，使用________语句回滚事务。

4. 如果没有锁定且多个用户同时访问一个数据库，则当他们的事务同时使用相同行的数据时可能会发生________、________、________、________问题。

5. 锁定提示可以使用________、________、________和________语句指定表级锁定提示范围，以引导 SQL Server 使用所需的锁类型。

三、简答题

1. 什么是事务？

2. 事务的四个属性是什么？给出每个属性的解释。

3. SQL Server 的事务模式有几种？简述每种模式的特点。

4. 事务的提交和撤销有何意义？

5. 什么是共享锁？什么是排他锁？

6. 什么是死锁？如何解除死锁？

7. 如何避免死锁？

跟我学上机

1. 一般情况下，只有当产品有足够的库存量时才允许销售该产品。创建一个事务，当向“商品销售情况”表插入新数据行时，如果“库存数”大于“销售数量”，则允许销售，否则拒绝销售（表结构见第 2 章跟我学上机）。

2. 使用事务的方式实现：当产品入库和销售时能保证库存数量的准确性。

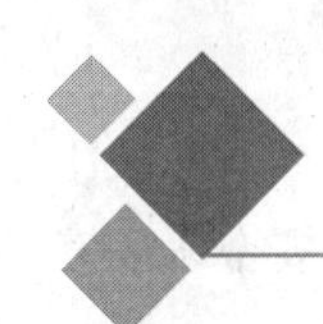

第12章 SQL Server安全管理

知识目标

- 了解数据库的安全性及 SQL Server 安全机制；
- 掌握连接或断开数据库引擎的方法；
- 掌握 SQL Server 登录和用户创建的方法；
- 了解 SQL Server 数据库的权限管理。

技能目标

- 会连接或断开数据库引擎；
- 会启动或停止数据库引擎服务；
- 会根据需要创建登录名、用户名并进行授权。

知识学习

1. 安全性概述

数据库的完整性尽可能避免对数据库的无意滥用。数据库的安全性尽可能避免对数据库的恶意滥用。

数据库的安全性是指保护数据库，以防止不合法的使用造成的数据泄密、更改或破坏。数据库管理系统的安全性保护，就是通过种种防范措施以防止用户越权使用数据库。安全保护措施是否有效是衡量数据库系统的主要性能指标之一。

为了防止数据库的恶意滥用，可以在下述不同的安全级别上设置各种安全措施。

（1）客户机安全机制。客户机操作系统的安全机制直接影响数据库的安全机制。

（2）网络传输安全机制。数据库提供相应手段防治数据在网络传输过程中遭遇拦截破坏等不安全操作。

（3）实例级别安全机制。通过控制服务器的登录，来保证用户的访问权限和相应操作。

（4）数据库级别安全机制。根据数据库拥有者的不同权限来现实对数据库的访问和操作。

（5）对象级别安全机制。通过验证用户身份的合法性匹配用户权限。

本章主要讨论数据库系统级的安全性问题。

2. SQL Server 安全机制

SQL Server 在数据库平台的安全模型上有了显著的增强，由于提供了更为精确和灵活的控制，数据安全更为严格。为了给企业数据提供更高级别的安全机制，微软做了相当多的投资，实现了很多特性：

在认证空间里强制 SQL Server login 密码策略。

在认证空间里可根据不同范围指定的权限提供更细的粒度。

在安全管理空间中允许分离所有者和模式（Schema）。

安全认证是指数据库系统对用户访问数据库系统时所输入的账号和口令进行确认的过程。安全性认证模式是指系统确认用户身份的方式。SQL Server 有两种安全认证模式，即 Windows 安全认证模式和 SQL Server 安全认证模式。

（1）Windows 安全认证模式

Windows 用户需要通过四道安全防线来获得对 SQL Server 数据库的访问，包括：

① 用户需要一个有效登录账户来突破操作系统本身的安全防线。

② SQL Server 身份验证，一旦登录成功，SQL Server 通过登录账户创建的附加安全层可以确保与之建立连接。

③ SQL Server 数据库身份验证，要求用户在与 SQL Server 建立连接后，必须要有数据库用户 ID，才有数据库用户访问权限。

④ SQL Server 数据库对象权限。用户登录数据库后，要有相应权限才能访问数据库对象。

（2）SQL Server 安全认证模式

SQL Server 安全认证模式要求用户必须输入有效的 SQL Server 登录账号及口令。这个登录账号是独立于操作系统的登录账号的，从而可以在一定程度上避免操作系统层上对数据库的非法访问。

3. 连接数据库引擎

使用一个数据库时，连接数据库引擎就能启动数据库引擎服务，SQL Server 中共有 9 种服务，其中 7 种服务可以直接通过 SQL Server 配置管理器（SQL Server Configuration Manager）来管理，如图 12-1 所示。

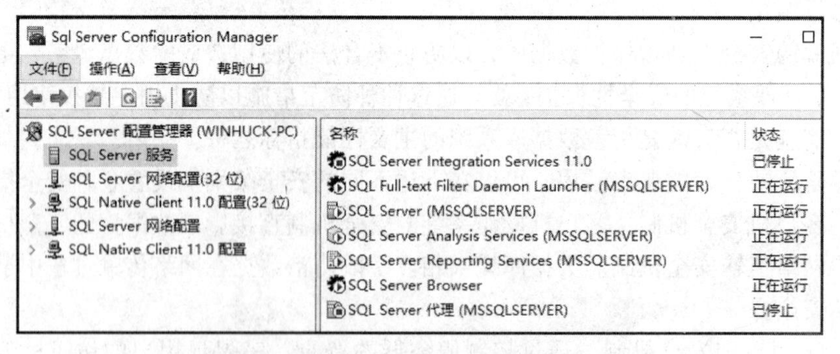

图 12-1　SQL Server 配置管理器窗口

SQL Server 配置管理器可管理的服务如下：

- 集成服务（Integration Services）支持 Intergration Services 引擎。
- 分析服务（Analysis Services）支持 Analysis Services 引擎。
- 报表服务（Reporting Services）支持 Reporting Services 的底层引擎。

- SQL Server 代理（SQL Server Agent）SQL Server 作业调度的主引擎。
- SQL Server 核心数据库引擎。
- SQL Server Browser 可以通过局域网来确认系统是否安装 SQL Server。

任务 12.1　连接数据库引擎

【问题 12-1】连接数据库引擎。

具体操作步骤如下：

step 01 从 SQL Server Management Studio 工具中开启数据库引擎；在菜单栏中选择“文件”→“连接对象资源管理器”命令，弹出“连接到服务器”对话框，如图 12-2 所示。

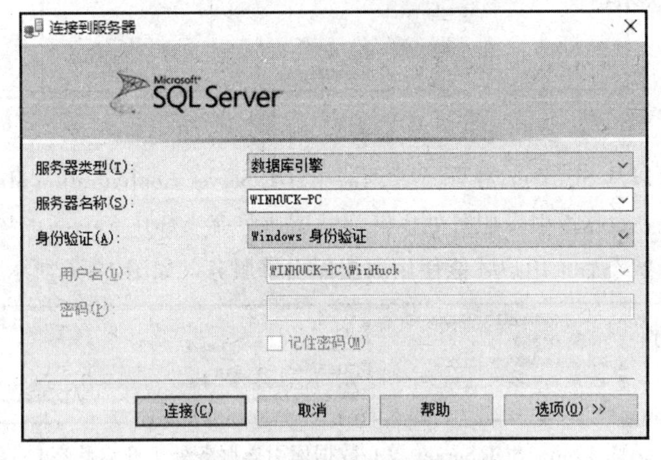

图 12-2　“连接到服务器”对话框

step 02 设置各参数后单击“连接”按钮，弹出图 12-3 所示的错误信息，主要原因是：服务没有正常启动，即 SQL Server 核心数据库引擎的服务是处于停止状态。如图 12-4 所示会导致连接数据库引擎失败。

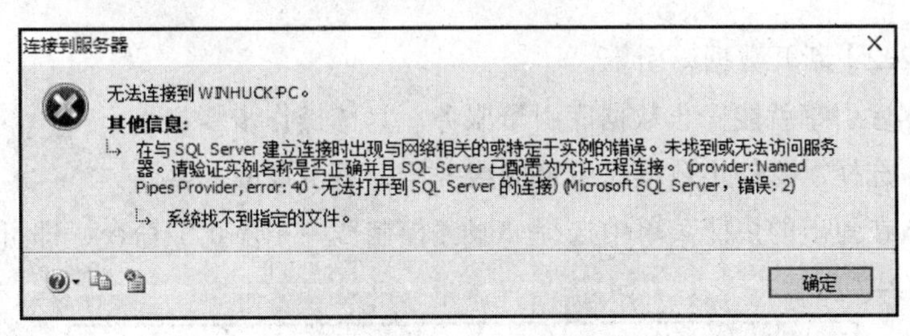

图 12-3　无法连接错误信息

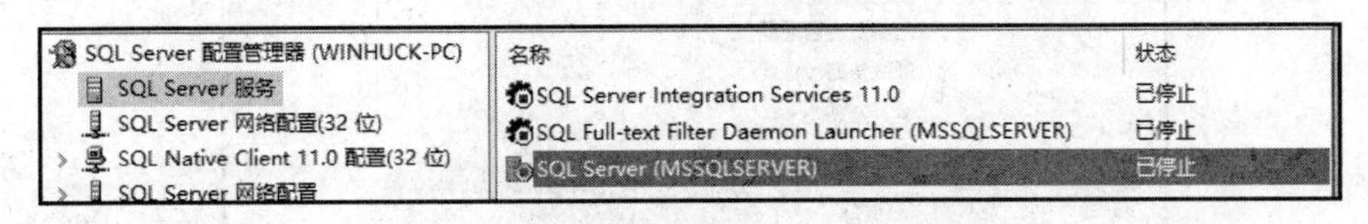

图 12-4　连接数据库引擎失败的原因

解决方案：选择“视图”→“已注册的服务器”→“数据库引擎”命令找到已注册的服务器，若没有显示已注册的服务器，则右击“本地服务器组”选项，在弹出的快捷菜单中选择“新建服务器”命令。若已有注册服务器，则在已注册的服务器上右击，在弹出的快捷菜单中选择“服务控制”→“启动”命令即可，如图 12-5 所示。然后返回到“对象资源管理器”中再次单击“连接”按钮即可成功。

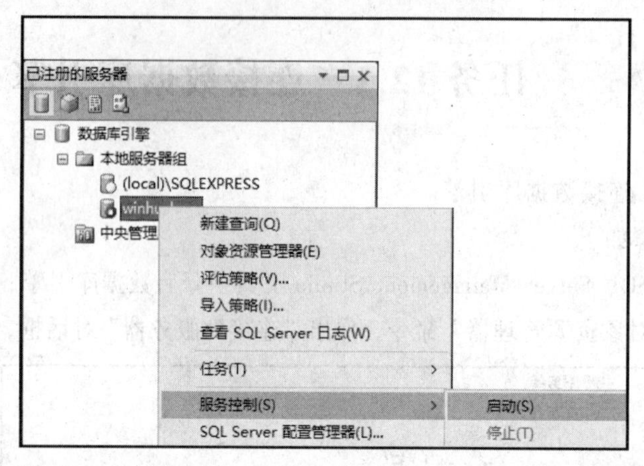

图 12-5　选择“启动”命令

启动后，可以从 SQL Server 配置管理器（SQL Server Configuration Manager）中看到 SQL Server 的核心数据库引擎服务处于开启状态，只有当 SQL Server 的核心数据库引擎的服务处于运行状态后，用户才能使用数据库引擎服务，如图 12-6 所示。

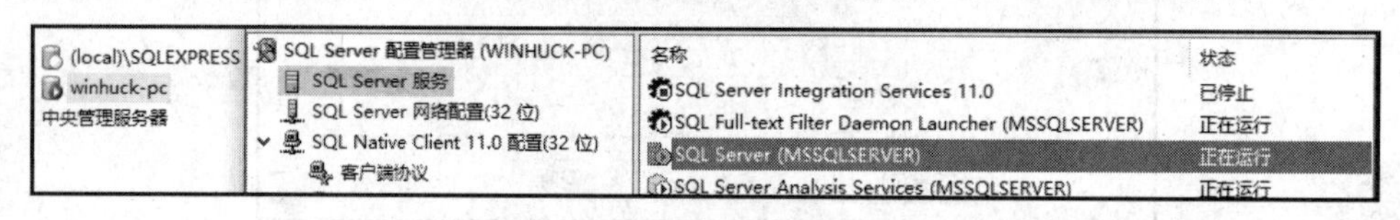

图 12-6　SQL Server 核心数据库引擎服务处于开启状态

任务 12.2　断开数据库引擎

【问题 12-2】断开数据库引擎

断开数据库引擎就能停止数据库引擎服务。具体操作步骤如下：

step 01 选择需要停止数据库引擎的服务器，右击该服务器。

step 02 在弹出的快捷菜单中选择“服务控制”→“停止”命令，即可停止数据库引擎，如图 12-7 所示。

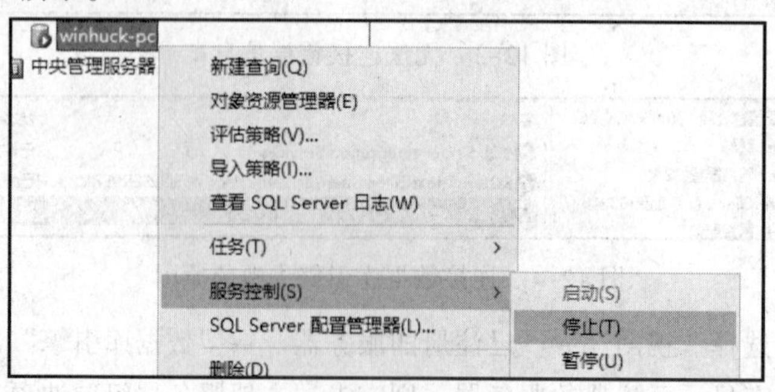

图 12-7　选择“停止”命令

注意：停止数据库引擎服务将中断所有服务，所有用户都将无法继续使用数据库引擎提供的服务，直到重新启动数据库引擎才能恢复正常工作环境。停止的标志：服务器图标左下角显示嵌有白色正方形的红色圆，如图 12-8 所示。

图 12-8　停止标记

【问题 12-3】暂停数据库引擎。

具体操作步骤如下：

step 01 选择需要停止数据库引擎的服务器，右击该服务器。

step 02 在弹出的快捷菜单中选择“服务控制”→“暂停”命令，即可暂停数据库引擎，如图 12-9 所示。

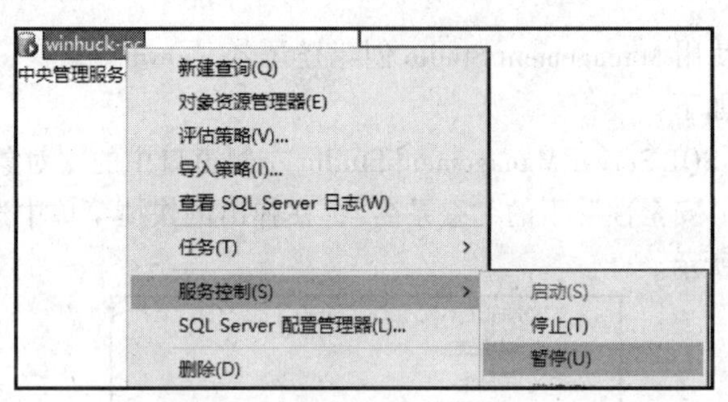

图 12-9　选择“暂停”命令

注意：暂停数据库引擎服务将阻止新用户连接到数据库引擎，但原先已连接的用户可以继续工作直到数据库引擎停止。暂停的标志：服务器图标右下角显示嵌有两条白色竖线的蓝色圈，如图 12-10 所示。

图 12-10　暂停标记

任务 12.3　创 建 登 录

登录账号又称登录用户或登录名，是服务器级用户访问数据库系统的标识。为了访问 SQL Server 系统，用户必须提供正确的登录账号，这些登录账号既可以是 Windows 登录账号，也可以是 SQL Server 登录账号。

【问题 12-4】查看当前服务器上登录名“sa”的情况。

查看登录名可以用系统存储过程“SP_HELPLOGINS”完成。

在查询窗口中执行如下 Transact-SQL 语句：

```
EXEC sp_helplogins 'sa'
GO
```

执行结果如图 12-11 所示。

结果　消息

	LoginName	SID	DefDBName	DefLangName	AUser	ARemote
1	sa	0x01	master	简体中文	yes	no

	LoginName	DBName	UserName	UserOrAlias
1	sa	master	db_owner	MemberOf
2	sa	master	dbo	User
3	sa	model	db_owner	MemberOf
4	sa	model	dbo	User
5	sa	msdb	db_owner	MemberOf
6	sa	msdb	dbo	User
7	sa	tempdb	db_owner	MemberOf
8	sa	tempdb	dbo	User

图 12-11　查看登录名“sa”

说明：登录名 sa 是系统默认的最高权限的用户，类似于 Windows 操作系统下的 Administrator 用户名。

【问题 12-5】使用 Management Studio 创建登录名“newusers”。

具体操作步骤如下：

step 01 打开 SQL Server Management Studio 左侧窗口中的“对象浏览器”。

step 02 右击“安全性”下的“登录名”，在弹出的快捷菜单中选择“新建登录名”命令，如图 12-12 所示。

图 12-12　新建登录名

step 03 输入登录名“newusers”，密码为“root”，其他选项都采用默认值，单击“确定”按钮退出，如图 12-13 所示。

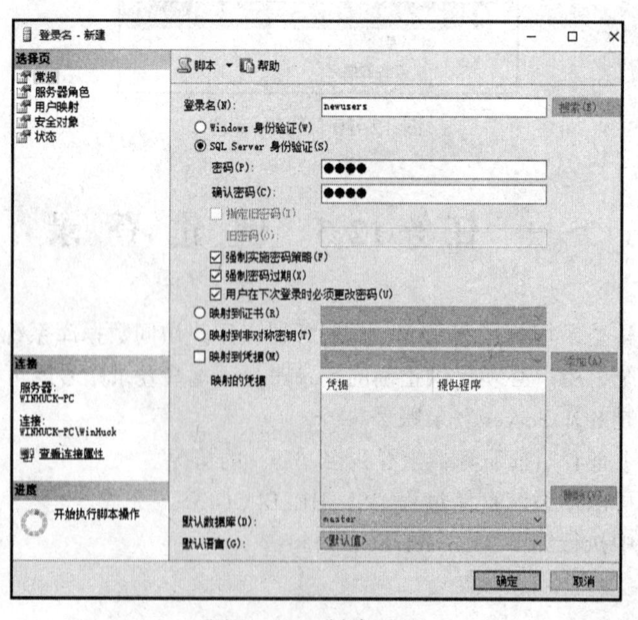

图 12-13　创建登录

step 04 此时，可以用“newusers”登录服务器，选择“文件”→“新建”→“数据库引擎查询”命令，如图 12-14 所示。

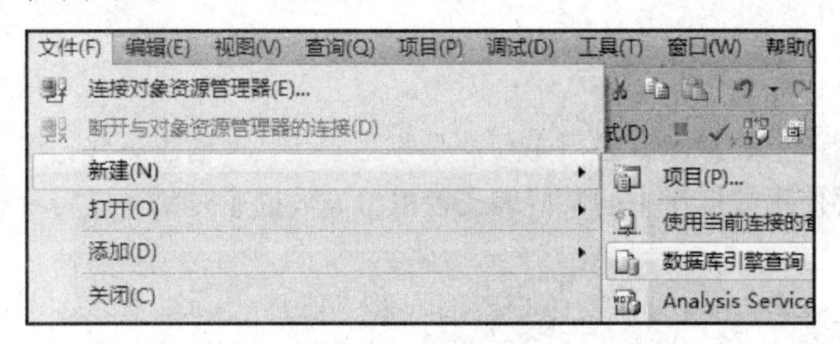

图 12-14 选择“数据库引擎查询”命令

step 05 弹出“连接到服务器”对话框，如图 12-15 所示。

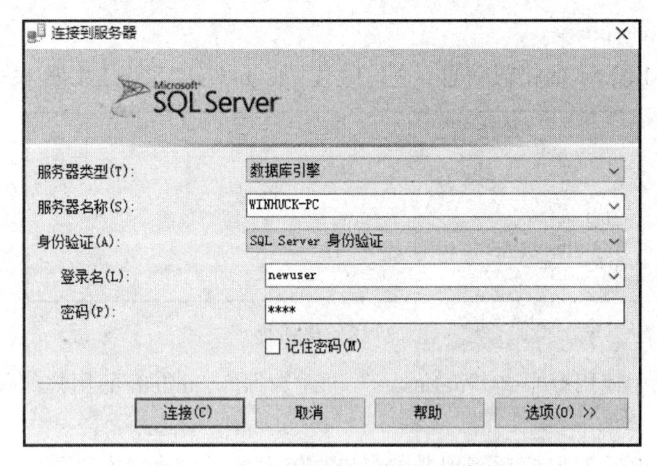

图 12-15 “连接到服务器”对话框

step 06 出现错误提示，如图 12-16 所示。

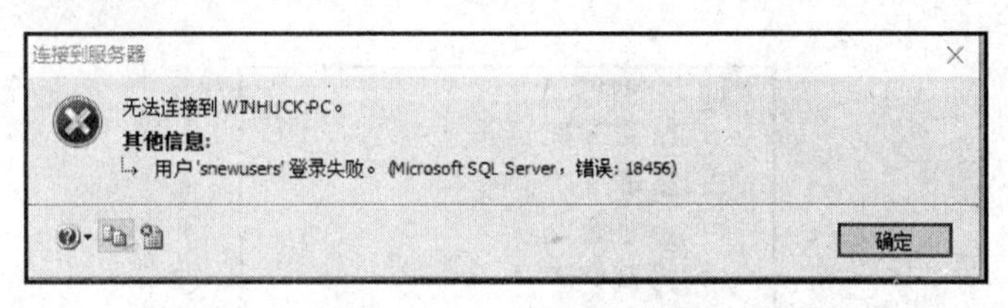

图 12-16 错误提示信息

step 07 右击“对象浏览器”中的服务器名，在弹出的快捷菜单中选择“属性”命令，打开图 12-17 所示的窗口。具体设置如图 12-17 所示。单击“确定”按钮退出，然后重启服务器。

图 12-17 “服务器属性”窗口

step 08 重新打开“连接到服务器”对话框，即可登录成功。

➤➤➤ 任务 12.4　创建数据库用户

安全管理数据库管理系统的两个层次为：

（1）要使用一个数据库，必须先登录服务器，然后再创建该数据库的用户。

（2）如果要使用数据库中的某些表或者视图等数据库对象，还需要有该对象的操作权限。

已创建了登录名“newusers”，但还不能使用数据库 Student。在查询窗口中输入以下语句：

```
USE Student
GO
```

出现图 12-18 所示的错误信息，这是因为“newusers”还不是数据库 Student 的用户。

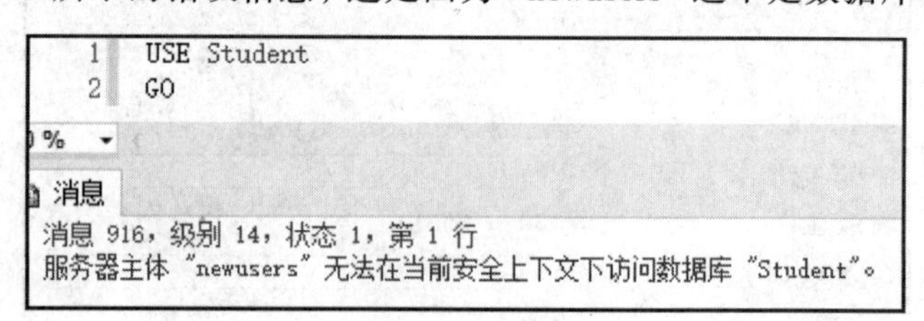

图 12-18　出错提示

【问题 12-6】使用登录名“newusers”创建数据库 Student 的用户“stuusers”。

具体操作步骤如下：

step 01 打开“对象资源管理器”窗口，依次展开“数据库”→“Student”→“安全性”→“用户”结点，右击“dbo”，在弹出的快捷菜单中选择“新建用户”命令，如图 12-19 所示。

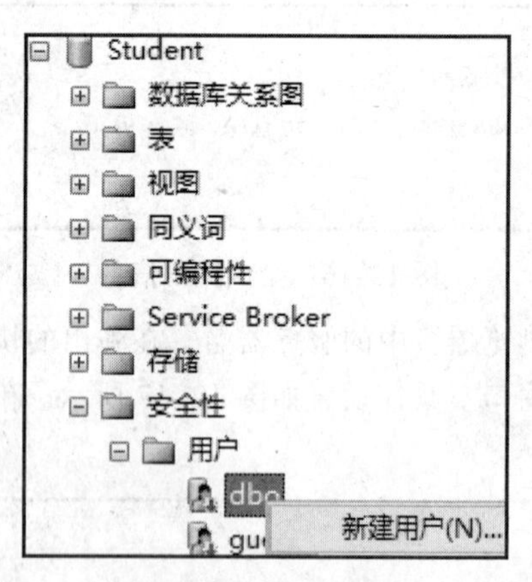

图 12-19　新建用户

step 02 打开“新建用户”窗口，如图 12-20 所示，“登录名”选择“newusers”。

step 03 创建完成后，再次执行以下语句：

```
USE Student
GO
```

执行结果如图 12-21 所示。

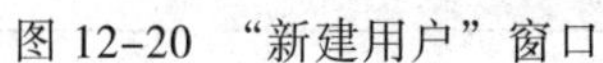

图 12-20 “新建用户”窗口

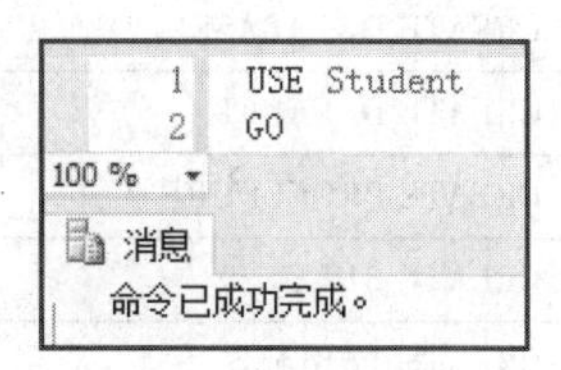

图 12-21 用户创建完成

任务12.5 授予权限

设置用户对数据库的操作权限来加强系统的安全性，通常权限可以分为三种类型：对象权限、语句权限和隐含权限。

对象权限决定用户对数据库对象所执行的操作，包括用户对数据库中的表、视图、列或存储过程等对象的操作权限。对象权限是针对数据库对象设置的，它由数据库对象所有者授予、禁止或撤销对象权限适用的对象和语句。对象权限的名称及说明如表 12-1 所示。

表 12-1 对象权限介绍

权限名称	说明
Control	控制权限，控制所授权对象和其下层对象的主所有权
Select	选择权限，允许用户从表或者视图中读取数据
Update	修改权限，允许用户修改表中的数据，但不能删除或添加行
Insert	插入权限，允许用户在表中插入新的行
Delete	删除权限，允许用户在表中删除行
Alter	允许用户创建、修改、删除受保护对象及其下层所有对象
Create	创建权限，允许用户创建对象
Impersonate	允许授权者模拟登录名
Take Ownership	允许用户取得对象的所有权
View Definition	允许授权者访问元数据
Execute	允许用户执行被应用了的存储过程
Reference	表的 Reference 权限是创建引用该表的外键约束时所必需的

语句权限决定用户能否操作数据库和创建数据库对象。语句权限用于语句本身，它只能由 SA 或 dbo 授予、禁止或撤销。语句权限的授予对象一般为数据库角色或数据库用户，语句权限适用的语句和权限说明如表 12-2 所示。

暗示权限控制那些只能由预定义系统角色的成员或数据库对象所有者执行的活动，包括固定服务器角色成员、固定数据库角色成员、数据库所有者（dbo）和数据库对象所有者（dbo）所拥有的权限。

表 12-2　语句权限适用的语句和权限说明

Transact-SQL 语句	权 限 说 明
CREATE DATABASE	创建数据库，只能由 SA 授予 SQL 服务器用户或角色
CREATE DEFAULT	创建默认
CREATE PROCEDURE	创建存储过程
CREATE RULE	创建规则
CREATE TABLE	创建表
CREATE VIEW	创建视图
BACKUP DATABASE	备份数据库

【问题 12-7】为用户“stuusers”创建权限，让其具有查询“Student”表的权限。

具体操作步骤如下：

step 01 右击“stuusers”用户，在弹出的快捷菜单中选择“属性”命令，如图 12-22 所示。

step 02 选中“安全对象”，单击“添加”按钮，添加“对象类型”为表，选中学生表“Student”。

step 03 选中“Select”列的“授予”复选框，如果希望 stuusers 用户还可将该权限授予其他用户，可以同时选中“具有授予权限”复选框，如图 12-23 所示。

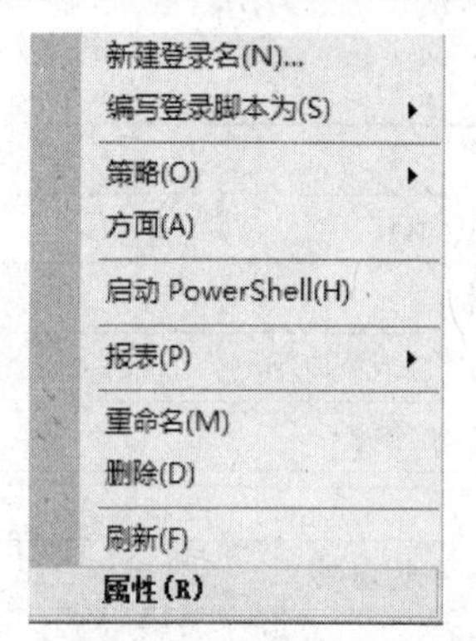

图 12-22　选择“属性”命令

显式	有效	
权限	授权者	授予
不安全的程序集		☐
查看服务器状态		☐
查看任意定义		☐
查看任意数据库		☑
创建 DDL 事件通知		☐
创建端点		☐

图 12-23　选择“授予”复选框

step 04 单击“确定”按钮，stuusers 用户具有查询 Student 表的权限。在查询窗口进行验证，如图 12-24 所示。

```
1  USE Student
2  GO
3  SELECT * FROM Student
```

100 %

结果　消息

	StuNo	StuName	Pwd	ClassNo
1	20140001	巴图	112233	20140102
2	20140002	蒙和	112233	20140102
3	20140003	朝鲁	112233	20140103
4	20140004	乌拉	111111	20140201
5	20150001	李建	112233	20150101
6	20150002	徐睿	111111	20150101

图 12-24　stuusers 用户具有查询权限

【练习】让 test 用户对课程表 Course 具有修改 ALTER 和查询 SELECT 的权限。

收回权限实际是授予权限的一个反向操作过程，请读者自行进行操作和练习，这里不再赘述。

思考与练习

一、选择题

1. SQL 集数据查询、数据操作、数据定义和数据控制功能于一体，语句 INSERT、DELETE、UPDATA 实现下列哪类功能（　　）。

A. 数据查询　　B. 数据操纵　　C. 数据定义　　D. 数据控制

2. 对表的操作权限不包括（　　）。

A. SELECT UPDATE　　B. DELETE INSERT

C. ALTER DROP　　D. EXECUTE DRI

二、填空题

1. 安全性认证模式是指系统确认用户身份的方式。SQL Server 有两种安全认证模式，即________模式和________模式。

2. SQL Server 安全认证模式要求用户必须输入有效的 SQL Server 登录账号及口令，系统默认的管理员登录账号是________。

3. 除了在 Management Studio 中创建权限，还可以用________和________关键字授予和收回权限。

三、思考题

数据库的安全性与操作系统的安全性有何关系？

跟我学上机

1. 启动 SQL Server 服务器，并创建一个新的数据库用户，该用户可以对商品销售数据库（各个表结构见第 2 章跟我学上机）进行管理。设置用户名和密码均为 admin，创建成功后使用系统存储过程“SP_HELPLOGINS”查看该用户的信息。

2. 在 1 的基础上为该用户授权，授权内容为：用户具备查询权限

3. 在 1 的基础上收回该用户的查询权限

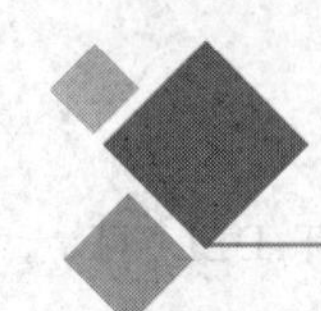

第13章 数据库的备份与还原

知识目标

- 了解数据库备份的重要性；
- 了解数据备份和恢复体系；
- 掌握数据库备份设备的创建和管理；
- 掌握各种备份数据库的方法；
- 掌握恢复数据库的方法。

技能目标

- 会备份数据库；
- 会恢复数据库。

知识学习

1. 数据库备份的重要性

数据库系统中发生的故障是多种多样的，数据库系统故障可以从系统内和系统外这两个范畴进行分析，系统内故障通常有：事物内部故障，系统自身故障。系统外故障通常有：外存故障、计算机病毒和用户操作错误、自然灾害等。这时，如果没有采取数据备份和数据恢复手段与措施，就会导致数据丢失。数据丢失或损坏意味着企业的业务停滞。做好应对一切故障的防范，至关重要。没有数据库的备份，就没有数据库的恢复。备份是还原的基础，还原是备份的目的。

数据库备份的重要性主要体现在：

（1）提高系统的高可用性和灾难可恢复性，在数据库系统崩溃的时候，没有数据库备份就没法找到数据。

（2）使用数据库备份还原数据库是数据库系统崩溃时提供数据恢复最小代价的最优方案，如果让客户重新填报数据，代价那就太大了。

（3）没有数据就没有一切，数据库备份就是一种防范灾难于未然的强力手段。

2. 数据库备份和恢复体系

SQL Server 提供了高性能的备份和恢复功能，用户可以根据自己的需求选择备份策略，用以保护数据库中的关键数据。SQL Server 提供了四种备份类型：完整备份、差异备份、事务日志备份、文件和文件组备份。

（1）完整备份：备份整个数据库的所有内容，包括事务日志。也就是使用完整备份将备份故障前的所有操作记录。而这些操作记录都会被系统载入到事务日志中，所以备份数据库时自然少不了对事务日志的备份。该备份类型需要比较大的存储空间来存储备份文件，备份时间也比较长，在还原数据时，可以根据事务日志的相关信息来恢复到某特定历史时刻的状态，规避数据库故障带来的严重代价。

（2）差异备份：差异备份通常作为常用的备份方式。因为差异备份是完整备份的补充，只备份上次完整备份后更改的数据。差异备份最大的好处就是它只备份数据库可修改的部分，所以如果只需要备份可修改的数据，选择差异备份是最好的解决方案。每种主要的数据备份类型都有相应的差异备份。相对于完整备份来说，差异备份的数据量比完整数据备份小，备份的速度也比完整备份要快。需要提醒的是，使用差异备份前，需要对数据库进行一次完整备份，然后再进行差异备份，因为差异备份内数据需要与完整备份做一次对比，利用差异备份的数据替换尚未发生数据变化的完整备份。

（3）事务日志备份：事务日志备份只备份在前一个日志备份中没有备份的日志记录。事务日志记录了上一次完整备份或事务日志备份后数据库的所有变动过程。事务日志记录的是某一段时间内的数据库变动情况，因此在进行事务日志备份之前，必须要进行完整备份。与差异备份类似，事务日志备份生成的文件较小、占用时间较短。只有在完整恢复模式和大容量日志恢复模式下才会有事物日志备份，而不是只还原最后一个事务日志备份（这是与差异备份的区别）。

（4）文件和文件组备份：文件和文件组备份可以用来备份和还原数据库中的文件。如果在创建数据库时，为数据库创建了多个数据库文件或文件组，可以使用该备份方式。该备份方式在数据库文件非常庞大时十分有效，由于每次只备份一个或几个文件或文件组，可以分多次来备份数据库，不仅可以避免大型数据库备份的时间过长，而且恢复速度也比较快。另外，由于文件和文件组备份只备份其中一个或多个数据文件，当数据库里的某个或某些文件损坏时，可能只还原损坏的文件或文件组备份。

在备份和还原操作过程中，指定文件组相当于列出文件组中包含的每个文件。但是如果文件组中的任何文件离线，则整个文件组均将离线。

3. 数据库备份设备

备份存放在物理备份介质上，备份介质一般由磁带驱动器或硬盘驱动器（本地或者网络上的硬盘驱动器均可）来充当。备份设备是存储数据库、事务日志和文件组备份的一种载体。

常见的备份设备有 3 种类型：磁盘备份设备、磁带备份设备和逻辑备份设备。

下面将对这 3 种类型的备份设备进行详细解释。

（1）磁盘备份设备。磁盘备份设备实际上就是存储在硬盘上的文件。由于磁盘备份设备是一种文件，所以用户使用磁盘备份设备与使用操作系统文件的方法一样。使用磁盘备份设备时，备份存放在硬盘驱动器上，所以可以在服务器的本地磁盘上或共享网络资源的远程磁盘上定义磁盘备份设备。使用通用命名规则（UNC）将数据写入指定磁盘。

（2）磁带备份设备。磁带设备备份需要物理连接到运行的 SQL Server 实例的计算机上。在 SQL Server 中使用磁带备份允许用户在备份空间不足时更换新磁带备份设备。

（3）逻辑备份设备。逻辑备份设备是该备份设备所在物理路径的别名，创建的逻辑备份设备以它的命名存储在 SQL Server 的系统表中，逻辑备份设备可以取代创建备份设备过程使用复杂物理路径，简化创建备份设备操作。

任务 13.1　备份数据库

备份设备作为一种载体存储着来自不同备份类型的副本，如果没有这一载体，就没有数据库的备份和恢复。下面介绍如何创建和管理备份设备，为接下要创建的不同备份类型提供一个备份设备基础。

1. 创建备份设备的方法

创建备份设备的方法可归纳为两种：一是在 SQL Server Management Studio 中进行创建，二是通过使用系统存储过程 sp_addumpdevice 创建。

下面阐述如何使用两种方法来创建备份设备。

（1）使用 SQL Server Management Studio 创建设备

【问题 13-1】启动 SQL Server Management Studio 后，在“已注册的服务器”中启动服务器，连接“对象资源管理器”，展开服务器树后，展开“服务器对象”结点，右击“备份设备”，在弹出的快捷菜单中选择“新建备份设备”命令，如图 13-1 所示。

图 13-1　选择“新建备份设备”命令

这里要备份的是 Student 数据库，通常可以选择有特定意义的名称来命名备份设备，例如可将该备份设备命名为“Student”，以表示该设备将为 Student 数据库备份提供载体。单击“确定”按钮后完成创建永久备份设备，如图 13-2 所示。

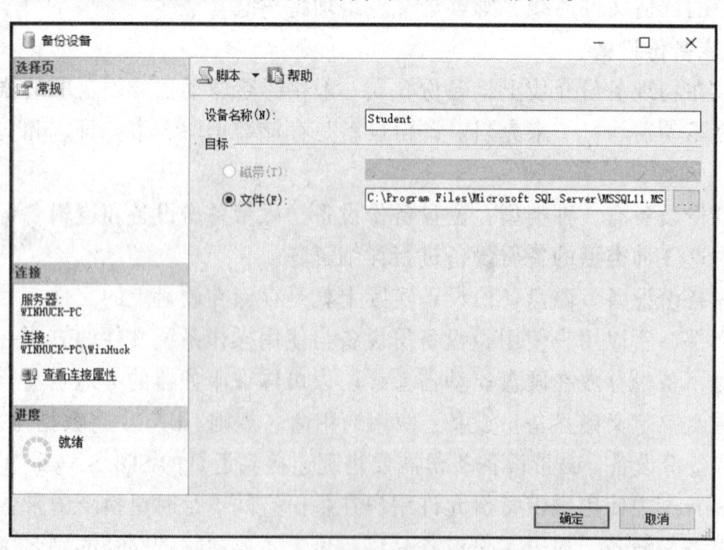

图 13-2　“备份设备”窗口

2. 使用系统存储过程 sp_addumdevice 创建备份设备

系统存储过程 sp_addumdevice 可以添加磁盘和磁带设备。sp_addumdevice 的基本语法如下，语法参数说明见表 13-1。

```
SP_ADDUMDEVICE [ @devtype =]  'device_type',
 [ @logicalname = ] 'logical_name',
 [ @physicalname = ] 'physical_name'
 [  , { [ @cntrltype = ] 'controller_type' |
 [ @devstatus = ] 'device_status' }
 ]
```

表 13-1 系统存储过程 sp_addumdevice 说明

sp_addumdevice 参数	解　释
[@devtype =]　'device_type'	指定备份设备类型。有三种类型分别是：disk 硬盘备份设备、tape 磁带备份设备和 pipe 管道命名备份设备
[@logicalname =] 'logical_name'	为所指定的备份设备命名，该参数不为 NULL
[@physicalname =] 'physical_name'	以 UNC 命名规则为备份设备所在路径命名
[@cntrltype =] 'controller_type'	@ cntrltype ='2'代表磁盘设备，@cntrltype ='5'代表磁带设备
[@devstatus =] 'device_status'	@devstatus ='noskip'代表读取磁带头，@@devstatus ='skip'代表跳过磁带头

【问题 13-2】创建一个名称为"StudentText"的磁盘备份设备，如图 13-3 所示。系统存储过程 sp_addumdevice 创建"StudentText"备份设备的代码如下：

```
USE Student
GO
EXEC sp_addumpdevice
'disk',
'StudentText',
'C:\Program Files\Microsoft SQL
Server\MSSQL11.MSSQLSERVER\MSSQL\Backup\StudentText.bak'
```

图 13-3 系统存储过程 sp_addumdevice 创建磁盘备份设备

【问题 13-3】创建一个名称为"tapebak"的磁带备份设备，如图 13-4 所示。系统存储过程 sp_addumdevice 创建"tapebak"备份设备的代码如下：

```
USE Student
GO
EXEC SP_ADDUMPDEVICE 'tape','tapebak','\\.\tape()'
```

图 13-4 系统存储过程 sp_addumdevice 创建磁带备份设备

任务 13.2　管理备份设备

可以使用 SQL Server Management Studio 和系统存储过程来管理设备备份，下面说明两种方法的使用过程。

【问题 13-4】使用 SQL Server Management Studio 查看备份设备的信息。

具体操作步骤如下：

step 01 展开“备份设备”结点，右击已创建的备份设备。

step 02 在弹出的快捷菜单中选择“属性”命令即可查看设备备份的信息：可以看到在前面示例中创建的“StudentText”备份设备中使用的是 disk 备份设备类型，所以在属性中备份将以文件的形式存储在磁盘中，如图 13-5 所示。

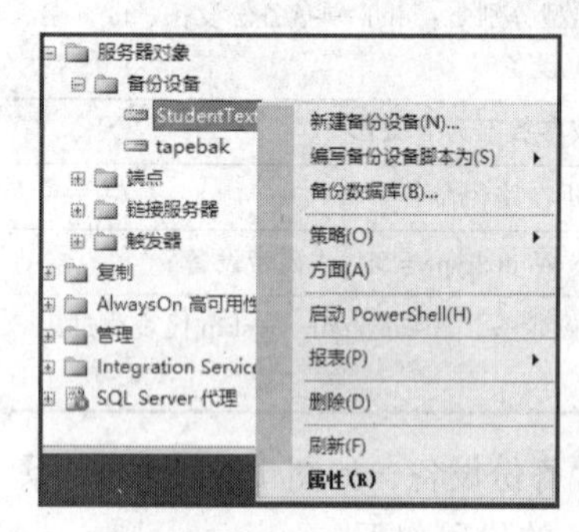

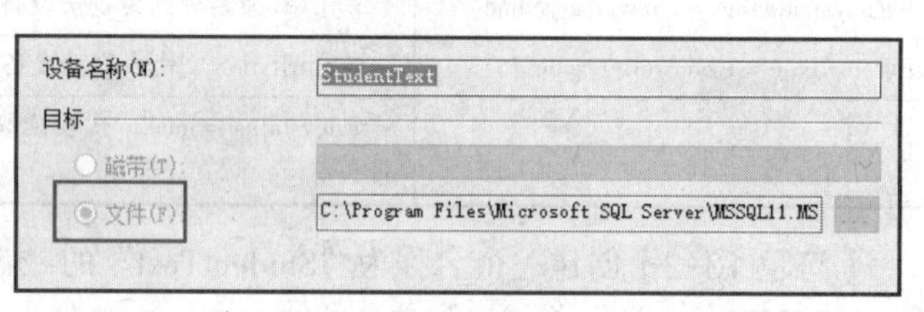

图 13-5　查看备份设备的信息

【问题 13-5】使用系统存储过程管理备份设备。

使用 sp_helpdevice 存储过程查看服务器上每个备份设备的相关信息；使用 sp_dropdevice 删除备份设备。

具体操作步骤如下：

step 01 使用 sp_helpdevice 存储过程查看服务器已创建的备份设备的信息，如图 13-6 所示。

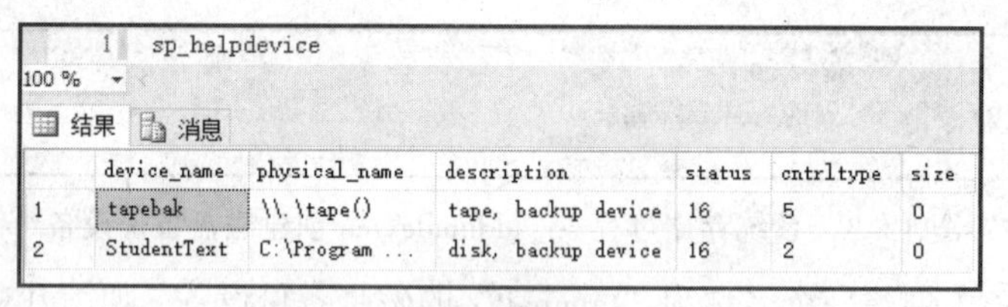

```
1 sp_helpdevice
```

	device_name	physical_name	description	status	cntrltype	size
1	tapebak	\\.\tape()	tape, backup device	16	5	0
2	StudentText	C:\Program ...	disk, backup device	16	2	0

图 13-6　查看服务器已创建的备份设备的信息

step 02 使用 sp_dropdevice 存储过程删除已创建的备份设备。

sp_dropdevice 存储过程的基本语法格式如下：

```
sp_dropdevice  '备份设备名'
```

【例 13-6】删除名为 tapebak 的备份设备，如图 13-7 所示。

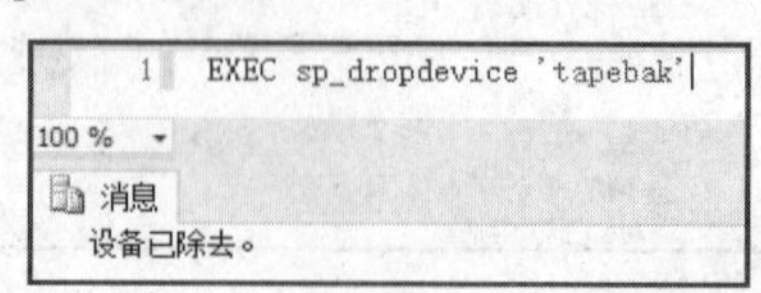

图 13-7　删除已创建的备份设备

任务13.3 完整备份

完整数据库备份就是复制特定数据库里的所有信息，使用完整备份对数据库进行备份时可以将数据库恢复到某个历史时间点的状态，当备份一个数据极其庞大的数据库时，通常会耗费较长时间，由于完整备份是在数据库运行中操作数据，数据库在这段时间里会发生变化，所以选择完整备份的同时还需要对部分事务日志进行备份，在恢复数据库时达到一个与事务一致的状态。

下面讲解使用 SQL Server Management Studio 和 BACKUP 语句创建数据库备份的操作：

【问题 13-7】使用 SQL Server Management Studio 创建 Student 数据库的完整备份。

具体操作步骤如下：

step 01 打开 SQL Server Management Studio，成功连接服务器。

step 02 在“对象资源管理器”中，展开“数据库”结点，右击 Student 数据库，在弹出的快捷菜单中选择“属性”命令，打开“数据库属性”窗口。

step 03 在对话框左侧选择“选项”，确保“恢复模式”为“完整”的恢复模式，若模式不为“完整”需要在下拉列表中重新选择，如图 13-8 所示。

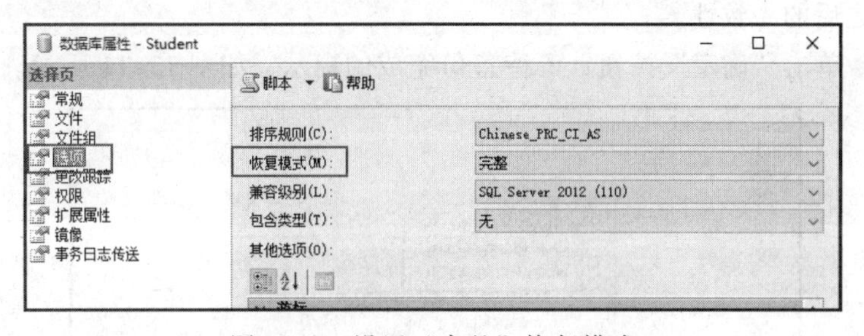

图 13-8 设置“完整”恢复模式

step 04 退出 Student 数据库属性窗口后，再右击该数据库，在弹出的快捷菜单中选择“任务”→“备份”命令，打开“备份数据库”窗口，如图 13-9 所示。

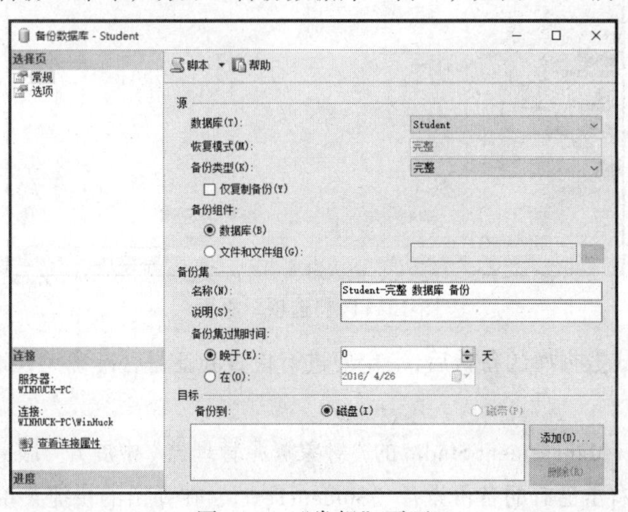

图 13-9 “常规”页面

step 05 在“备份数据库-Student”窗口的“常规”页面中对各选项进行检查，确保符合自身的备份要求。

step 06 单击“目标”选项组中的“删除”按钮，删除默认生成的目标，然后单击“添加”按钮，打开“选择备份目标”窗口，在“磁盘上的目标”选项组中选择“备份设备”单选按钮，选择已创建的“StudentText”备份设备，如图 13-10 所示。

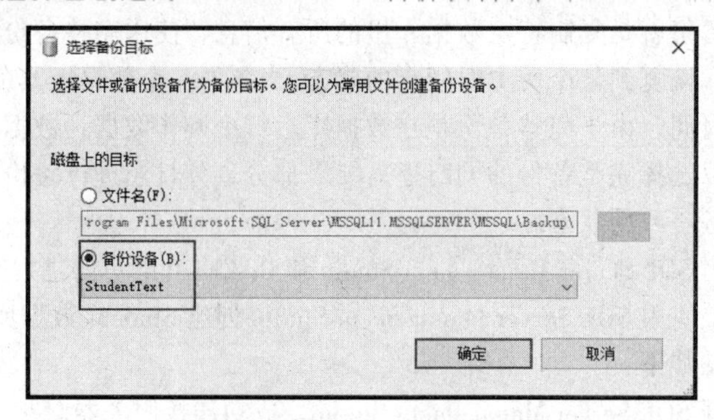

图 13-10 “选择备份目标”窗口

step 07 在“备份数据库-Student”窗口的“选项”页面，选中“覆盖所有现有备份集”单选按钮，则初始化新的设备或覆盖当前的备份设备。选择“完成后验证备份”复选框，则核对当前数据库的所有信息是否与备份后的副本保持一致，同时确保了数据库在备份完成之后的一致性。

step 08 单击“确定”按钮，等待备份完成的提示，如图 13-11 所示。

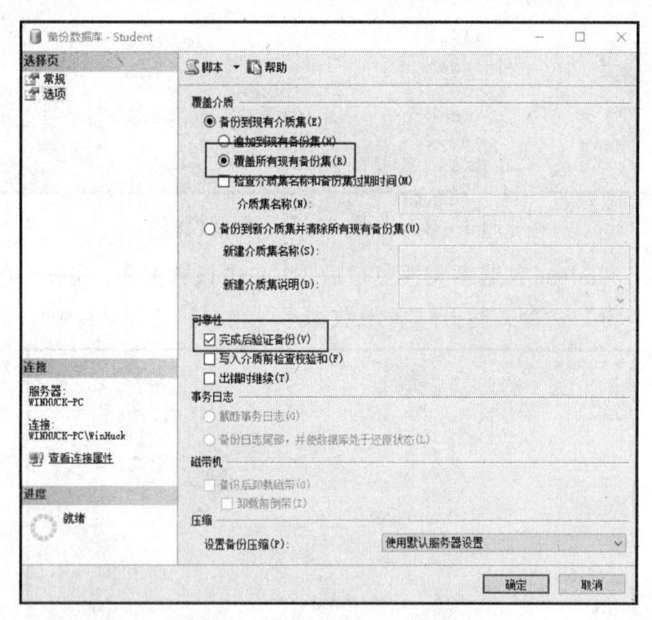

图 13-11 “选项”页面

step 09 完成数据库的备份后，一定要进行检查验证是否准确无误地完成备份工作，检查方法如下：

在 SQL Server Management Studio 的“对象资源管理器”中展开“服务器对象”→“备份设备”结点。右击已有的备份设备“StudentText”，在弹出的快捷菜单中选择“属性”命令，在“介质内容”的“备份集”列表中可以看到数据库 Student 的完整备份信息，如图 13-12 所示。

备份集(U):

名称	类型	组件	服务器	数	位	开始日期	完成日期	大小	用户名	过期
Student-完整 数据库 备份	数据库	完整	WINHUCK-PC	S.	1	2016/4/26 11:18:29	2016/4/...	2834432	WinHuck...	

图 13-12　备份集中的备份信息

【问题 13-8】使用 BACKUP 语句备份特定数据库。

BACKUP 语句的语法格式如下：

```
BACKUP DATABASE database_name
TO  <backup_device> [ , ...n ]
[WITH
[[,] NAME=backup_set_name ]
[[,] DESCRIPITION=' TEXT ' ]
[[,] { INIT | NOINIT } ]
]
```

BACKUP 语法参数说明如表 13-2 所示。

表 13-2　BACKUP 语法参数说明

BACKUP 参数	解　释
database_name	指定需要备份的数据库
backup_device	指定备份的目标备份设备，格式“备份设备类型=设备名”
WITH	WITH 子句设置备份的相关选项，比如备份的命名，备份的具体描述等
NAME=backup_set_name	命名备份名称
DESCRIPITION=' TEXT '	备份的具体描述
INIT | NOINIT	INIT 参数代表新备份的数据覆盖已有的备份数据；NOINIT 参数代表新备份的数据添加到已有备份数据之后

【问题 13-9】使用 BACKUP 语句对 Student 数据库做完整备份操作。执行结果如图 13-13 所示。

```
BACKUP DATABASE Student
TO DISK='StudentText'
WITH
NAME='Student 完整 备份',
DESCRIPTION='使用 BACKUP 语法对 Student 进行完整备份',
INIT
```

```
1 BACKUP DATABASE Student
2 TO DISK='StudentText'
3 WITH
4 NAME='Student 完整 备份',
5 DESCRIPTION='使用BACKUP语法对Student进行完整备份',
6 INIT
```

消息

已为数据库 'Student'，文件 'Student' (位于文件 1 上)处理了 336 页。
已为数据库 'Student'，文件 'Student_log' (位于文件 1 上)处理了 2 页。
BACKUP DATABASE 成功处理了 338 页，花费 0.427 秒(6.184 MB/秒)。

图 13-13　使用 BACKUP 语句完整备份数据库

任务 13.4　差异备份

差异备份是在完整备份的基础上，记录了完整备份之后的数据。也就是说当需要进行差异备份时，需要对数据库先进行一次完整备份。保存数据未变动的副本，然后执行差异备份。以便根据需要选择特定的恢复状态。每一次差异备份都是以上一次完整备份为基础，执行变动数据的备份。

差异备份的方法与完整备份的方法相同，下面讲解对 Student 数据库进行差异备份的操作。

【问题 13-10】使用 SQL Server Management Studio 工具进行差异备份。

具体操作步骤如下：

step 01 打开 SQL Server Management Studio 工具，连接服务器。

step 02 在“对象资源管理器”中展开“数据库”结点，右击 Student 数据库，在弹出的快捷菜单中选择“任务”→“备份”命令，打开“备份数据库”窗口。

step 03 在“备份数据库”窗口中，从“数据库”下拉列表中选择 Student 数据库，“备份类型”选择“差异”，保留“名称”内容不变，在“目标”选项组中选择已备份设备 StudentText 进行备份，如图 13-14 所示。

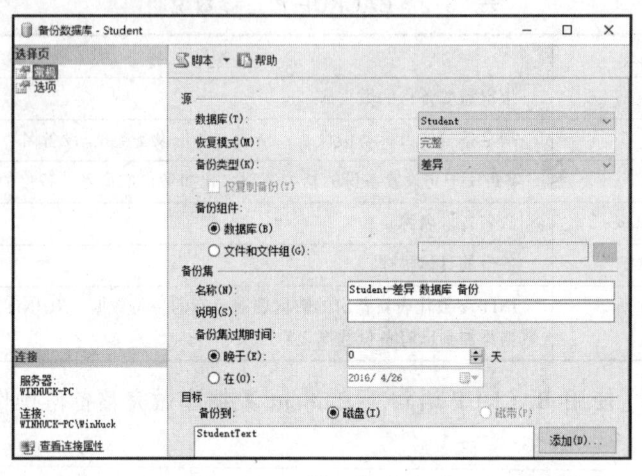

图 13-14　设置备份选项

step 04 选择“选项”页面，选择“追加到现有备份集”单选按钮，避免覆盖已有的完整备份，选择“完成后验证备份”复选框，如图 13-15 所示。

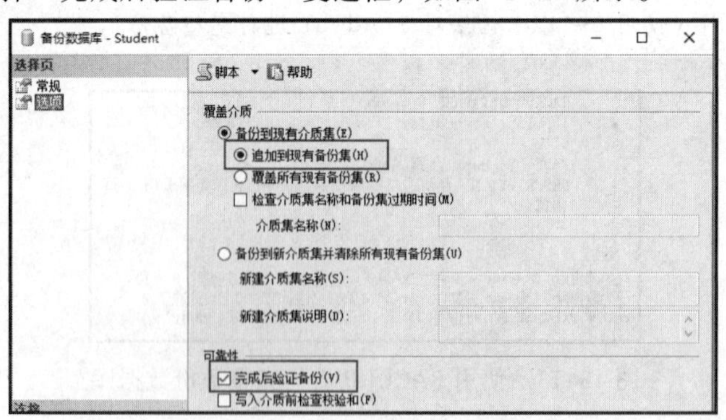

图 13-15　设置覆盖介质参数

step 05 完成“备份数据库”窗口的所有设置后，单击“确定”按钮，完成差异备份。

step 06 进行差异备份检查工作，确保该备份准确无误。

step 07 在 SQL Server Management Studio 的“对象资源管理器”窗口中展开“服务

器对象”→“备份设备”结点。

step 08 右击备份设备“StudentText”，在弹出的快捷菜单中选择“属性”命令，打开“备份设备”窗口。

step 09 选择“介质内容”页面，可以看到差异备份的相关信息，如图 13-16 所示。

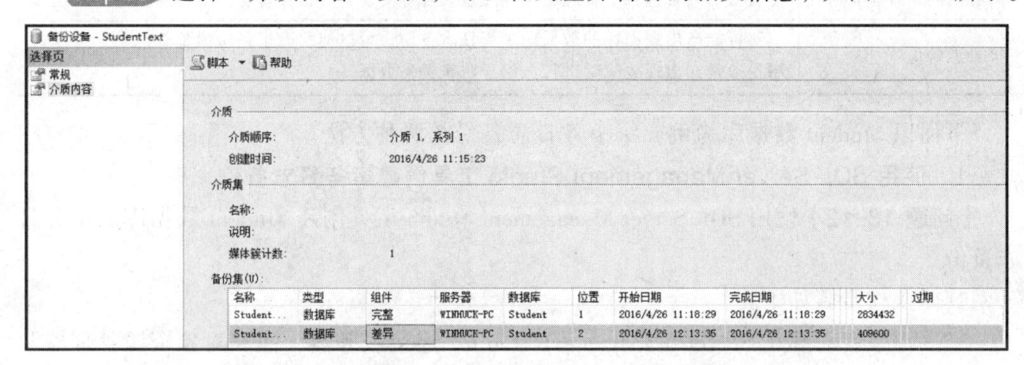

图 13-16 “介质内容”页面

【问题 13-11】使用 BACKUP 为 Student 数据库创建差异备份。执行结果如图 13-17 所示。

与完整备份的语法相似，最大的不同在于差异备份中增加了参数 DIFFERENTIAL，该参数说明了本次的备份为差异备份。

```
BACKUP DATABASE Student
TO DISK='StudentText'
WITH DIFFERENTIAL,
NOINIT,
NAME='Student 差异 备份',
DESCRIPTION='使用BACKUP语句为Student数据库创建差异备份'
```

```
1  BACKUP DATABASE Student
2  TO DISK='StudentText'
3  WITH DIFFERENTIAL,
4  NOINIT,
5  NAME='Student 差异 备份',
6  DESCRIPTION='使用BACKUP语句为Student数据库创建差异备份'
```

消息

已为数据库 'Student'，文件 'Student' (位于文件 2 上)处理了 40 页。
已为数据库 'Student'，文件 'Student_log' (位于文件 2 上)处理了 2 页。
BACKUP DATABASE WITH DIFFERENTIAL 成功处理了 42 页，花费 0.139 秒(2.360 MB/秒)。

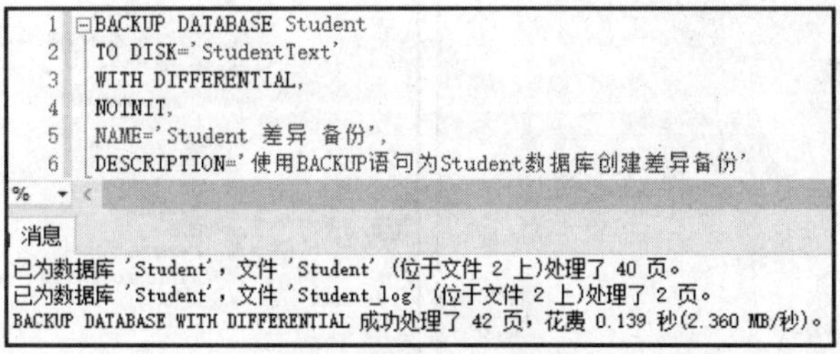

图 13-17 使用 BACKUP 创建差异备份

任务 13.5 事务日志备份

事务日志备份是以事务日志文件作为备份对象，事务日志将数据库里的每个操作都记录下来。该备份只适用在完整恢复模式和大容量日志恢复模式。并且在进行事务日志备份前需要对数据库做一次完整备份。

了解了以上数据库备份方式后，便可以针对自己的数据库利用以上方式备份数据库。

事务日志备份有三种类型，如表 13-3 所示。

表 13-3　事务日志类型及说明

事务日志备份类型	说　明
纯日志备份	备份内容包含了一定间隔的事务日志记录
大容量操作日志备份	备份的内容包含了日志记录和经过大容量修改的数据页备份。不可进行时点恢复
尾日志备份	对可能已出现损坏的数据库进行日志备份，可以捕获尚未备份的日志记录。尾日志备份通常在出现故障时进行，用于防止丢失数据

下面以 Student 数据库为例介绍事务日志备份的两种方法。

1. 使用 SQL Server Management Studio 工具创建事务日志备份

【问题 13-12】使用 SQL Server Management Studio 工具创建 Student 数据库的事务日志备份。

具体操作步骤如下：

step 01 启动 SQL Server Management Studio，连接服务器，在“对象资源管理器”中展开“数据库”结点。

step 02 右击 Student 数据库，在弹出的快捷菜单中选择“任务”→“备份”命令，打开“备份数据库-Student”窗口，进行以下操作：在“常规”页面设置“备份类型”为“事务日志”，保留“名称”内容不变，在“目标”选项组中选择 StudentText 备份设备；在“选项”页面中设置“覆盖介质”为“追加到现有备份集”，在“可靠性”选项组中选中“完成后验证备份”复选框，如图 13-18 和图 13-19 所示。

step 03 单击“确定”按钮，完成事务日志备份。

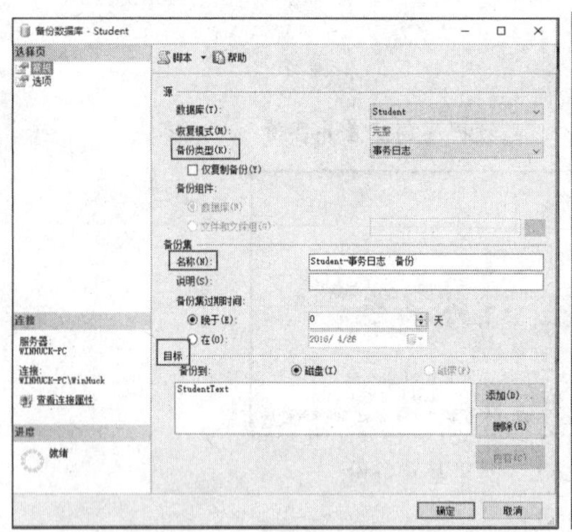

图 13-18　“常规”页面

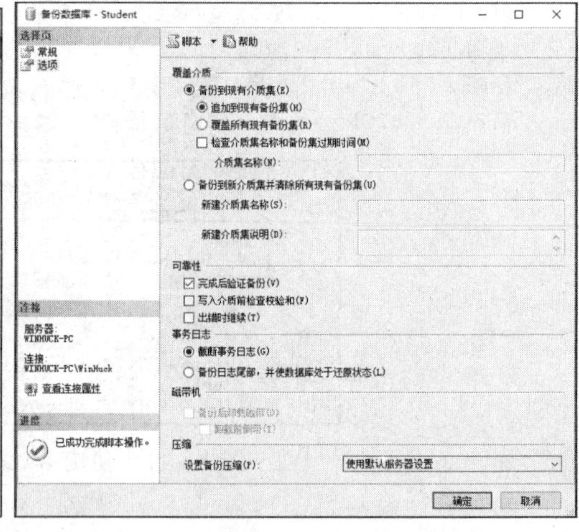

图 13-19　“选项”页面

完成事务日志备份后需要检查事务日志备份是否完成，具体的与前面讲解的两种备份的检查方法一样，这里不再赘述，最终在图 13-20 中可以看到事务日志备份已成功创建。

备份集(U):

名称	类型	组件	数据库	位置	第...	最后一个...	检查点 LSN	大小	用户名
Student-完整 数据库 备份	数据库	完整	Student	1	3...	3900000...	3900000...	2834432	WinHuck...
Student-差异 数据库 备份	数据库	差异	Student	2	3...	3900000...	3900000...	409600	WinHuck...
Student-事务日志 备份		事务日志	Student	3	3...	3900000...	3900000...	211968	WinHuck...

图 13-20　成功创建事务日志备份

2. 使用 BACKUP 语句创建事务日志备份

BACKUP 语句的事务日志备份语法格式如下：

```
BACKUP LOG database_name
TO  <backup_device> [ , ...n ]
[WITH
[ [,] NAME=backup_set_name ]
[ [,] DESCRIPITION=' TEXT ' ]
[ [,] { INIT | NOINIT } ]
]
```

其中，参数 LOG 代表只备份事务日志，这里需要提醒的是，只有创建过完整备份后才能创建第一个日志备份。

【问题 13-13】使用 BACKUP 语句对 Student 数据库创建事务日志备份。执行结果如图 13-21 所示。

```
BACKUP LOG Student
TO StudentText
WITH
NAME='Student 事务日志 备份',
DESCRIPTION='使用 BACKUP 创建事务日志'
```

```
1 BACKUP LOG Student
2  TO StudentText
3  WITH
4  NAME='Student 事务日志 备份',
5  DESCRIPTION='使用BACKUP创建事务日志'
```

消息

已为数据库 'Student'，文件 'Student_log' (位于文件 4 上)处理了 1 页。
BACKUP LOG 成功处理了 1 页，花费 0.068 秒(0.057 MB/秒)。

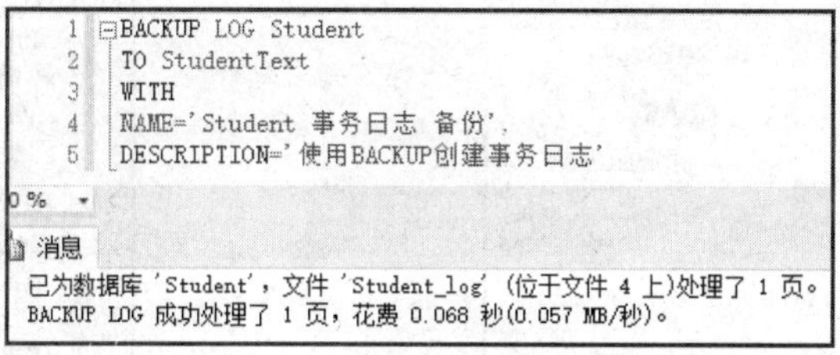

图 13-21　使用 BACKUP 语句创建事务日志备份

任务 13.5　文件和文件组备份

当企业或公司拥有 TB 级的数据时，使用上述三种备份就显得不太明智，面对这种 TB 级别的数据库。可以对数据库执行文件和文件组备份，节约时间成本和空间。

文件和文件组备份实际上就是将需要备份的数据库存放到多个文件中，同时允许数据库管理员分门别类地操作数据库对象于不同文件上，通过分散数据库备份达到空间利用最大化，这里需要提醒大家，在使用文件和文件组备份时，必须先执行日志备份。

使用文件或文件组备份时首先需要创建文件组。

【问题 13-14】使用 SQL Server Management Studio 创建 Student 数据库的文件备份。

具体操作步骤如下：

step 01 启动 SQL Server Management Studio，连接服务器，在“对象资源管理器”中展开“数据库”结点。

step 02 右击 Student 数据库，在弹出的快捷菜单中选择“属性”命令。

step 03 在数据库属性窗口中设置以下内容：选择“文件组”选择页，单击“添加”

按钮，在弹出的输入框中填写以下信息："名称"为 StudentFileGroup；选择"文件"选择页，单击"添加"按钮，在弹出的输入框中输入以下信息："逻辑名称"为 Student_data_2，"文件类型"为行数据，"文件组"为 StudentFileGroup。

step 04 单击"确定"按钮，完成事务日志备份。

下面通过两种方法介绍文件或文件组备份创建的过程。

1. 使用 SQL Server Management Studio 创建文件组备份

具体操作步骤如下：

step 01 打开 SQL Server Management Studio 工具，启动已注册服务器，展开服务器树，右击 Student 数据库，在弹出的快捷菜单中选择"任务"→"备份"命令，打开"备份数据库"窗口。

step 02 在"备份数据库"窗口中设置以下操作：在"常规"页面中设置"备份类型"为完整，"备份组件"为"文件和文件组"，如图 13-22 所示，勾择 ⊟□StudentFileGroup □Student_data_2（见图 13-22）这两个选项，设置备份设备目标为"StudentText"；在"选项"页面中勾选"完成后验证备份"复选框，通常系统会默认勾选"追加到现有备份集"复选框，如果没有，需要自行勾选此复选框，如图 13-23 所示。

step 03 单击"确定"按钮，完成文件或文件组备份。

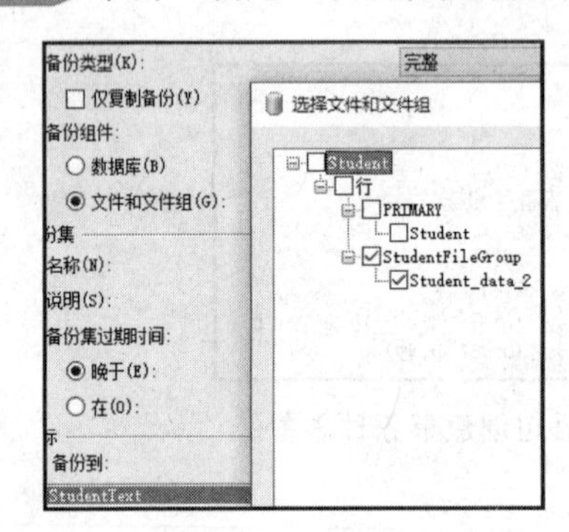

图 13-22 "常规"页面设置

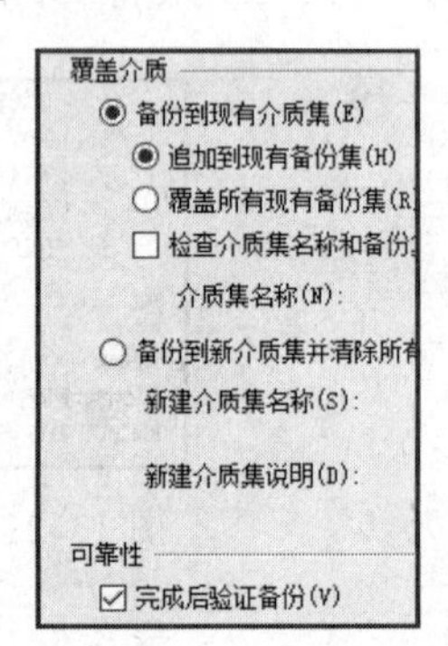

图 13-23 设置覆盖介质与可靠性

对此次备份进行检查，方法与前三种备份检查一样。如图 13-24 所示，通过检查，可以确认文件备份已成功被创建。

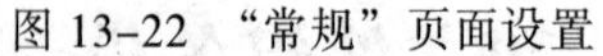

图 13-24 文件备份成功创建

2. BACKUP 语句创建文件或文件组备份

语法格式如下：

```
BACKUP DATABASE database_name
FILEGROUP='文件组名称'
TO <backup_device> [ , ...n ]
[WITH
[ [,] NAME=backup_set_name ]
[ [,] DESCRIPITION=' TEXT ' ]
[ [,] { INIT | NOINIT } ]
]
```

【问题 13-15】使用 BACKUP 语句创建 Student 数据库的文件组备份。执行结果如

图 13-25 所示。

```
BACKUP 源码:
BACKUP DATABASE Student
FILEGROUP='StudentFileGroup'
TO StudentText
```

已为数据库 'Student'，文件 'Student_data_2' (位于文件 6 上)处理了 16 页。
已为数据库 'Student'，文件 'Student_log' (位于文件 6 上)处理了 2 页。
BACKUP DATABASE...FILE=<name> 成功处理了 18 页，花费 0.152 秒(0.925 MB/秒)。

图 13-25　执行结果

检查结果如图 13-26 所示。

Student...	文件	完整	WINHUCK-PC	Student	5
	文件	完整	WINHUCK-PC	Student	6

图 13-26　检查结果

任务 13.6　数据库恢复

当数据库在发生故障之前已做好防范工作后。数据库管理员就可以根据备份信息和损失程度对数据库做出最优恢复方案，以此降低数据风险。数据库恢复主要有常规恢复和时间点恢复两种。操作数据库恢复时必须让数据库处于脱机状态。

1. 常规恢复

对先前为数据库的所有备份进行一一恢复，还原到故障前的状态。

【问题 13-16】使用 SQL Server Management Studio 恢复 Student 数据库。

具体操作步骤如下：

step 01 在“对象资源管理器”中展开“数据库”结点，右击“Student”数据库，在弹出的快捷菜单中选择“任务”→“还原”→“数据库”命令，打开“还原数据库”窗口，如图 13-27 所示。

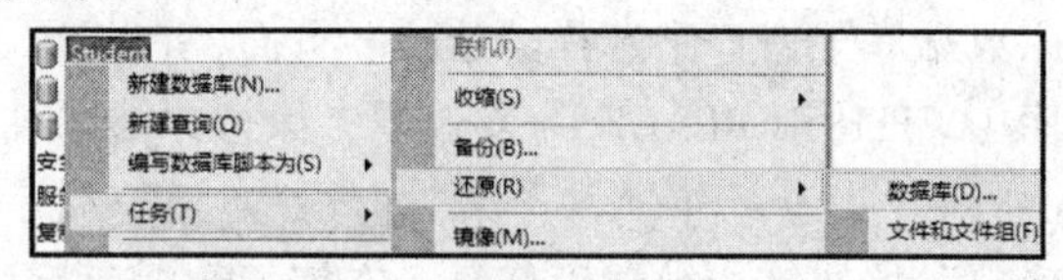

图 13-27　选择“数据库”命令

step 02 在“还原数据库”窗口中选择源设备，设置源设备的“备份介质类型”为备份设备，然后选择“StudentText”备份设备，如图 13-28 所示。

图 13-28　选择备份介质类型与备份介质

step 03 单击“确定”按钮，完成对数据库的还原操作。

2. 时间点恢复按钮

SQL Server 数据库管理员根据事务日志的标识号选择特定历史时刻的备份数据进行恢复，即时间点恢复，一般用于事务日志备份的恢复。

【问题 13-17】首先保留前面事务日志备份，接下来对 Student 数据库的 Student 进行删除数据操作。此时对于已删除的数据需要还原到未删除前状态就需要进行时间点恢复，将现在数据库恢复到与历史某时刻一致，恢复数据。

SQL Server Management Studio 恢复数据库的具体操作如下：

step 01 对 Student 数据库的 Student 表任意删除一行数据，如图 13-29 所示。

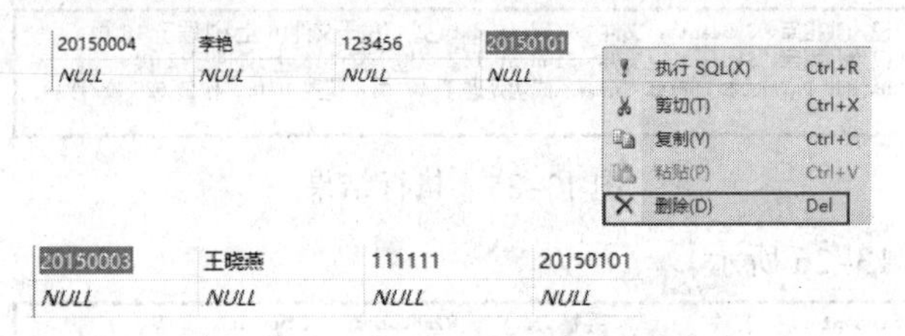

图 13-29 任意删除表中一行数据

step 02 右击 Student 数据库，在弹出的快捷菜单中选择“任务”→“还原”→“数据库”命令。

step 03 在打开的“还原数据库”窗口中设置：选择“源”设备为 StudentText 备份设备，在“目标”选项组中设置具体需要还原到某时刻的数据库状态，如图 13-30 所示。

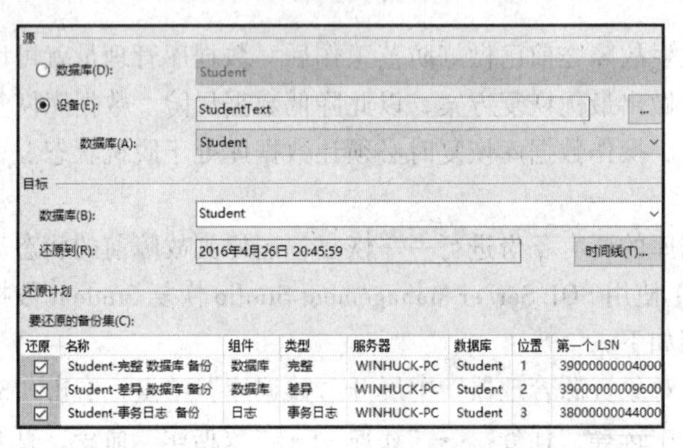

图 13-30 设置“还原数据库”参数

step 04 在“还原数据库”窗口中选择“选项”页面，在“还原选项”选项组中勾选“覆盖到现有数据库（WITH REPLACE）”复选框，保持“结尾日志备份”为不勾选，如图 13-31 所示。

step 05 单击“确定”按钮完成数据库恢复，在恢复数据库后可以进行简单查询，验证数据是否恢复到预期的数据库状态上。上述操作完成后执行 SELECT 语句，可发现被删除的“李艳”在执行数据库恢复时，重新回到当前数据库中，如图 13-32 所示。

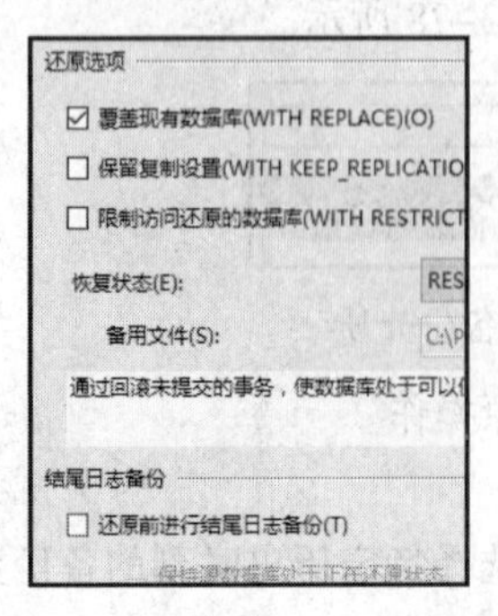

图 13-31 设置“还原选项”

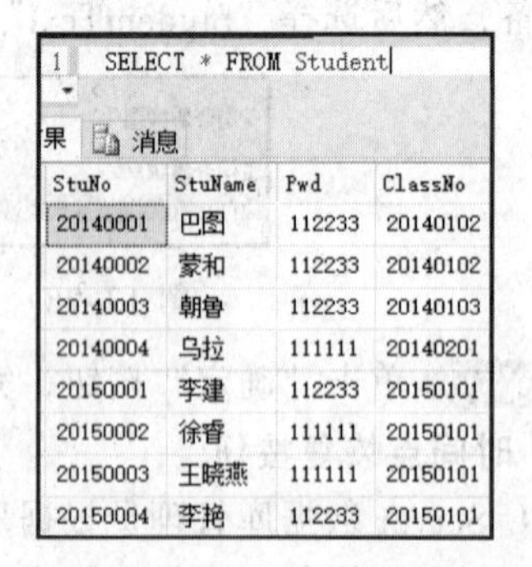

StuNo	StuName	Pwd	ClassNo
20140001	巴图	112233	20140102
20140002	蒙和	112233	20140102
20140003	朝鲁	112233	20140103
20140004	乌拉	111111	20140201
20150001	李建	112233	20150101
20150002	徐睿	111111	20150101
20150003	王晓燕	111111	20150101
20150004	李艳	112233	20150101

图 13-32 恢复数据

思考与练习

一、选择题

1. 下列关于数据库、文件和文件组的描述中，错误的是（　　）。

   A. 一个文件或文件组只能用于一个数据库

   B. 一个文件可以属于多个文件组

   C. 一个文件组可以包含多个文件

   D. 数据文件和日志文件存放在同一个组中

2. 下列关于数据文件与日志文件的描述中，正确的是（　　）。

   A. 一个数据库必须由三个文件组成：主数据文件、次数据文件和日志文件

   B. 一个数据库可以有多个主数据库文件

   C. 一个数据库可以有多个次数据库文件

   D. 一个数据库只能有一个日志文件

3. 查看数据库的属性可以用系统存储过程（　　）。

   A. SP_HELP　　　　B. SP_HELPDB

   C. SP_HELPTEXT　　D. SP_DBOPTION

二、填空题

1. 备份类型分________、________、________和文件及文件组备份四种，按照备份数据库的大小，数据库备份有四种类型，分别应用于不同的场合。

2. 按照备份时数据库的状态不同，可以将其分为________、________和逻辑备份3种。

3. 将数据库从SQL Server实例中删除，但使数据库在其数据文件和事务日志文件中保持不变，这种操作称为________。

三、设计题

创建员工管理数据库YGGL，要求有一个主数据文件和一个日志文件，数据文件初始大小为20 MB，文件的大小不受限制，每次按照5 MB增长，日志文件初始大小为5 MB，日志文件最大为100 MB，每次按照20%增长。文件存放在分区E盘的根目录下。

跟我学上机

完成以下上机练习（商品销售数据库见第2章跟我学上机）。

1. 分别使用系统存储过程sp_addumdevice和SQL Server Management Studio创建一个磁盘备份设备，将备份设备命名为db_sale_disk。

2. 分别使用系统存储过程sp_addumdevice和SQL Server Management Studio创建一个磁带备份设备，将备份设备命名为db_sale_dape。

3. 使用系统存储过程sp_dropdevice删除2中创建的磁带备份设备。

4. 对商品销售数据库进行完整备份。

5. 使用BACKUP语句对商品销售数据库进行特定备份。

6. 使用BACKUP语句对商品销售数据库进行差异备份。

7. 对商品销售数据库进行常规恢复。

附录A SQL Server 2012综合练习

1. 创建数据库和数据表

（1）利用资源管理器，在D盘建立以自己的姓名命名的文件夹，以便保存数据库。

（2）登录并连接到SQL Server 2012服务器。

（3）利用对象资源管理器建立名称为Study的数据库文件，主文件名为Study.mdf，日志文件为Study.ldf，将它们保存在第（1）步建立的文件夹中。

（4）利用对象资源管理器在已经建立的Study数据库中分别建立以下6个数据表。

① 学生基本情况数据表Student，结构如下：

字段名	字段类型	约束控制	字段含义说明
s_no	Char(6)	Primary key	学号
class_no	Char(6)	not null	班级号
s_name	vachar(10)	not null	学生姓名
s_sex	char(2)	'男'或'女'	性别
s_birthday	datetime		出生日期

② 班级数据表Class，结构如下：

字段名	字段类型	约束控制	字段含义说明
class_no	Char(6)	primary key	班级号
class_name	char(20)	not null	班级名称
class_special	vachar(20)		所属专业
class_dept	char(20)		系列

③ 课程数据表Course，结构如下：

字段名	字段类型	约束控制	字段含义说明
course-no	char(5)	Primary key	课程号
course-name	char(20)	not null	课程名称
course-no	Numeric(6,2)		学分

④ 选修课程情况数据表Choice，结构如下：

字段名	字段类型	约束控制	字段含义说明
s_no	char(6)		学号
course_no	Char(5)		课程号
score	numeric（6，1）		成绩

⑤ 教师数据表 Teacher，结构如下：

字段名	字段类型	约束控制	字段含义说明
t_no	char(6)	primary key	教师号
t_name	Vachar(6)	not null	教师姓名
t_sex	char(2)	'男'或'女'	性别
t_birthday	datetime		出生日期
t_title	char(10)		职称

⑥ 教师任课情况表 Teaching，结构如下：

字段名	字段类型	约束控制	字段含义说明
couse_no	char(5)		课程号
t_no	char(6)		教师号

（5）利用企业管理器，在 Study 数据库中，向以上步骤建立的 6 个数据表分别输入以下内容。

① 学生基本情况数据表 Student 的内容如下：

s_no	class_no	s_name	s_sex	s_birthday
991101	js9901	张彬	男	1981-10-1
991102	js9901	王雷	女	1980-8-8
991103	js9901	李建国	男	1981-4-5
991104	js9901	李平方	男	1981-5-12
9911201	js9902	陈东辉	男	1980-2-8
9911202	js9902	葛鹏	男	1979-12-23
9911203	js9902	潘桃芝	女	1980-2-6
9911204	js9902	姚一锋	男	1981-5-7
001101	js001	宋大方	男	1980-4-9
001102	js001	许辉	女	1978-8-1
001201	js002	王一山	男	1980-12-4
001202	js002	牛莉	女	1981-6-9
002101	xx001	李丽丽	女	1981-9-19
002102	xx0001	李王	男	1980-9-23

② 班级数据表 Class 的内容如下：

class_no	class_name	class_special	class_dept
js9901	计算机 99-1	计算机	计算机系
js9902	计算机 99-2	计算机	计算机系
js0001	计算机 00-1	计算机	计算机系

续表

class_no	class_name	class_special	class_dept
js0002	计算机 00-2	计算机	计算机系
xx0001	信息 00-1	信息	信息系
xx0002	信息 00-2	信息	信息系

③ 课程数据表 Course 的内容如下：

course_no	course_name	course_score
001001	计算机基础	3
001002	程序设计语言	5
001003	数据结构	6
002001	数据库原理与应用	6
002002	计算机网络	6
002003	微机原理与应用	8

④ 选修课程情况数据表 Choice 的内容如下：

s_no	course_no	score
991101	01001	88.0
991102	01001	
991103	01001	91.0
991104	01001	78.0
991201	01001	67.0
991101	01002	90.0
991102	01002	58.0
991103	01002	71.0
991104	01002	85.0

⑤ 教师数据表 Teacher 的内容如下：

t_no	t_name	t_sex	t_birthday	t_title
000001	李英	女	1964-11-3	讲师
000002	王大山	男	1955-3-7	副教授
000003	张朋	男	1960-10-5	讲师
000004	陈为军	男	1970-3-2	助教
000005	宋浩然	男	1966-12-4	讲师
000006	许红霞	女	1951-5-8	副教授
000007	徐永军	男	1948-4-8	教授
000008	李桂菁	女	1940-11-3	教授
000009	王一凡	女	1962-5-9	讲师
0000010	田峰	男	1972-11-5	助教

⑥ 教师任课情况表 Teaching 的内容如下：

course_no	t_no	course_no	t_no
01001	000001	01001	000005
01002	000002	01002	000006
01003	000002	01003	000007
02001	000003	02001	000007
02002	000004	02002	000008

（6）利用对象资源管理器的数据库备份功能，将以上建立的数据库 Study 备份到所建立的文件夹中，并将备份文件复制到 U 盘中，以备下面的题目使用。

2. 简单的数据查询

本题中所用的数据库是第 1 题中所建立的 Study 数据库。

（1）查询所有同学的基本信息，包括：学号 s_no、班级号 class_no、姓名 s_name、性别 s_sex、出生日期 s_birthday。

（2）查询所有同学，要求显示其学号 s_no、姓名 s_name。

（3）查询所有男同学，要求显示其学号 s_no、姓名 s_name、出生日期 s_birthady。

（4）查询所有出生日期在“1980-01-01”前的女同学，要求显示其学号 s_no、姓名 s_name、性别 s_sex、出生日期 s_birthday。

（5）查询所有姓“李”的男同学，要求显示其学号 s_no、姓名 s_name、性别 s_sex、出生日期 s_birthday。

（6）查询所有姓名中含有“一”的同学，要求显示其学号 s_no、姓名 s_name。

（7）查询所有职称不是“讲师”的教师，要求显示其教师号 t_no、姓名 t_name、职称 t_title。

（8）查询虽选修了课程，但未参加考试的所有同学，要求显示出这些同学的学号 s_no。

（9）查询所有考试不及格的同学，要求显示出这些同学的学号 s_no、成绩 score，并按成绩降序排列。

（10）查询出课程号为 01001、02001、02003 的所有课程，要求显示出课程号 course_no、课程名称 course_name。（要求用 in 运算符）

（11）查询所有在 1970 年出生的教师，要求显示其教师号 t_no、姓名 t_name、出生日期 t_birthday。

（12）查询出各个课程号 course_no 及相应的选课人数。

（13）查询出教授 2 门以上课程的教师号 t_no。

（14）查询出选修了 01001 课程的学生平均分数、最低分数及最高分数。

（15）查询 1960 年以后出生的，职称为讲师的教师的姓名 t_name、出生日期 t_birthday，并按出生日期升序排列。

3. 复杂数据查询

本题中所用的数据库是第 1 题中所建立的 Study 数据库。

（1）查询所有同学的选课及成绩情况，要求显示学生的学号 s_no、姓名 s_name、课程号 course_no 和课程的成绩 score。

（2）查询所有同学的选课及成绩情况，要求显示学生的姓名 s_name、课程名称 course_name、课程的成绩 score，并将查询结构存放到一个新的数据表 new_table 中。

（3）查询“计算机 99-1”班的同学的选课及成绩情况，要求显示学生的学号 s_no、姓名 s_name、课程号 course_no、课程名称 course_name、课程的成绩 score。

（4）查询所有同学的学分情况（假设课程成绩≥60 分时可获得该门课程的学分），要求显示学生的学号 s_no、姓名 s_name、总学分（将该列命名为：total_score）。（要求用 JOIN 关键字）

（5）查询所有同学成绩的平均分及选课门数，要求显示学生的学号 s_no、姓名 s_name、平均成绩（将该列命名为 average_score）、选课的门数（将该列命名为 choice_num）。

（6）查询所有选修了课程但未参加考试的所有同学及相应的成绩，要求显示学生的学号 s_no、姓名 s_name、课程号 course_no、课程名称 course_name。

（7）查询所有选修了课程但考试不及格（假设<60 分为不及格）的所有同学及相应的课程，要求显示学生的学号 s_no、姓名 s_name、课程号 course_no、课程名称 course_name、学分 course_score。

（8）查询选修了课程名为“程序设计语言”的所有同学及成绩情况，要求显示学生的姓名 s_name、课程的成绩 score。（要求使用 ANY 关键字）

（9）查询“计算机系”的所有同学及成绩情况，要求显示学生的学号 s_no、姓名 s_name、班级名称 class_name、课程号 course_no、课程名称 course_name、课程的成绩 score。

（10）查询所有教师的任课情况，要求显示教师姓名 t_name、担任课程的名称 course_name。

（11）查询所有教师的任课门数，要求显示教师姓名 t_name、担任课程的门数（将该列命名为 course_number）。

（12）查询和“李建国”是同一班级的同学的姓名。（使用子查询）

（13）查询没有选修“计算机基础”课程的学生姓名。（要求使用 NOT EXISTS 关键字）

（14）查询主讲“数据库原理与应用”和主讲“数据结构”的教师姓名。（要求使用 UNION 关键字）

（15）查询讲授了所有课程的教师的姓名。

4. 用 Transact-SQL 语句定义存储过程

（1）创建一个能向学生表 Student 中插入一条记录的存储过程 Insert_student，该过程需要 5 个参数，分别用来传递学号、姓名、班级、性别、出生日期 5 个值。

（2）写出执行存储过程 Insert_student 的 SQL 语句，向数据表 Student 中插入一个新同学，并提供相应的实参值（实参值由用户自己给出）。

（3）创建一个向课程表 Course 中插入一门新课程的存储过程 Insert_course，该存储过程需要三个参数，分别用来传递课程号、课程名、学分，但允许参数“学分”的默认值为 2，即当执行存储过程 Insert_course 时，未给第三个参数“学分”提供实参值时，存储过程将按默认值 2 进行运算。

（4）执行存储过程 Insert_course，向课程数据表 Course 中插入一门课程。分两种情况写出相应的 SQL 命令。

第一种情况：提供三个实参值执行存储过程 Insert_course（三个实参值由用户提供）。

第二种情况：只提供两个实参值执行存储过程 Insert_course，即不提供与参数“学

分”对应的实参值。

执行完毕后，查询两种执行存储过程的结果并比较差别。

（5）创建一个名称为 query_student 的存储过程，该存储过程的功能是从数据表 Student 中根据学号查询某一同学的姓名 s_name、班级 class_no、性别 s_sex、出生日期 s_birthday。

（6）执行存储过程 query_student，查询学号为“001101”的姓名 s_name、班级 class_no、性别 s_sex、出生日期 s_birthday。

5. Transact-SQL 语句自定义触发器

（1）创建一个向学生表 Student 中插入一个新同学时能自动列出全部同学信息的触发器 Display_trigger。

（2）执行存储过程 Insert_student，向学生表中插入一个新同学，看触发器 Display_trigger 是否被执行。

附录B 蒙汉文名词术语对照表

序号	汉文	蒙古文
1	ASCII 码	ASCII [illegible]
2	TCP/IP 协议	TCP/IP [illegible]
3	安全性	[illegible]
4	安装	[illegible]
5	按钮	[illegible]
6	按序	[illegible]
7	八进制	[illegible]
8	版本	[illegible]
9	保存	[illegible]
10	保存方式	[illegible]
11	保存位置	[illegible]
12	保留字	[illegible]
13	保护视图	[illegible]
14	报表	[illegible]
15	备份	[illegible]
16	背景色	[illegible]
17	笔记本电脑	[illegible]
18	边框	[illegible]
19	编程	[illegible]
20	编辑	[illegible]
21	编辑栏	[illegible]
22	编辑文档	[illegible]
23	编码	[illegible]
24	编译	[illegible]
25	编译程序	[illegible]
26	标签	[illegible]
27	标识符	[illegible]

续表

序　号	汉　文	蒙　古　文
28	标题	[illegible]
29	标题栏	[illegible]
30	标准语言	[illegible]
31	表达式	[illegible]
32	表格	[illegible]
33	表格属性	[illegible]
34	别名	[illegible]
35	布尔表达式	[illegible]
36	布局	[illegible]
37	菜单	[illegible]
38	菜单栏	[illegible]
39	参数	[illegible]
40	操作系统	[illegible]
41	测试	[illegible]
42	插入	[illegible]
43	插入页码	[illegible]
44	插入影片和声音	[illegible]
45	查询	[illegible]
46	查找与替换	[illegible]
47	常量	[illegible]
48	常量说明	[illegible]
49	超链接	[illegible]
50	撤销与恢复	[illegible]
51	程序	[illegible]
52	程序段	[illegible]
53	程序格式	[illegible]
54	程序设计	[illegible]
55	程序设计语言	[illegible]
56	出错处理	[illegible]
57	初始化	[illegible]
58	初值	[illegible]
59	除法	[illegible]
60	处理器	[illegible]
61	触发	[illegible]
62	传递函数	[illegible]
63	窗口	[illegible]
64	创建日期	[illegible]
65	垂直标尺	[illegible]

续表

序　号	汉　文	蒙　古　文
66	磁盘	[illegible]
67	存储	[illegible]
68	存储器	[illegible]
69	打开	[illegible]
70	打印	[illegible]
71	打印机	[illegible]
72	代码	[illegible]
73	单击	[illegible]
74	单位	[illegible]
75	单元	[illegible]
76	当前目录	[illegible]
77	当前日期	[illegible]
78	导航	[illegible]
79	导入	[illegible]
80	登录	[illegible]
81	地址	[illegible]
82	电子邮件	e- [illegible]
83	递归函数	[illegible]
84	调用	[illegible]
85	迭代	[illegible]
86	定义	[illegible]
87	动画	[illegible]
88	动态分配	[illegible]
89	独立程序	[illegible]
90	读	[illegible]
91	读取	[illegible]
92	对话框	[illegible]
93	对象	[illegible]
94	多媒体	[illegible]
95	多任务	[illegible]
96	二进制	[illegible]
97	范围	[illegible]
98	方法	[illegible]
99	访问	[illegible]
100	分配	[illegible] · [illegible]
101	分支	[illegible]
102	分节符	[illegible]
103	分区（卷）	[illegible]（[illegible]）

续表

序　　号	汉　　文	蒙　古　文
104	服务器	[illegible]
105	浮点数	[illegible]
106	符号	[illegible]
107	附件	[illegible]
108	复选框	[illegible]
109	复制	[illegible]
110	复制文本	[illegible]
111	副本	[illegible]
112	赋值	[illegible]
113	覆盖	[illegible]
114	高级查找	[illegible]
115	格式化	[illegible]
116	根目录	[illegible]
117	更新	[illegible]
118	工程	[illegible]
119	工具栏	[illegible]
120	工具箱	[illegible]
121	工作界面	[illegible]
122	工作区	[illegible]
123	工作站	[illegible]
124	公式	[illegible]
125	功能区	[illegible]
126	共享	[illegible]
127	共享文件	[illegible]
128	关闭	[illegible]
129	关联	[illegible]
130	关键字	[illegible]
131	关系	[illegible]
132	管理员	[illegible]
133	光标	[illegible]
134	光盘	[illegible]
135	光纤	[illegible]
136	规则	[illegible]
137	滚动条	[illegible]
138	过程	[illegible]
139	还原	[illegible]
140	函数	[illegible]
141	函数库	[illegible]

续表

序　号	汉　文	蒙　古　文
142	行	[illegible]
143	行和列	[illegible]
144	行距	[illegible]
145	后台	[illegible]
146	缓存	[illegible]
147	换行	[illegible]
148	换页	[illegible]
149	回车	[illegible]
150	回收站	[illegible]
151	绘制表格	[illegible]
152	绘图	[illegible]
153	绘制	[illegible]
154	活动	[illegible]
155	奇偶性	[illegible]
156	激活	[illegible]
157	集成	[illegible]
158	计时器	[illegible]
159	计算机	[illegible]
160	计算机软件	[illegible]
161	记录	[illegible]
162	寄存器	[illegible]
163	架构	[illegible]
164	兼容性	[illegible]
165	剪切	[illegible]
166	剪贴板	[illegible]
167	剪贴画	[illegible]
168	键	[illegible]
169	键盘	[illegible]
170	交互	[illegible]
171	脚本	[illegible]
172	脚本语言	[illegible]
173	脚注或尾注	[illegible]
174	结构	[illegible]
175	结构查询语言	[illegible]
176	结构化程序设计	[illegible]
177	解释	[illegible]
178	解压缩	[illegible]
179	界面	[illegible]

续表

序　　号	汉　　文	蒙　古　文
180	进程	[illegible]
181	精度	[illegible]
182	纠错	[illegible]
183	局部变量	[illegible]
184	局域网	[illegible]
185	矩形	[illegible]
186	卷	[illegible]
187	开发者	[illegible]
188	开始	[illegible]
189	开销	[illegible]
190	楷体	[illegible]
191	拷贝	[illegible]
192	可重复性	[illegible]
193	可见性	[illegible]
194	可视化	[illegible]
195	可视化语言	[illegible]
196	可行性	[illegible]
197	可执行文件	[illegible]
198	课件	[illegible]
199	空值	[illegible]
200	控制菜单	[illegible]
201	控制面板	[illegible]
202	控制结构	[illegible]
203	控制流程图	[illegible]
204	控制器	[illegible]
205	控制语句	[illegible]
206	控制字符	[illegible]
207	库	[illegible]
208	块	[illegible]
209	快捷菜单	[illegible]
210	快捷方式	[illegible]
211	快捷键	[illegible]
212	扩展性	[illegible]
213	扩展	[illegible]
214	扩展名	[illegible]
215	类型	[illegible]
216	累加器	[illegible]
217	立方	[illegible]

续表

序号	汉文	蒙古文
218	立体显示	[illegible]
219	例图	[illegible]
220	连接	[illegible]
221	亮度	[illegible]
222	列	[illegible]
223	列表框	[illegible]
224	临时文件	[illegible]
225	另存为	[illegible]
226	流程图	[illegible]
227	浏览	[illegible]
228	浏览器	[illegible]
229	路径	[illegible]
230	路径名	[illegible]
231	逻辑变量	[illegible]
232	枚举	[illegible]
233	媒体	[illegible]
234	密码	[illegible]
235	免费软件	[illegible]
236	面向对象程序设计	[illegible]
237	描述符	[illegible]
238	命令	[illegible]
239	命令按钮	[illegible]
240	模板	[illegible]
241	模糊	[illegible]
242	模块化	[illegible]
243	模拟	[illegible]
244	模式	[illegible]
245	默认	[illegible]
246	目录	[illegible]
247	内存	[illegible]
248	内存条	[illegible]
249	排序	[illegible]
250	配置	[illegible]
251	批处理	[illegible]
252	匹配	[illegible]
253	偏移量	[illegible]
254	平板电脑	[illegible]
255	屏幕	[illegible]

续表

序号	汉文	蒙古文
256	屏幕共享	[illegible]
257	屏幕截图	[illegible]
258	奇偶页不同	[illegible]
259	起始目录	[illegible]
260	启动	[illegible]
261	前景色	[illegible]
262	前台	[illegible]
263	前缀	[illegible]
264	嵌套	[illegible]
265	切换	[illegible]
266	清除	[illegible]
267	清除格式	[illegible]
268	清空	[illegible]
269	求和	[illegible]
270	区域	[illegible]
271	驱动程序	[illegible]
272	驱动器	[illegible]
273	取消	[illegible]
274	权限	[illegible]
275	全部忽略	[illegible]
276	全部应用	[illegible]
277	全局变量	[illegible]
278	全屏幕	[illegible]
279	确定	[illegible]
280	人工智能	[illegible]
281	认证	[illegible]
282	任务窗格	[illegible]
283	任务栏	[illegible]
284	日期和时间	[illegible]
285	容量	[illegible]
286	冗余	[illegible]
287	软件	[illegible]
288	软件包	[illegible]
289	软件工程	[illegible]
290	软件开发方法	[illegible]
291	软件维护	[illegible]
292	扫描仪	[illegible]
293	筛选	[illegible]

续表

序　号	汉　文	蒙　古　文
294	删除	[illegible]
295	删除文本	[illegible]
296	删除异常	[illegible]
297	上载	[illegible]
298	设备管理器	[illegible]
299	设备描述	[illegible]
300	设计	[illegible]
301	设施	[illegible]
302	设置	[illegible]
303	身份验证	[illegible]
304	审阅	[illegible]
305	生存周期	[illegible]
306	声明	[illegible]
307	声卡	[illegible]
308	声音	[illegible]
309	失效	[illegible]
310	十进制	[illegible]
311	十六进制	[illegible]
312	识别	[illegible]
313	实参	[illegible]
314	实名	[illegible]
315	实时	[illegible]
316	实时处理	[illegible]
317	实体	[illegible]
318	事件	[illegible]
319	事件处理	[illegible]
320	事件描述	[illegible]
321	事件驱动	[illegible]
322	视频	[illegible]
323	视图	[illegible]
324	适配器	[illegible]
325	释放	[illegible]
326	授权	[illegible]
327	输出	[illegible]
328	输出流	[illegible]
329	输出设备	[illegible]
330	输入	[illegible]
331	输入流	[illegible]

续表

序号	汉文	蒙古文
332	输入法	[illegible]
333	输入设备	[illegible]
334	输入文本	[illegible]
335	属性	[illegible]
336	鼠标	[illegible]
337	鼠标键	[illegible]
338	鼠标指针	[illegible]
339	鼠标左键	[illegible]
340	数据	[illegible]
341	数据库	[illegible]
342	数据一致性	[illegible]
343	数据源	[illegible]
344	数值	[illegible]
345	数制	[illegible]
346	数字	[illegible]
347	数组	[illegible]
348	刷新	[illegible]
349	双分支	[illegible]
350	双精度	[illegible]
351	水平标尺	[illegible]
352	顺序程序设计	[illegible]
353	顺序处理	[illegible]
354	顺序存取	[illegible]
355	顺序调用	[illegible]
356	顺序文件	[illegible]
357	私有变量	[illegible]
358	搜索	[illegible]
359	算法	[illegible]
360	算术运算	[illegible]
361	随机数	[illegible]
362	随机文件	[illegible]
363	缩小	[illegible]
364	索引	[illegible]
365	缩略图	[illegible]
366	锁定	[illegible]
367	特殊符号	[illegible]
368	提交	[illegible]
369	提取	[illegible]

续表

序号	汉文	蒙古文
370	提示	[illegible]
371	替换	[illegible]
372	填充	[illegible]
373	条件	[illegible]
374	调试	[illegible]
375	调试程序	[illegible]
376	调试工具	[illegible]
377	通配符	[illegible]
378	通用键盘	[illegible]
379	图标	[illegible]
380	图表	[illegible]
381	图片工具	[illegible]
382	图像	[illegible]
383	图形	[illegible]
384	退出	[illegible]
385	拖动	[illegible]
386	拖放	[illegible]
387	维护	[illegible]
388	外存储器	[illegible]
389	位图	[illegible]
390	位置	[illegible]
391	文本	[illegible]
392	文本框	[illegible]
393	文档	[illegible]
394	文档网格	[illegible]
395	文件	[illegible]
396	文件备份	[illegible]
397	文件存取	[illegible]
398	文件大小	[illegible]
399	文件定义	[illegible]
400	文件管理	[illegible]
401	文件结构	[illegible]
402	文件类型	[illegible]
403	文件名	[illegible]
404	文件目录	[illegible]
405	文件属性	[illegible]
406	文件系统	[illegible]
407	文字处理软件	[illegible]

续表

序号	汉文	蒙古文
408	文字方向	[illegible]
409	文字排列	[illegible]
410	系统测试	[illegible]
411	系统管理	[illegible]
412	下拉列表	[illegible]
413	下拉式菜单	[illegible]
414	下溢	[illegible]
415	显示	[illegible]
416	显示格式	[illegible]
417	显示文件	[illegible]
418	显示器	[illegible]
419	响应	[illegible]
420	向导	[illegible]
421	向下还原	[illegible]
422	项目管理	[illegible]
423	消息	[illegible]
424	消息框	[illegible]
425	写	[illegible]
426	协议	[illegible]
427	卸载	[illegible]
428	新建	[illegible]
429	形参	[illegible]
430	形式描述	[illegible]
431	形状	[illegible]
432	虚拟化	[illegible]
433	需求分析	[illegible]
434	许可	[illegible]
435	序列号	[illegible]
436	选定栏	[illegible]
437	选定文本	[illegible]
438	选取	[illegible]
439	选项	[illegible]
440	选项卡	[illegible]
441	循环	[illegible]
442	样式	[illegible]
443	移动	[illegible]
444	移动文本	[illegible]
445	已开文件	[illegible]

续表

序　号	汉　文	蒙古文
446	异常	[illegible]
447	异常处理	[illegible]
448	溢出	[illegible]
449	引用	[illegible]
450	隐藏	[illegible]
451	应用程序	[illegible]
452	硬件	[illegible]
453	用户名	[illegible]
454	有效字符	[illegible]
455	语句	[illegible]
456	语言	[illegible]
457	域名	[illegible]
458	域名系统	[illegible]
459	元文件	[illegible]
460	元素	[illegible]
461	源程序	[illegible]
462	运算	[illegible]
463	运算速度	[illegible]
464	运行	[illegible]
465	运行时间	[illegible]
466	运行系统	[illegible]
467	粘贴	[illegible]
468	执行	[illegible]
469	执行程序	[illegible]
470	执行时间	[illegible]
471	只读	[illegible]
472	指令	[illegible]
473	逐行	[illegible]
474	主键	[illegible]
475	主目录	[illegible]
476	主文件	[illegible]
477	主题	[illegible]
478	注释	[illegible]
479	注销	[illegible]
480	转义	[illegible]
481	状态栏	[illegible]
482	桌面	[illegible]
483	桌面背景	[illegible]

序　号	汉　文	蒙　古　文
484	资源管理器	[illegible]
485	自顶向下	[illegible]
486	自定义	[illegible]
487	自动更新	[illegible]
488	字长	[illegible]
489	字符	[illegible]
490	字符串	[illegible]
491	字符颜色	[illegible]
492	字号	[illegible]
493	字体	[illegible]
494	字形	[illegible]
495	字长	[illegible]
496	组合键	[illegible]
497	组合图形	[illegible]
498	组件	[illegible]
499	最大化	[illegible]
500	最近使用文件	[illegible]
501	最小化	[illegible]
502	作用域	[illegible]

参考文献

[1] 陈志泊．数据库原理及应用教程[M]．北京：人民邮电出版社，2014.
[2] 郑阿奇．SQL Server 实用教程[M]．4 版．北京：电子工业出版社，2015.
[3] 梁竞敏．SQL Server 2005 数据库任务化教程[M]．北京：中国水利水电出版社，2009.
[4] 徐人凤，曾建华．SQL Server 2005 数据库及应用[M]．3 版．北京：高等教育出版社，2013.
[5] 刘卫国，刘泽星．SQL Server 2005 数据库应用技术[M]．北京：人民邮电电出版社，2013.
[6] 李岩，张瑞雪．SQL Server2012 实用教程[M]．北京：清华大学出版社，2015.
[7] 洪运国．SQL Server2012 数据库管理教程[M]．北京：航空工业出版社，2013.
[8] 雷景生，数据库原理及应用[M]．北京：清华大学出版社，2011.
[9] 刘甫迎．SQL Server 数据库应用教程[M]．北京：清华大学出版社，2010.